编委会

川渝地区防漏治漏技术发展

冉启华　许期聪　何　纶 / 主编

四川大學出版社
SICHUAN UNIVERSITY PRESS

图书在版编目（CIP）数据

川渝地区防漏治漏技术发展 / 冉启华，许期聪，何纶主编. — 成都 : 四川大学出版社，2023.2

ISBN 978-7-5690-5429-3

Ⅰ. ①川… Ⅱ. ①冉… ②许… ③何… Ⅲ. ①防漏－技术发展－四川②堵漏－技术发展－四川 Ⅳ. ①P634.8

中国版本图书馆 CIP 数据核字（2022）第 063212 号

书　　名：川渝地区防漏治漏技术发展
　　　　　Chuan-Yu Diqu Fanglou Zhilou Jishu Fazhan
主　　编：冉启华　许期聪　何　纶

选题策划：王　睿
责任编辑：王　睿
责任校对：胡晓燕
装帧设计：墨创文化
责任印制：王　炜

出版发行：四川大学出版社有限责任公司
　　　　　地址：成都市一环路南一段 24 号（610065）
　　　　　电话：（028）85408311（发行部）、85400276（总编室）
　　　　　电子邮箱：scupress@vip.163.com
　　　　　网址：https://press.scu.edu.cn
印前制作：四川胜翔数码印务设计有限公司
印刷装订：四川煤田地质制图印务有限责任公司

成品尺寸：185mm×260mm
印　　张：12.25
字　　数：292 千字

扫码查看数字版

版　　次：2023 年 2 月 第 1 版
印　　次：2023 年 2 月 第 1 次印刷
定　　价：158.00 元

本社图书如有印装质量问题，请联系发行部调换

四川大学出版社
微信公众号

序

井漏是钻井过程中经常出现的问题，也是川渝地区钻井工程的“顽疾”。从20世纪50年代起，川渝地区油气田领域的前辈们就一直致力解决这个难题，他们通过多种装置模拟漏层，研发了多种评价堵漏效果的仪器、防漏治漏的材料，优化了相关的堵漏工艺及方法，编制了《四川地区井漏工艺规范手册》《泥浆工程手册》和《川渝地区防漏治漏技术规程》等技术资料，有效地解决了井漏的难题，确保了四川油气勘探开发的顺利进行。

进入21世纪，随着勘探领域的拓展，复杂地层深井日益普遍，钻井裸眼越来越长，地层岩性及流体压力、漏失压力、坍塌压力问题越来越复杂，使钻井工程的恶性井漏频频发生。恶性井漏引起的各种钻井事故，尤其是由恶性漏失与高压油、气、水层等构成的窄（零、负）安全窗口的安全钻井问题，已成为川渝地区安全钻井、提速增效的技术瓶颈和亟待解决的重大技术难题。为解决这些难题，在中石油集团公司的组织与指导下，钻井与钻井液工程师们经过近20年的刻苦攻关，在研究上取得了重大进展。他们进一步发展了川渝地区防漏、治漏的理论，研制了适用于水基钻井液和油基钻井液的系列堵漏材料，设计、研制了新的堵漏评价仪器，改进了评价方法，完善了堵漏技术，同时制定了堵漏作业技术标准，建立了针对各区块和特殊堵漏作业技术规范，在川渝地区现场运用方面取得明显成效，使这些难题逐步得到解决。

《川渝地区防漏治漏技术发展》一书是上述成果的系统总结，概述了川渝地区钻井防漏、堵漏技术发展历程，对川渝地区堵漏材料及其设计、研制理念，国内外堵漏评价装置的现状及研发思路进行了介绍，全面叙述了川渝地区特色防漏、治漏技术及其在国内外的应用，具有较高的实用及推广价值。本书可作为高等学校相关专业的教学参考书，也可作为川渝地区现场钻井和钻井液技术人员的防漏、治漏作业的参考和指导，可对我国石油钻井工程中防漏、治漏技术的发展起到重要的促进作用。

中国工程院院士 

2021 年 1 月

前　言

本书全面阐述了川渝地区的石油工作者如何处理在钻井测试、试修井及固井等各种井下作业过程中，在压差的作用下发生的各种井漏现象。从20世纪50年代开始，四川油气田（现为川渝地区油气田）的石油工作者就针对井漏这一“顽疾”开展了“找漏”“防漏”“治漏”的各项工作，在国内率先开展了对堵漏机理的研究、堵漏材料的研制及评价堵漏效果的各种仪器的研制，在生产实践中积累了丰富的经验，取得了长足的进步。随着勘探领域的扩大，川渝堵漏技术服务在众多油气田的创新应用方面也取得了可喜的成绩，本书重点介绍了川渝地区堵漏技术的发展历程，通过大量的防漏治漏现场应用实例，总结出一套成熟的堵漏工艺技术规程，可对解决各类防漏治漏问题提供很好的帮助。

本书共分为7章。第1章由冉启华、葛炼、赵利、何纶负责编写，第2章由冉启华、赵利、葛炼、万伟、王强负责编写，第3章由万伟、刘涛光、罗宇峰、刘智敏、周双君、海波负责编写，第4章由万伟、武元鹏、李茂森、钱思蓓、查家豪、赵春霞、向东负责编写，第5章由葛炼、万伟、钱思蓓、查家豪、赵春霞、周双君、吉星颖负责编写，第6章由许期聪、杨玻、冉启华、吉永忠、葛炼、黄平、万伟、袁志平负责编写，第7章由吉永忠、许期聪、李晓阳、张坤、刘涛光、肖沣峰负责编写。全书由冉启华、许期聪、何纶、葛炼、武元鹏、万伟审校，吉星颖、查家豪参与了本书内容的整理工作。

川渝地区的防漏治漏工作及编者在编写《川渝地区防漏治漏技术发展》过程中，多次得到中国工程院罗平亚院士的指导；中国工程院孙金声院士也对在钻井过程中处理恶性井漏的技术瓶颈问题，提出了“十四五”期间的工作重点并给予重要指导。中石油川庆钻探工程有限公司和西部钻探工程有限公司各级领导十分重视川渝地区及页岩气区块的防漏治漏问题，为编者提供了宝贵的意见及丰富的素材，在此表示诚挚的敬意和感谢。

编者在编写本书过程中得到了川渝地区相关技术人员提供的四川油气田勘探开发初期治漏工作的资料，在此一并表示谢意。鉴于编者水平，书中难免存在不足之处，希望各位专家及同仁批评指正。

编　者

2021年1月

目　录

第 1 章　川渝地区治漏技术发展历程

在石油天然气勘探开发的钻井、固井、测试等各种井下作业过程中，各种工作液（包括钻井液、水泥浆、完井液及其他流体等）常常在压差的作用下漏入地层。我们通常情况下所说的“井漏”是指在石油、天然气钻井和固井作业的过程中，钻井液或水泥浆在压差作用下进入地层的一种井下复杂情况。井漏的直观表现是地面泥浆罐液面下降，或井口无钻井液返出，或井口钻井液返出量明显低于泵排量。井漏可能发生在浅、中及深层裸眼井中，也可能发生在各类岩性地层中。

井漏是钻井和固井作业中常见的复杂情况之一，不仅会耗费大量的钻井液、水泥浆及堵漏材料，而且需要工程人员通过大量的时间去处理漏失，进而影响钻井进度；同时，其还可能还会引发其他井下复杂情况。井漏问题在全球各大油气田中普遍存在，我国油气田亦如此，尤其是在川渝地区的钻井和固井作业中，井漏的发生会对钻井和固井作业造成较大的影响。例如，井漏会引起钻井作业的周期延长，同时造成大量钻井液损失、产层堵塞、井壁坍塌，甚至发生井喷等井下复杂事故。同时，在固井作业时因下入套管后环空间隙减小造成的钻井液或水泥浆漏失，也是固井工程面临的技术难题，严重制约了油气勘探开发战略的实施。

1.1　井漏的概述

结合现场直观地描述，井漏就是钻井液或水泥浆从井眼漏入洞穴、孔洞、裂缝和高孔隙度的地层，造成钻井液或水泥浆大量损失或全部损失。只要井筒内钻井液对地层的总压力超过地层本身的压力，而地层缝隙大小又比钻井液中最大颗粒约大 2 倍的任何井深和层位都可能发生井漏。这也是我们研制堵漏材料尺寸大小的依据，要通过堵塞缝隙孔道以减少损失。此外，在钻井过程中或起下钻时，由于下入钻杆或套管而产生的激动压力也可导致井漏。发生井漏时，环空内钻井液液面明显降低。当裂缝和孔洞较小时，钻井液循环系统泥浆罐液面逐渐降低；当裂缝和孔洞过大时，钻井液则完全不上返。固井作业时发生井漏会造成水泥浆返高不够，导致固井质量不合格。总之，在任何区域、任何深度、任何地质年代的任何岩层，都有可能发生井漏。

1.1.1　漏失通道的形成

随着对地层的深入研究和各种测试仪器的应用（包括双侧向、微电阻率扫描成像和井周成像测井技术等方法的应用），加深了人们对漏失通道形成的认识。

1. 自然形成的漏失通道

根据地层岩性不同，漏层的性质有所差异。泥页岩不容易发生井漏，但一些埋藏久远的泥页岩因构造运动形成了裂缝、风化作用形成了溶孔及其他层间疏松的通道处易发生井漏。中深井段和深井段的泥页岩因成岩作用、异常高压和构造运动会形成裂缝，这种裂缝长度短、宽度小，最大宽度在 0.50mm 左右，一般宽度为 0.05～0.10mm，不易形成漏失通道，但当裂缝发育导致宽度较大时，有可能形成漏失通道。

砂砾岩地层的漏失通道按其成因可分为三类。第一类是上部井段、中深井段未胶结或胶结差的未成岩的沙砾层，其漏失通道主要是大孔隙，由于其连通性好、渗透率高，容易发生漏失；第二类是中、高渗透砂砾岩，其漏失通道为孔隙；第三类是中深井段、深井段经成岩作用形成的低孔、低渗的砂砾岩，其漏失通道主要为裂缝（注：该裂缝是由于砂砾岩在构造应力作用下出现破裂而形成的构造裂缝）。

石灰岩和白云岩是碳酸盐岩地层的主要岩石类型，其漏失通道主要是成岩作用与构造运动作用所形成的溶孔、溶洞、较大裂缝和碳酸盐沉积颗粒所形成的原生孔隙等。

岩浆岩又称火成岩，是由岩浆喷出地表或侵入地壳冷却凝固所形成的岩石。常见的岩浆岩有玄武岩和安山岩，其次是英安岩、粗面岩、流纹岩和脉岩类岩石，相伴生的是火山碎屑岩及火山碎屑沉积岩类。由于岩浆喷发、溢流、结晶、构造运动和风化作用等因素，在岩浆岩内形成发育的孔隙和裂缝构成了易发生漏失的通道。

变质岩因受到构造运动、物理风化和化学淋溶形成的裂缝和孔隙，也会构成漏失通道。

2. 人为形成的漏失通道

人为形成的漏失通道主要是指诱导裂缝。诱导裂缝又分为两种：一种是施加的外力大于地层的破裂压力，造成岩石破碎而形成的裂缝；另一种是外力使天然闭合的裂缝张开而形成的裂缝。

地层破裂压力是指在某一地层深度，井内钻井液液柱压力升高到足以压裂地层，使其原有裂缝张开或形成新的裂缝时的井内流体压力。地层破裂压力与地层深度之比称为地层破裂梯度。

1.1.2 漏失通道的类型

漏失通道主要有孔隙型、裂缝型、洞穴型、孔隙裂缝型和洞穴裂缝型五种类型，后两种类型是前三种类型的交叉。孔隙可按其尺寸分为大、中和小空隙，喉道可分为粗、中细和微细喉道。裂缝在地层中可能以张开状态存在，亦可能以闭合状态存在。按张开裂缝的开度大小，可将裂缝分为大、宽、中、小、细、微细和毛细管裂缝；裂缝按倾角大小可分为垂直裂缝、斜交裂缝、水平裂缝和网状裂缝；裂缝按其成因又可分为构造裂缝和非构造裂缝。

1.1.3 井漏形成的主要条件

井漏形成的主要条件包括以下三种。

（1）地层中存在能使钻井液流动的漏失通道，如孔隙、裂缝或溶洞。漏失通道要有足够大的开口尺寸，其开口尺寸至少应大于钻井液中的固相粒子直径，这样才能使钻井液在漏失通道中发生流动。

（2）井筒与地层之间存在能使钻井液在漏失通道中发生流动的正压差。井筒与地层之间存在正压差时还不一定发生井漏，只有当该压差大到足以克服钻井液在漏失通道中的流动阻力时才会发生井漏。

（3）地层中存在能容纳一定钻井液体积的空间，才会造成一定数量的钻井液漏失。

以上三种条件缺一不可，必须同时具备才会发生井漏。我们为了进一步明确井漏发生的原因，需进一步分析影响地层漏失压力、破裂压力和动压力等因素。

1.1.4　井漏产生的主要原因

井漏产生的原因十分复杂，大致可以分为两种。一是人为原因，主要是操作人员的误操作导致井筒内部承受了不正常的压力，进而引发井漏，具体包括以下几点：在钻井过程中地层孔隙及溶洞压力的改变引起钻井内部压力混乱；在施工作业环节，工作人员操作不当（如钻井液密度过高、加压控制不到位、钻井工程技术措施不当等）会对地层产生较大的冲击，因注水开发、水力压裂等人为造成各种破裂压力变化。二是自然原因，我们以岩层类型为例，若地层中存在泥页岩，则不容易发生井漏，但如果区域内发生了地震，则会对地质产生巨大影响，导致岩层出现孔隙或者裂缝，增加井漏事故发生的概率。浅部砂砾岩如果没有结胶，同样会存在大量的孔洞或者缝隙，而且这些孔洞或者缝隙彼此相连，造成岩石整体结构松散、质地脆弱，钻井时也更容易发生井漏。

1.1.5　井漏的分类

按引起井漏的原因，我们把井漏分为以下三类。

（1）压差性漏失：钻遇天然孔隙或裂缝时引起的井漏，在有限压力作用下，漏失通道的开口尺寸及连通性不发生变化。

（2）诱导性漏失：在井筒钻井液动压力的作用下，地层中不足以引起井漏的通道互相连通，并向地层深处延伸，形成更大的通道而引起井漏，漏失通道的开口尺寸及连通性随外部压力变化。

（3）压力性漏失：地层中本身不存在漏失通道，只有当井筒中作用于井壁地层的动压力大于地层的破裂压力时，地层被压裂，形成新的漏失通道而引起的井漏。

1.1.6　漏失程度

各油气田一般按照漏速的大小对漏失程度进行分类，此方法虽然直观、简单，但在很长一段时间，漏失的程度并没有统一的标准。国外根据漏速大小，将漏失程度分为渗漏、局部漏失和严重漏失三类。漏速小于等于 $2.40m^3/h$ 为渗漏，漏速大于 $2.40m^3/h$ 为局部漏失，钻井液有进无出为严重漏失。此外，国外在较早时期对漏失程度的划分也不统一，也有如下分类：漏速在 $0.16\sim1.60m^3/h$ 为渗漏，漏速在 $1.60\sim80.00m^3/h$ 为部分漏失，漏速在 $80.00m^3/h$ 以上为完全漏失。

目前，我国根据漏速大小将漏失程度大致分为五类，见表1－1。以孔隙型地层为例，其中微漏和小漏又可称为渗滤性漏失，中漏和大漏又可称为部分漏失，钻井液有进无出即全部失返的严重漏失则称为恶性漏失。

表1－1　国内关于漏失程度的分类

漏失级别	1级	2级	3级	4级	5级
$v_{漏速}$（m^3/h）	$v_{漏速}<10$	$10\leqslant v_{漏速}<20$	$20\leqslant v_{漏速}<50$	$v_{漏速}\geqslant 50$	全部失返
程度描述	微漏 （渗滤性漏失）	小漏 （渗滤性漏失）	中漏 （部分漏失）	大漏 （部分漏失）	严重漏失 （恶性漏失）

1.2　川渝地区井漏的地质特点

川渝地区的油气田所属区域以砂泥岩和碳酸盐岩相间的沉积区为主，由于地质条件复杂，井漏发生频繁。川渝地区钻井井漏的地质特点主要有以下几方面：

（1）处于褶皱交汇带附近的构造井漏严重。由于受不同方向的构造应力作用，断层发育、地层破碎严重，井漏问题极为突出。

（2）在同一构造上的不同部位的井漏程度不同，构造轴部比构造翼部更易发生井漏。

（3）高陡构造井漏严重。由于高陡构造地层倾角大、地层破碎，加上地貌复杂、相对高差大、地表剥蚀严重等因素，井漏问题十分突出。

（4）纵向上存在多套压力系统。在同一裸眼井段中，多压力系统共存，再加上垮塌等其他复杂情况，往往出现套管层次不够的情况，为钻井井身结构设计带来困难，在一些井的实钻作业过程中，塌、喷、漏等复杂情况并存。

（5）在山前构造相对高差较大的表层钻井中，因裂缝、孔隙、溶洞发育，井漏问题极为严重。

（6）漏层分布广，从地表到井深4500m左右均存在井漏。统计分析表明，川渝地区从沙溪庙组至茅口组均存在井漏，但主要以沙溪庙组、自流井组、须家河组、嘉陵江组和飞仙关组地层井漏为主。

（7）漏失通道以裂缝性漏失和孔隙性漏失为主。

1.3　川渝地区防漏治漏服务团队的建设及主要技术成果

1.3.1　防漏治漏服务团队的建设

1982年，四川石油管理局防漏治漏服务团队最初以川东钻探公司和川南矿区为主体组成，成立了钻采工艺技术研究院防漏防堵实验室及我国第一支专业从事防漏治漏工艺技术研究及技术服务的团队。建立之初，团队即拥有国内外较先进的防漏治漏实验模拟装置、防漏治漏效果评价装置和防漏治漏材料分析评价仪器，同时，该团队拥有雄厚的技术实力，取得的研究成果使川渝地区治漏成功率得到大幅度提高。无论是在国内还是国际上，该团队在防漏治漏领域均取得了令人满意的成绩。

钻采工程技术研究院防漏治漏实验室拥有专业技术人员 10 人，其中，高级工程师 3 人，工程师 4 人，专业技术实验员 3 人。防漏治漏实验室自成立以来，主要针对碳酸盐岩地层井漏的规律和特性以及处理井漏过程中的油气藏保护等问题展开研究，先后完成部、省、局级以及对外合作研究项目 20 多项，其中 15 项以上获得部、省、局级科技成果奖，多个项目处于国内、国际领先水平。同时，实验室总结了一套针对各种井漏的处理方法及工艺技术，使四川油气田井漏控制成功率得到大幅度提升，取得了良好的经济效益。防漏治漏实验室先后在川渝、塔里木、克拉玛依、滇黔桂等油气田成功地进行了防漏治漏现场技术服务和项目联合攻关研究，深受同行们的信任和好评。中石油川庆钻探工程有限公司钻井液技术服务公司设有堵漏工作室，专门开展防漏治漏有关的研究及现场技术服务工作，致力于解决各种井下漏失的复杂情况。

1.3.2　防漏治漏服务团队的主要技术成果

1. “六五”期间的主要技术成果

防漏治漏服务团队根据漏层特性及漏失机理，主要对川渝地区川东区块碳酸盐岩地层漏失通道成因、分布规律与井漏的关系等进行了研究，优化了桥塞堵漏材料和水泥浆堵漏的方法，并首先在国内利用回声仪对井漏后井下液面的变化情况进行监测，对判断漏层性质、制定堵漏方案起到了积极作用。团队针对水层漏失，开发研制了“PMN 凝胶堵漏剂和堵漏工艺技术”。该堵漏材料具有很高的黏弹性，不受地层流体干扰，初始成胶时间可调，能满足不同井深的堵漏要求。PMN 凝胶堵漏剂经现场试验 13 井次，堵漏成功率为 81%，是应用于水层堵漏的特种堵漏材料。川东黄龙 1 井 3300～3310m 水层漏失，最初采用桥塞堵漏材料、水泥浆反复堵漏 17 次无效，用 PMN 凝胶堵漏剂和水泥浆复合堵漏成功。该成果获 1988 年度四川省科学技术进步三等奖。团队还开展了“国外钻井堵漏工艺技术”研究工作，对国外堵漏方法和工艺技术进行了全面综述，成果获 1987 年度四川石油管理局情报成果二等奖。

2. “七五”期间的主要技术成果

“七五”期间，防漏治漏服务团队完成了碳酸盐岩地层漏失影响因素的研究，建立了平板型和平板径向型两种裂缝型地层漏失的数学模型，并根据不同性质的流体分别推导出漏失方程，提出了在现场处理井漏时漏失方程的确定方法，对井漏的现场处理具有重要的指导意义。该确定方法在国内尚属首创，与国外同领域相比有较大创新。团队研究了钻井工程参数、钻井液性能等对井漏的影响，在此基础上，总结出碳酸盐岩地层井漏预防和处理的“十项方法”和“十项工艺”，以及复杂井漏的处理措施。1988—1989 年，团队在川东、川西北进行了大规模现场试验，处理井漏 178 井次，一次性堵漏成功率在 75%以上，仅川东钻探公司第二分公司就因减少井漏损失获直接经济效益 410.6

万元，且成果获 1990 年度四川石油管理局科技进步一等奖。

另外，团队在“七五”期间还完成了“Z-DTR 堵剂研制及应用”“国外钻井堵漏新技术”等项目，成果分别获四川石油管理局科技进步二等奖、三等奖。Z-DTR 堵剂属高失水类堵漏材料，堵漏浆在井下压差作用下迅速失水形成牢固的堵塞滤饼，达到快速堵漏的目的。该堵漏材料不受井温、钻井液密度的影响，施工方便、安全，对环境无污染，堵漏成功率高，现已在各油气田广泛使用，成为继桥塞堵漏材料后又一类常用堵漏材料。

3. “八五”期间的主要技术成果

团队除推广应用“七五”期间的研究成果和对其他油气田进行防漏治漏技术服务外，还针对目的层井漏问题进行研究，先后开发研制了 PCC 暂堵材料、ASC-1 酸溶性固化材料等。PCC 暂堵材料除具有堵漏见效快、堵漏施工方便安全的特点外，其堵塞滤饼酸溶率在 80%以上，承压能力在 2MPa 以上，可大大减少堵漏后对油气层造成的伤害，填补了我国油气层保护堵漏材料的空白，该成果获 1992 年度四川石油管理局科技进步二等奖。川东池 20 井产层堵漏后，完井投产获工业性气流 56 万立方米/天，而邻井同产层井漏后采用桥塞堵漏材料堵漏，完井投产后每日仅获气几万立方米。ASC-1 酸溶性固化材料可在漏失通道中固化，形成具有较高抗压强度的凝固体，且酸溶率大于 95%，对油气层具有很好的保护作用，该成果获 1996 年度四川石油管理局科技进步二等奖。在川西北华西 2 井和滇黔桂赤水气矿旺 7 井等复杂井漏处理技术服务中取得显著的社会效益及经济效益。

4. “九五”期间的主要技术成果

川渝地区川东区块地质构造复杂，且 80%以上构造属高陡构造。在高陡构造钻探时，构造陡，地层破碎，断层多，裂缝孔隙发育，产层多，同一裸眼井段压力系数相差悬殊，井漏十分频繁，且堵漏难度大、损失时间长，严重制约了该区块钻井勘探开发速度。“九五”期间，团队主要针对四川高陡构造井漏进行了研究，开发研制了高承压堵漏材料 ZC6-6 和防漏治漏材料 LPCM，达到了预期的研究目的。团队完成的“石油钻井防漏治漏工艺技术研究”项目，形成了从漏层性质、漏层位置的确定方法到不同情况井漏的处理以及堵漏施工中的储层保护等一套系统技术，该项目通过四川省科学技术厅组织的专家鉴定，成果达到国内领先水平。团队完成了对川东高陡构造防漏治漏工艺技术的研究工作，通过对高陡构造井漏的地质特征、分布规律、漏失通道性质、漏层压力和井漏特点的分析研究，基本弄清了高陡构造井漏的性质和规律，总结出六套高陡构造不同性质井漏的处理方法，具有较强的针对性，对提高处理井漏的成功率具有重要意义。团队初步形成了一套利用测井资料确定漏层位置、漏失通道性质的方法，并在大天 8 井溶洞恶性漏失的现场堵漏工作中得到了应用，为处理该类恶性井漏提供了依据。团队在室内模拟裂缝漏失的基础上建立了裂缝—溶洞性漏失的理论模型，对处理该类井漏具有一定的指导意义。同时，团队在渡 5 井开展的欠平衡钻井防漏试验，有效地避免了可能发的严重井漏，取得了显著效果。团队研制的高承压堵漏材料 ZC6-6 是针对多压力系统井漏堵漏后要求大幅度提高地层承压能力而开发的堵漏材料，能提高地层承压能力 0.4g/cm^3 钻井液密度，且酸溶率大于 90%，对油气层具有很好的保护作用。防漏治漏材料 LPCM 主要是针对长段易破碎地层井漏而开发的防漏治漏材料，该材料可通过提高井下滤饼的强度从而预防井漏的发生，这在防漏思路和防漏机理方面是一大突破和创新。当发生严重井漏时，在钻井液中直接加入 LPCM，能将钻井液迅速转化成堵漏浆，固化后起到水泥浆的堵漏效果。与水泥浆堵漏相比，LPCM 可大大降低堵漏施工作业成本。同时，LPCM 还能与桥塞堵漏材料、高失水堵漏材料等常规堵漏材料复配使用，在漏失通道中固化后将堵漏材料与地层牢固地黏接在一起，避免了同一漏失井段发生多次重复性井漏的可能性，大大提高了堵漏成功率。

团队通过多年来对井漏问题的研究和推广应用，形成了一套针对不同类型井漏的处理技术，能对水层井漏、又喷又漏、产层井漏、溶洞性井漏等各类恶性井漏进行处理。21 世纪 90 年代，团队开展了川东高陡构造防漏治漏工艺技术的研究工作，在全面总结堵漏经验、技术和研究成果的基础上，认真分析了井漏的分布和井漏的性质，提出了不同层位、不同性质漏失应采用的堵漏方法，并对一些传统的堵漏方法进行归纳，总结了一套行之有效的工艺规范。四川石油管理局（现为川庆钻探工程有限公司）组织相关技术人员立项攻关，编写了相关工作手册，如，1991 年编写了《四川地区钻井液工艺规范》中的堵漏工艺技术规范，1999 年编写了《四川石油管理局堵漏工艺技术经验和成果汇编》，2006 年 10 月编写了《川东地区钻井液体系工艺规范》，2008 年 7 月编写了《气体钻井应用技术》，2011 年 6 月编写了《氮气钻井完井实用新技术》。团队通过对川渝地区（特别是井漏最复杂的川东区块）的井漏资料进行系统分析和研究，初步总结出了川渝地区井漏的特点及治理建议。为了分享堵漏技术，由中石油钻井局泥浆处牵头，四川石油管理局及其他各油气田公司参与，共同编写了《钻井工程防漏治漏工艺技术》，对各油气田的堵漏工作起到了积极的指导作用。相关工作手册及图书如图 1-1 所示。

近年来，随着川渝地区页岩气区块勘探开发力度的加大，更多的油气田公司和钻探公司也逐步参与到川渝地区的页岩气开发中来。针对页岩气区块所面临的井漏技术瓶颈问题，各油气田公司和钻探公司也制定了相应的工艺技术规范，如《泸州区块深层页岩气井茅口、栖霞等易漏地层漏转溢、漏转喷防控措施推荐做法》《泸州区块页岩气井 311.2mm 井眼平推压井、堵漏模板》《川渝页岩气钻井复杂治理手册》《川渝页岩气水平井卡钻防治工作手册》等。随着上述工艺技术、规范的逐步完善与修订，对现场堵漏工作起到积极的作用。

图 1-1　川渝地区石油工作者早期编著的堵漏相关工作手册及图书

1.4　川渝地区堵漏材料的研发概述

川渝地区对堵漏材料的研发最早是从研究漏层的表象开始的，根据钻井液漏失情况，早期常见的做法是采用颗粒物或植物纤维等堵漏材料对地层漏失通道进行直接封堵。根据微裂缝、渗透性漏失的地层特征，相关技术人员研发了最初的桥塞堵漏材料。后来，针对不同地层的漏失通道类型，川渝地区相关技术人员经过长期努力，研发出适应性更广的堵漏材料。21 世纪以后，随着石油天然气勘探开发领域的拓展，地层结构多样性、复杂性越来越突出，复杂深井日益增多，裸眼段越来越长，油基钻井液的使用也越来越普及，将现有堵漏材料进一步完善和对油基钻井液用堵漏材料进行研发，逐步成为安全钻井和提速增效的技术瓶颈和亟待解决的重大技术难题。

1.4.1　常用的堵漏材料

按照不同漏失通道和堵漏机理，目前现有且应用成熟的堵漏材料大致可分为桥塞堵漏材料、随钻堵漏材料、高失水堵漏材料、吸水膨胀型堵漏材料、可固化堵漏材料以及水泥浆堵漏材料等。

桥塞堵漏材料是指在漏失通道内通过架桥和填充作用形成堵塞的一种堵漏材料，是应用最早和最普遍的堵漏材料。桥塞堵漏材料的形状具有多样性，总的来说是由多种惰性材料组合而成的复合材料，组合后的材料有着单一惰性材料的性能优势，且多级粒径的材料经复配后可填充大小不等的漏失通道。目前，常用的桥塞堵漏材料型号有 FDJ、QDL、WNDK 等。

随钻堵漏材料是指能够在参与钻井液循环的同时对漏失通道进行封堵的材料。随钻堵漏材料在循环过程中与漏失通道结合，在近井壁处生成致密的滤饼（即在井壁表面形成防止渗漏的泥饼），使井筒内壁的承压能力得到提高，最终达到防漏治漏效果。目前，常用的随钻堵漏材料型号有 JD-5、SDL、ZR-31 等。

高失水堵漏材料是指因压差作用在漏失通道内迅速失水，形成具有较高强度堵塞隔墙的一种堵漏材料。该堵漏材料是通过失水而形成滤饼，使得堵塞隔墙的强度较高，不容易负压解堵，具有适用范围广、施工周期短的特点，可以带钻头进行堵漏施工，具有堵漏浆密度易调节、堵漏施工快速等优点。

吸水膨胀型堵漏材料是目前应用较为成熟和广泛的堵漏材料。吸水膨胀型堵漏材料主要成分为吸水聚合物，该聚合物能吸附大量的水，使其体积显著膨胀而达到堵漏的效果。吸水聚合物包括碱金属聚丙烯酸酯、聚丙烯酸钠聚合物、聚丙烯酸和聚丙烯酰胺的淀粉接枝共聚物，聚丙烯酰胺和丙烯酸钠共聚物，聚乙烯醇、聚丙烯酸、异丁烯酸共聚物、不饱和羧酸类聚合物等。

可固化堵漏材料是指堵漏材料进入漏失通道后，在地层环境条件作用下发生凝固反应形成具有较高强度的一种堵塞隔墙材料。该堵漏材料具有较强的抗水稀释性能，与岩石胶结能力强，早期强度也较高，且可流动的时间可调。针对地下水活动剧烈、漏失量较大的地层，只要找准漏层位置，正常情况下使用一次该材料就能将漏层堵住，成功率较高。

水泥浆堵漏材料是用于处理恶性漏失的堵漏材料，是一种混合型的材料。该堵漏材料适用于漏失严重的情况，不会因为水的作用而弱化其封堵效果，水泥浆泵可把水泥浆堵漏材料泵送至漏层位置，在化学反应下，水泥浆逐渐稠化、凝固后与地层相融合，最终封堵漏失层孔洞。

1.4.2 新型堵漏材料

随着油基钻井液的广泛应用，出现堵漏材料对漏失地层适应性差、抗温性能不佳、油基堵漏材料欠缺等问题，导致一次堵漏成功率低、堵漏方法难以复制，因此井漏事故至今未能得到有效控制和消除。为此，相关技术人员陆续研发了智能凝胶堵漏材料、一袋式承压堵漏材料、树脂纤维封堵材料、油基钻井液堵漏材料等。

智能凝胶堵漏材料 ZND 是利用高分子交联技术制得的具有三维网络立体结构的功能性高分子凝胶，并可被溶剂渗透的特殊材料。智能凝胶堵漏材料 ZND 在低剪切速率或静止状态下能形成分子间交联连接，其黏度高，当其在高剪切速率环境下能被有效稀释。由该堵漏材料配制的堵漏浆为无固相流体，不存在需匹配漏层形状、孔隙发育程度或裂缝大小等问题，堵漏浆能自动根据漏层压差大小依次进入相应漏层，一次性完成对多个漏层的堵漏。

一袋式承压堵漏材料 YSD 是以多种有机纤维与不同尺寸的刚性颗粒按一定比例复配而成的。该堵漏材料通过高强度的刚性颗粒随钻头破岩时迅速嵌入井周孔隙和微裂缝中，产生沿井眼切线方向的挤压，在井壁形成“桶箍效应”，其填充介质能对先期刚性架桥颗粒形成的封堵塞进行二次填充封堵，彻底封堵渗滤通道，大大提高了井眼承压能力和井壁稳定性，致密的网络封堵结构可迅速阻止钻井液向地层深部渗入。

树脂纤维封堵材料 WNSX 是由刚性树脂、有机材料、精细纤维等为原料，采用特殊的表面活性剂经特殊工艺加工处理而成的纤维颗粒材料。该封堵剂可参与钻井液循环系统中，通过及时有效封堵新暴露地层的微裂缝或孔隙性漏失通道，形成致密且不渗透的井壁，阻止井壁微裂缝或孔隙性等通道对钻井液液柱压力的传递，大大提高了钻井液液柱对井壁的支撑力，从而达到稳定井壁的目的。

针对传统堵漏材料在油基钻井液中润湿分散效果不佳、溶胀性低、配伍性差等缺点，川渝地区相关技术人员研发了适用于油基钻井液的片状堵漏材料 LCY、油膨胀堵漏材料 WNPDL、快速滤失固化堵漏材料 WNC-1 等新型油基钻井液处理剂，并在川渝地区取得了较好的应用效果，油基钻井液漏失量显著降低。

1.5 川渝地区防漏治漏工艺技术的发展历程

在钻井初期，也就是国内油气勘探开发的初期，虽然井深一般不超过 4000m，但川渝地区因地质结构复杂，井漏尤为明显。国内在四川省的川南区块和川东区块率先开展堵漏工作，积累的经验和采用的各种工艺技术形成了川渝地区堵漏工艺技术的发展历程，几乎可以代表国内油气田堵漏工程技术的发展状况。

川渝地区地层老、断层褶皱多，出露地表的地层胶结力弱、破碎带多，碳酸盐岩地层的裂缝、溶洞发育，水层活跃。由于纵向上的长段裸眼和多压力系统，钻井与压井过程中的诱发性漏失等诸多因素，川渝地区井漏十分严重，其中以川东区块最为突出，几乎全是并发性漏失，据统计平均每口井漏失可达两次。川渝地区上部地层漏失通道主要是砂岩的孔隙性漏失，也有构造力所形成的层间裂隙和地层破碎所形成的裂缝，在一些构造主体上出露较老的三叠系碳酸盐地层也有发生裂缝、溶洞性的井漏，中部井段漏失多以碳酸盐溶洞、裂缝为主，下部井段往往以裂缝、溶洞为主。川渝地区不同区块的漏失情况也各不相同，如川东区块漏失最严重的地层有沙罐坪、板桥、大池干、张家场、黄草峡等构造，主要漏失层位为侏罗系的重庆群、自流井组，三叠系的香溪群、嘉陵江组，上述层位经常出现反复的恶性漏失。

1.5.1　20 世纪 70 年代及以前

20 世纪 70 年代及以前，是我国石油天然气勘探开发初期。限于相关知识和经验的不足，勘探人员一方面对地质情况不熟悉，不清楚漏层在什么情况下会出现，因此在钻井中出现井漏往往是无准备的遭遇战。另一方面，这个时期钻井液技术也比较落后，多数使用细分散和粗分散钻井液体系，不能满足勘探开发的需要。钻井液技术面临的问题是钻井液体系单一、处理剂品种较少、钻井液固相含量高、密度大并难以控制等。因此，一旦发生井漏处理起来十分被动。在此阶段，处理井漏的常规办法是见漏才堵，以采用稠钻井液加桥塞堵漏材料（锯末、云母、稻草、泥球等）和打水泥塞等方法为主。由于一些井的井身结构不合理，加上钻井液性能差，堵漏材料和堵漏方法单一，许多井越堵越复杂，甚至发生其他井下复杂事故，因堵漏不成功而报废或提前完钻的事例屡见不鲜。

在石油天然气勘探开发初期，防漏治漏工艺的主要特点有以下几点：

（1）普遍采用固相含量高、密度大的钻井液钻进，钻穿漏层时有较大可能发生严重井漏，因此，漏失概率高且漏失量大。

（2）堵漏材料和堵漏方法单一。一般以稠浆和打水泥塞为主，几乎没有专门的堵漏材料，稻草、棕绳、泥球、碎砖、破麻袋等都可以用于堵漏，堵漏方法简单且成功率低。

（3）堵漏工艺技术不完善，因堵漏作业加剧井下复杂情况，为正常钻井和完井带来极大困难。

川渝地区的川南区块在钻探时也发生了不同程度的漏失，主要发生在重庆群、香溪群、嘉陵江组地层，最为严重的漏失构造有临风场、石龙峡、沈公山、五通场、塘河等。川西南区块井漏主要发生在大宫堂、大窝顶、老龙坝、威远构造，井段多在 1500m 以上，漏速最高达到 $140m^3/h$ 以上，属于大裂缝、溶洞性漏失。川西北区块张家扁、九龙山的表层及上部蓬莱组至遂宁组，由于受构造应力的影响，地层破碎、裂缝发育，漏失较为严重，特别是张家扁蓬莱组至遂宁组，井深 120～1800m，漏速由小到大，而较深的千佛崖组、须三段、须二段，个别井有小到中漏，深部嘉二段、飞仙关组、平落坝构造、龙泉山组都有不同程度中小漏。川中区块主要漏层为表层重庆群、自流井组，因受构造力的影响地层倾角大、破碎、疏松，而压裂漏失、渗透漏失主要发生在广安构造；其次是涞滩构造。川东区块随着在高陡构造、边远区及高山区广泛开展油气勘探，井漏更加频繁，恶性漏失时有发生，治理难度大。当时的堵漏工艺技术解决一般性漏失的成功率约为70%。例如天东8井井漏，技术人员采用了三种堵漏工艺技术（即桥塞堵漏、水泥浆堵漏、桥塞+水泥浆堵漏的复合堵漏）均无效果，漏失钻井液5300m^3，使用桥塞堵漏浆187m^3、水泥130t，耗时31d，仍使钻井工程处于停滞状态，堵漏无效。

1.5.2 20世纪80年代

20世纪80年代，我国进入防漏和堵漏相结合的发展时期。在这个时期，钻井液技术有了较大的发展，随着粗分散体系逐步向聚合物钻井液体系转化、对桥塞堵漏材料的研究和应用，各种新型堵漏材料层出不穷，勘探工作者也在实践中总结了一套处理各种类型井漏的工艺技术。同时，相关技术人员初步开展了堵漏模拟试验装置和漏失机理的研究，逐步掌握了各种漏失区域的漏层特点和漏失规律，提出了以防为主、堵防结合的战略指导思想，扭转了油气田防漏工作的被动局面，为防漏治漏技术的进一步发展奠定了基础。这个时期防漏治漏工作的主要特点有以下几点：

（1）针对不同漏失井的情况，选用合理的井身结构，避免了上部地层在钻穿漏层时井下复杂情况和事故的发生，为堵漏工作提供了良好的井下环境。

（2）控制钻井液密度平衡地层压力，有效地降低了漏失发生率。

（3）研发了桥塞堵漏材料、化学堵漏材料、高失水堵漏材料、单向压力封闭剂及各种堵漏稠浆等多种新型堵漏材料，为解决各类型井漏提供了有力支撑。

（4）各种堵漏方法和堵漏工艺日趋成熟，堵漏成功率明显提高，并在此基础上总结出了我国处理井漏的工艺技术和工艺措施。

（5）提出了以防为主、堵防结合的指导思想，防漏工作初见成效。

1.5.3 20世纪90年代

20世纪90年代，我国更加重视防漏治漏的科研工作。技术人员通过对漏层特征、漏失影响因素、地层孔隙压力、破裂压力、漏失速度进行深入研究，并在此基础上预测可能发生漏失的层位、漏失条件及漏失性质，通过设计合理的井身结构，合理选择钻井液密度、类型、配方、性能，改进钻井工程技术措施，有效预防了井漏的发生。技术人员注重堵漏材料的规范化、商品化，单一的桥塞堵漏材料逐步变为复合堵漏材料，这样既方便了施工也提高堵漏效率，同时对堵漏设备、堵漏工具也进行了相应的研究。技术人员在防漏治漏的同时加大了对油层的保护，开发了酸溶性高失水堵漏材料、酸溶性水泥等。但这一时期的堵漏效果不佳，大多数堵漏材料存在两大不足：一是大部分堵漏材料对油层存在伤害；二是除水泥浆堵漏外，其他材料承压强度不高，在钻井中可能因高压差被再次压漏。

原四川油气田五大矿区经过多年的防漏治漏实践，总结提炼出了一套防漏治漏措施，形成了十多种堵漏方法，对配制堵漏浆的材料进行了基础理论的研究。20世纪末，钻井堵漏工艺技术基本可应对中小漏失、水层漏失、气层漏失、又喷又漏、长段裸眼漏失的复杂情况，技术人员逐步掌握了各种漏失区域的漏层特点和漏失规律，扭转了油气田防漏治漏工作的被动局面。

1.5.4　2000 年以后

2000 年以后，川庆钻控工程有限公司通过加强“产学研”的合作，对堵漏材料进行了深入的研究，并在评价堵漏效果的方法上有了长足的进展，配套了更为先进的仪器。目前，川庆钻探工程有限公司钻井液技术服务公司建有专业化的堵漏工作室，其管理的重庆威能钻井助剂有限公司具有自主研发和生产各种堵漏材料的能力。川庆钻探工程有限公司钻采工程技术研究院的堵漏实验室配备了评价堵漏效果的实验仪器。川渝地区的工程技术人员通过展开对堵漏机理研究，陆续研发出各种新型堵漏材料（如封堵材料、随钻堵漏材料、复合堵漏材料、应对恶性漏失的堵漏材料及环保型、油层保护型堵漏新材料）和评价堵漏效果的仪器。在钻井防漏工艺上开展气体钻井工艺、欠平衡钻井技术及精细控压工艺技术的研究，将成果应用于钻井现场，减少潜在的恶性漏失，使川渝地区的堵漏工作整体上了一个新台阶，走在全国的前列。

1.6　川渝地区不同阶段防漏治漏工艺技术简述

1.6.1　钻井初期的防漏治漏工艺技术

钻井初期，川渝地区的防漏治漏工程技术人员没有堵漏常识和任何参考技术，仅总结了一些国内钻井时处理井漏的经验，或参考借鉴了一些国外堵漏的技术。早在 20 世纪 40 年代，国外相关机构已重视井漏防治技术的研究。到了 20 世纪 50 年代，国外相关机构开展了有关防漏和堵漏机理的研究，找漏方法和堵漏工艺技术均有很大的发展，在 20 世纪 70 年代就已经基本解决了较复杂的井漏问题，并且将防漏治漏工作推进到一个较高的水平。此时，川渝地区的防漏治漏工作才处于起步阶段，防漏治漏工作主要包括以下内容：

（1）通过经验丰富的技术人员由肉眼观察判断。钻井液发生漏失后首先停止循环，观察钻井异常情况，检查钻井液性能，降低钻井液密度，尽量使井内压力等于地层静止压力。

（2）用正反循环钻井液的流量进行观察，利用公式计算漏层位置。

（3）减少泥浆泵排量，降低泵压。

（4）若漏失速度较快，将钻头提至套管内，停泵观察一个循环周期。

（5）对钻井液液柱温度进行测量，在钻井液中加入示踪剂循环一周后确定大致漏层位置。

（6）漏层位置基本确定后，视其漏速大小确定井漏类别（微漏、小漏、中漏、大漏、严重漏失）。

（7）选择适当的处理剂，钻井初期使用的堵漏材料包括亚麻皮、棉籽、木材、炭焦、云母、蛭石、泥炭、秸秆、羽毛、甜菜渣、核桃壳、果壳、果皮、花生壳、锯末粉、石棉、植物纤维物及混合的干性堵漏片等堵漏材料。之后逐步使用膨胀性较强的化学凝胶，当时的处理方式就是适当加固井壁，通过填充缝洞以达到护壁的效果，同时适当提高井筒承压能力，保证钻井继续进行。

(8) 20世纪80年代前，我们没有制定任何施工规范和作业指导书，见漏才堵，属于随意性大、极不规范的时期，现场需经验丰富的工作人员施工才能取得一定的堵漏效果。

(9) 通过大量的经验教训，技术人员总结出以预防为主的原则，特别是因人为失误引起的井漏，初步采取以下措施：确定合理的井身结构，选择可靠的套管鞋位置；维持良好的钻井液流变性，限制下钻速度和下钻后的开泵速度，避免造成激动压力；采用平衡钻井的方式，准确预测和检测地层压力，调整相应的钻井液密度，但应以控制地层压力为主要原则；降低钻井液的黏度和静切力，可加入有效的润滑剂以减少阻力和扭矩，预防钻头泥包，钻井液低密度固相含量要小于5%，在不影响井筒清洁的情况下，尽可能采用较小的排量钻进；当钻开预计漏层后，在钻井液中加入适当的堵漏材料，提前预防井漏；应用正确的破裂压力梯度和孔隙压力梯度预测相关数据。

(10) 早期应对井漏的主要措施有：一旦发生井漏，应立即停泵并灌注钻井液；对于有潜在井漏问题的井，必须储备大量钻井液和堵漏材料，最好通过大排量离心泵将钻井液储备罐随时与环空接通；准备预防井漏的方案，包括采用清水强钻、随钻堵漏等具体的工艺技术。

1.6.2 现阶段的防漏治漏工艺技术

(1) 针对不同的井漏情况，川渝地区治理井漏主要有清水强钻、桥塞堵漏、随钻堵漏、水泥浆堵漏、桥塞堵漏+水泥浆复合堵漏等工艺技术。处理这类常规的渗透性裂缝漏失，各区块均已形成较为成熟的堵漏工艺技术规范和手册，按要求进行堵漏施工作业，均获得较好堵漏效果。

(2) 对川渝地区钻井工程造成严重影响的井漏主要是大裂缝或溶洞恶性井漏和长段低压恶性井漏，此类井漏堵漏难度大、漏失钻井液量多、损失时间长。处理此类恶性井漏主要有以下工程技术难点：对于大裂缝、溶洞恶性井漏，桥塞堵漏材料无法在此类漏失通道中堆积、架桥形成有效堵塞，堵漏水泥浆也会受到地层水或溶洞积液置换、稀释的干扰，难以在近井壁周围凝固形成有效的堵塞隔墙；长段低压恶性井漏，地层十分破碎、承压能力低、漏失层段多、漏失井段长、漏失通道对压力非常敏感等，给堵漏及钻井工程带来了很大的难度。针对上述情况，川渝地区也逐步形成高失水堵漏、化学凝胶堵漏、复合堵漏等工艺技术以解决恶性井漏所面临的堵漏技术难题。

(3) 除上述堵漏工艺技术以外，川渝地区的工程技术人员从钻井工程的角度出发，发展了气体钻井防漏技术、微泡沫钻井防漏技术、高浓度桥塞堵漏浆随钻堵漏技术等多种综合防漏治漏工艺技术，通过多方面的技术措施达到防漏治漏的目的。

第 2 章　川渝地区防漏治漏的技术瓶颈

钻井液及固井水泥浆漏失一直困扰着钻井和完井作业。处理井漏常常大幅度增加非生产时间，延长钻井周期，造成经济损失，是钻井工程提质增效面临的重大技术难题。井漏会干扰地质录井工作，影响钻井液的正常维护处理，若发生在储层还会影响油气田产能。井漏也可能引起井下其他复杂事故，如卡钻、溢流等。20 世纪 80 年代后期，虽然四川石油管理局（现川庆钻探工程有限公司和西南油气田分公司前身）相继开展了对漏层地质特征、漏失机理和漏层测试手段的研究，其钻采工程技术研究院及天然气研究院、川南矿区及川东钻探公司等在查阅及翻译大量国外资料后，研发了堵漏材料和堵漏装置评价仪器，在国内率先迈出了防漏治漏研究和应用的第一步，但当时的研究手段较为落后，没有深入开展对堵漏机理的研究，且真实模拟井下漏失状况和评价堵漏效果的仪器也还没达到预期的要求，导致目前仍有很多技术瓶颈有待工程技术人员解决和攻关。随着油气勘探开发向更深、更复杂的领域发展，川渝地区的页岩气区块除在钻井中钻遇漏失，在固井时也常出现水泥浆漏失的情况，特别是深井段因一次性封固段较长，也增加了固井时水泥浆的漏失风险。在对漏失井进行固井作业时，水泥浆低返一直是困扰固井工作的难题，也严重制约了油气勘探开发战略的实施。来自各大油气田的作业队在川渝地区的钻井和固井作业中遇到井漏，已成为影响提高钻井速度的主要原因。

2.1　井漏的危害

2.1.1　井漏延误钻井作业时间、延长钻井周期、影响企业提速增效

在钻井过程中发生井漏，当其漏速达到一定程度时，就不能继续钻井，必须停钻进行处理。即使采用最简易的静止堵漏法或桥塞堵漏法，也需要花费相当长的时间才能解决。若钻遇洞穴、大裂缝、破裂带等，则常常耗时数月之久，有时可能由于井内液面下降，液柱压力降低，而造成两种较为复杂的事故：一是当井内液压降低到压不住油气水层时就会引起井喷；二是液压下降，减少了对井壁的侧压力，常常会在易塌地层引发严重的井塌事故。上述情况会对勘探开发造成极大的经济损失。据统计，全球每年由于井漏耗费的材料、损失的钻机日及报废油井所造成的经济损失巨大。据苏联石油部的统计，所属各生产联合公司每年处理井漏的时间占钻井总时间的 4%～10%，尤其在乌拉尔伏尔加、中亚细亚等地区，在处理井下复杂情况所花费的时间和费用中，处理井漏占

了70%以上。在古比雪夫石油联合企业，1988年堵漏耗时达917d，占钻井总时间的6.40%。我国各油气田钻井过程中亦普遍存在井漏。表2-1列举了1990年我国陆上部分油田钻井过程中所发生的井漏情况，总共发生井漏853次，处理井漏损失的时间为69849h，处理井漏耗费时间占钻井总时间的0.50%~3.00%，1989年，原四川石油管理局处理井漏所耗费的时间占钻井总时间的7.60%。

表2-1　1990年陆上部分油田井漏发生情况

名　称	井漏次数（次）	损失时间（h）	占钻井总时间（%）
大庆油田	225	8872	3.30
吉林油田	12	1345	0.75
辽河油田	49	7848	1.29
大港油田	13	2272	0.51
华北油田	15	5845	2.42
胜利油田	38	5429	0.58
江苏油田	2	448	1.18
江汉油田	2	121	0.12
中原油田	95	15694	2.07
四川油气田	266	15883	3.02
长庆油田	37	1098	0.78
新疆油田	96	4579	1.18
滇黔桂油田	3	415	0.89
合计	853	69849	

2.1.2　井漏造成的损失

钻井或完井过程中发生井漏会造成巨大的损失，主要包括以下几方面：

（1）损失大量钻井液。由于发生井漏，为了恢复循环必须补充钻井液，其数量视漏失程度而定。1990年，中原油田漏失钻井液高达14480m^3。1988年，四川石油管理局川东钻探公司漏失钻井液高达16266m^3。

（2）消耗大量堵漏材料。堵漏必然会消耗大量堵漏材料，1988年全国消耗堵漏材料11160t（不包括水泥），其中桥塞堵漏材料10408t，高失水堵漏材料190t，单向压力封闭剂562t。

（3）配合堵漏措施产生的其他消耗，如进行堵漏时使用的机械配件、油料及运送堵漏材料的车辆运输费等。

（4）耗费大量的人力、物力、财力。

（5）受地质因素影响，固井过程中的漏失一般发生在下套管前、下套管过程中、下完套管后。由于地层承压能力较弱，固井安全密度窗口窄，加之一次性封固段较长，会增加水泥浆漏失的风险。固井时漏失除造成材料的损失，还会严重影响固井质量。

2.1.3　储层漏失会损害产能

凡是储层渗透孔隙直径或裂缝开口尺寸大于钻井液中的固相颗粒（包括黏土、加重剂、处理剂及细钻屑）的直径，都有可能在压差作用下造成储层井漏，这些微细颗粒会在储层的油气通道较窄小的喉道处堆集，把部分流通孔道堵死或沉积在孔道壁上而使通道变小，降低油气流量。同时，此类固相颗粒常常因试油或采油时所产生的反压差作用而无法被排出，造成永久性堵塞。在裂缝性或高渗透的油气层中，这种情况较为常见，对产能的影响较大。

2.1.4　井漏会干扰地质录井工作

技术人员对由钻井液带出的砂样进行分析，鉴别岩性、分清层位、辨认油气，是地质录井中的重要手段之一。若发生井漏，就会造成录井工作中断，尤其遇到大漏地层，钻井液基本不返出地面，甚至把钻出的砂样全部漏入地层，导致取不到应得的砂样。如钻遇的是含油气地层，则会影响技术人员对油气层信息的收集与分析。

2.1.5　井漏会破坏钻井液的性能

钻井过程中一旦发生井漏，至少需要补充新的钻井液，这就会使原来符合钻井要求的钻井液性能发生变化。因此，井漏不但会增加钻井液的使用量，而且难以保持钻井液良好且稳定的性能。处理井漏需消耗大量的桥塞堵漏材料、凝胶物质、水泥及化学剂等，这些材料往往会对钻井液性能造成破坏，进而需要使用大量化学剂进行处理，以恢复正常的钻井液性能。

2.1.6　井漏可能导致的事故

钻井过程中发生井漏，导致井内液面下降、钻井液液柱压力降低，可能会出现两种较为严重的事故：一是引起井壁失稳掉块，导致“秒杀”卡钻；二是引起溢流，严重时甚至引发井喷。

总之，井漏对勘探开发工作会造成极大的影响及巨大的经济损失。然而，在储、漏同层的情况下一旦发现井漏，往往预示着油气层的出现，这在裂缝性灰岩储层中较为常见。我们对四川区域近百口井统计分析后发现，在构造顶部及长轴上裂缝发育部位钻的井约有 90％发生过井漏，而这些属于“漏、储同层”的井占 80％，其中 20 多口高产井就有 16 口井发生过井漏，并且有 5 口高产气井的漏失量在 1 万立方米以上。因此在预计的储层段钻井时，一旦出现井漏则预示着油气层即将出现。

2.2　川渝地区井漏的复杂情况

从简单的堵漏手段逐渐到各种堵漏技术的出现，堵漏难题一直困扰着钻井和完井作业。目前，川渝地区页岩气区块是中国石油提量上产的主要区块，也是重要的作业区域，中国石油化工集团有限公司（以下简称中石化）钻井作业队及西部钻探工程有限公司等也参与川渝地区页岩气区块的勘探开发工作。在钻井过程中常遇恶性漏失，井漏的复杂性成为当前亟待解决的技术难题。

2.2.1 钻探初期的井漏处理

川渝地区在石油钻探钻井初期均存在不同程度的井漏，井漏是很难解决的复杂情况。川渝地区在钻井初期，没有理论指导，没有成熟经验，没有堵漏材料，没有堵漏技术，对地层认识不清，导致石油工作者对井漏问题束手无策，工作十分被动。技术人员只有采用盲堵等办法，完全凭经验施工，特别当钻遇灰岩裂缝性地层时井漏更为严重，因堵漏不成功而报废或提前完钻的现象屡见不鲜。

2.2.2 堵漏成功率较低

川渝地区的防漏治漏技术经历了见漏就堵、以堵为主、堵漏效率较低的初始阶段。原四川石油管理局组织技术人员率先开展堵漏工艺技术的研究，随着新堵漏工艺技术在全国各油气田的推广应用，技术人员在桥塞堵漏工艺及材料方面取得了一定的实践经验，逐渐进入以堵为主，堵漏与防漏相结合的摸索阶段。但该阶段堵漏成功率仍不高，针对某一漏点存在反复多次堵漏作业的情况。同时，该阶段存在堵漏材料品种单一、工艺技术简单等问题。

2.2.3 缺乏真实评价堵漏效果的方法

20 世纪 90 年代，川渝地区防漏治漏技术进入科学发展初期阶段。

1. 大力发展堵漏剂和相关的工艺技术

在使用常规水泥浆堵漏和桥塞堵漏材料堵漏的基础上，川渝地区的技术人员研发出特殊水泥、新型复合桥塞堵漏材料、高失水堵漏材料、暂堵材料、化学堵漏材料、单向压力封闭剂等数十种堵漏材料，初步形成了一套处理各类井漏的工艺技术。

2. 开始重视对井漏的预防

在长期同井漏作斗争的过程中，人们认识到处理井漏的最好方法是预防。因此，从设计合理的井身结构到平衡压力钻井，从钻井液体系选择和性能的控制到合理的钻井工艺措施选择，技术人员开展了多方面的探索和研究，初步形成了一套预防井漏的方法。

3. 对漏层地质特性、漏失机理和漏层测试方法的研究开始起步

20 世纪 80 年代后期到 90 年代初期，各油气田相继开展了对漏层地质特性、漏失机理和漏层测试方法的研究，初步形成了一套包括漏失的原因、漏层的性质、漏失的影响因素及分类等理论，迈出了钻井井漏理论研究坚实的一步。但是，我国缺乏真实可靠的仿真模拟试验条件，所获取的资料绝大部分源于实践，因此存在较大的局限性。

以川东地区为例。川东地区属于南方海相地质构造，属于高含硫化氢油气藏，漏层主要分布在嘉陵江组、飞仙关组、雷口坡组、须家河组等地层。井漏导致液柱压力下

降，极易产生硫化氢气侵，造成极大的安全隐患。

据统计，1991—1997 年，仅川东地区就发生井漏 446 次，漏失钻井液 41616m^3、清水 120557m^3，损失时间 90751h，年均因井漏和处理井漏损失的时间占钻井总时间的 8.95%。虽然防漏治漏工作已进入科学发展的初期阶段，但一次堵漏成功率仍然有待提高。

2.2.4　2020 年川渝地区井漏概况

1. 川庆钻探工程有限公司所服务井井漏情况

我们以川庆钻探工程有限公司所服务井为例进行统计分析。2020 年，川渝地区井漏依然频繁，万米漏失次数由 2019 年的 4.9 次/万米上升至 9.0 次/万米，同比增长 82.90%，表现为承压井多、多压力系统井多、密度按高限钻进井多、溢漏转化的井多等特点。川渝地区全年共计钻井 216 口，其中 118 口井发生井漏，井漏发生率为 54.60%。井漏次数为 578 次，包括承压堵漏 31 口井。漏失水基钻井液 85384m^3、油基钻井液 9067m^3、清水 31186m^3，具体分布及漏失情况见表 2－2。2020 年，井漏损失时间为 27139h，其中承压堵漏损失时间为 9765h，钻井期间井漏损失时间为 17374h。2020 年，井漏主要具有以下特点：

（1）川渝地区页岩气勘探开发力度逐年增加，井漏次数比 2019 年增加 132 次，增幅为 29.60%；钻井液漏失 94451m^3，比 2019 年增加 10503m^3，增幅为 12.00%；平均万米漏失量达到 1648m^3，较 2019 年上升了 524m^3，增幅达 61.00%。

（2）一次堵漏成功率稍有提高，为 51.70%。

（3）随钻堵漏成功率上升至 49.20%，较 2019 年提高了 12.20%。

（4）承压堵漏 31 口井，完成 27 口井，其中 20 口井达到承压要求，堵漏成功率有待提高。

（5）全年共漏失油基钻井液 9067m^3。

虽然采用各种堵漏工艺技术，使用各种堵漏材料，但堵漏效果仍然不理想。

表 2－2　漏失区块/项目分布及漏失情况

区块/项目	漏失总量（m^3）	水　基（m^3）	油　基（m^3）	清　水（m^3）	漏失井数（口）	漏失次数（次）	治漏次数（次）
高　磨	19968	19968	0	0	26	112	195
下川东	13411	13141	256	14	20	93	159
风险探井	34519	32414	2106	0	28	196	293
页岩气	57739	19861	6706	31172	44	177	254
总　计	125637	85384	9067	31186	118	578	901

2. 西部钻探工程有限公司所服务井井漏情况

西部钻探工程有限公司所服务的川渝页岩气井，2020 年在西南页岩气井区完成进尺 19.08×10^4 m，万米漏失量为 499m^3（未含清水漏失量），2019 年万米漏失量为

920m³。川渝地区页岩气区域从地表至龙马溪组均有漏层，“三段式”特征明显。川渝页岩气区块的须家河组、雷口坡组、嘉陵江组属喀斯特地貌，溶蚀缝洞、暗河发育，共计发生井漏 90 次。中部井段的飞仙关组、茅口组和栖霞组属灰岩地层，裂缝发育、漏塌同存，溢漏同存，共计发生井漏 74 次，漏失钻井液 53402m³。下部井段的龙马溪组页岩断层裂缝发育分布广，岩性层理、微裂缝发育，连通性好，井漏严重，漏失油基钻井液超过 100m³。长宁区块水基钻井液进尺 4182m，宁 228 井漏失钻井液 795m³，损失费用近 260 万元。在泸 203H76-1 井漏失 2.05g/cm³的钻井液 2278m³，造成巨大的经济损失。西部钻探工程有限公司在西南页岩气井区漏失情况见表 2－3。

表 2－3　西部钻探工程有限公司在西南页岩气井区漏失情况

时　间	井漏次数（次）	漏失量（m³）	损失时间（h）
2020 年	50	53613.39	4042.29
2021 年第 1 季度	19	2603.70	1004.01

西部钻探工程有限公司在西南页岩气井区由于受区域性井漏的影响（岩浆岩长段裂缝、推覆体与断层恶性漏失），2020 年共有 25 口井发生井漏，漏失钻井液 3.1×10^4 m³，漏失清水 4.2×10^4 m³。现有堵漏工艺与配方无法满足日益复杂的井漏堵漏要求，防漏治漏中还暴露出诸多问题，如井漏资料收集不全、地层认识不清、堵漏配方未形成规范、漏点判断不准确等，堵漏成功率低，井漏综合治理水平有待提高。

西部钻探工程有限公司发现在西南页岩气井区直井段飞仙关组—韩家店组以及龙马溪组等地层存在裂缝性漏失，泸州区块茅口组、栖霞组等层位均为含气层，井控风险大。断层破碎带、裂缝导致的井漏以失返性漏失为主，一次堵漏或桥浆堵漏不能有效封隔，大段的放空和溶洞性裂缝导致堵漏无法成功进行，钻井液漏失量大、井漏处理难度大、损失时间长。2020 年施工井共计漏失 50 井次，损失时间约 4042.29h。西部钻探工程有限公司在西南页岩气井区部分地层漏失情况见表 2－4。

表 2－4　西部钻探工程有限公司在西南页岩气井区部分地层漏失情况

井　号	层　位	钻头尺寸（mm）	井　深（m）	损失时间（h）	漏失量（m³）
宁 209H36-1	茅口组	311.20	2332.00	6.50	35.00
宁 209H36-1	龙马溪组	215.90	3466.40	44.33	14.50
宁 209H36-1	龙马溪组	215.90	2222.60	4.75	25.50
宁 228	嘉陵江组	444.50	687.00	150.33	754.60
长宁 H22-9	茅口组	215.90	1461.00	1.50	35.70
长宁 H22-9	茅口组	215.9	1520.00	13.00	91.00
长宁 H22-9	龙马溪组	215.90	3910.00	0.00	16.80
长宁 H22-9	龙马溪组	215.90	4030.00	5.50	23.10

续表

井　号	层　位	钻头尺寸（mm）	井　深（m）	损失时间（h）	漏失量（m^3）
长宁 H22-8X	龙马溪组	215.90	2862.00	0.00	28.60
长宁 H22-8X	龙马溪组	215.90	3038.00	0.00	15.20
宁 209H71-3	栖霞组	311.20	233.00	47.50	2601.90
宁 216H6-10	龙马溪组	215.90	2711.70	34.00	25.32
宁 216H6-10	龙马溪组	215.90	2736.16	25.65	1.50
宁 216H6-10	龙马溪组	215.90	2736.16	0.00	25.50
宁 216H6-10	龙马溪组	215.90	3160.59	33.00	25.50
宁 216H6-10	龙马溪组	215.90	3197.00	20.50	36.55
宁 216H6-10	龙马溪组	215.90	3690.57	328.83	139.10
宁 216H6-10	龙马溪组	215.90	3815.07	18.00	69.01
宁 216H6-10	龙马溪组	215.90	4644.88	0.00	31.00
宁 216H6-10	龙马溪组	215.90	4644.88	0.00	69.07
宁 216H6-10	龙马溪组	215.90	4950.00	0.00	70.31
宁 216H6-4	五峰组	215.90	4030.00	74.50	91.40
宁 216H15-3	龙马溪组	215.90	4838.29	80.75	73.60
宁 216H15-2	龙马溪组	215.90	4184.00	0.00	3.70
宁 216H27-3	宝塔组	215.90	2904.00	11.00	105.00
宁 216H27-3	石牛栏组	215.90	2352.00	49.60	7.75
宁 216H27-3	石牛栏组	215.90	2381.00	7.00	3.50
宁 216H27-3	石牛栏组	215.90	2410.48	15.10	83.00
宁 216H27-3	石牛栏组	215.90	2455.85	45.60	3.50
宁 216H27-3	石牛栏组	215.90	2475.00	62.90	122.00
宁 216H27-3	龙马溪组	215.90	2580.00	9.60	23.50
宁 216H27-3	龙马溪组	215.90	3180.00	6.80	24.50
宁 216H27-3	龙马溪组	215.90	3748.00	46.10	14.17
宁 216H27-3	宝塔组	215.90	3763.00	2.60	9.00
宁 216H27-3	龙马溪组	215.90	5000.00	88.86	27.50
阳 101H2-3	沙溪庙组	406.40	163.50	34	78.20
泸 203H76-1	长兴组	311.20	1978.60	319.75	1529.40
泸 203H76-2	沙溪庙组	444.50	130.91	46.83	94.60
阳 101H2-3	沙溪庙组	406.40	163.50	34.00	78.20

续表

井　号	层　位	钻头尺寸（mm）	井　深（m）	损失时间（h）	漏失量（m^3）
阳 101H2-1	茅口组	311.20	2879.56	215.17	799.60
泸 203H76-1	长兴组	311.20	1978.60	319.75	1529.40
泸 203H76-1	茅口组	311.20	2265.40	104.00	176.30
泸 203H76-1	茅口组	311.20	2296.82	8.83	102.90
泸 203H76-1	茅口组	311.20	2319.00	29.58	82.70
泸 203H76-1	栖霞组	311.20	2410.00	14.33	387.00
泸 203H76-2	沙溪庙组	444.50	130.91	46.83	94.60
泸 203H76-3	自流井组	444.50	226.00	7.00	13.10
泸 203H76-3	飞仙关组	311.20	1461.00	21.17	15.10
泸 203H76-3	龙潭组	311.20	2094.86	22.57	44.30
泸 203H76-3	茅口组	311.20	2094.86	25.00	91.40

3. 川渝地区主要易发生漏失构造特征和漏失层位分布

（1）川渝地区主要易发生漏失构造的复杂特征。

川渝地区地层具备优越的油气生、储条件，是我国目前发现的碳酸盐岩储层物性最好的区域之一。以川东、大巴山及米仓山三个构造带的交界部位为例，其地层破碎、裂缝纵横交错，构造主体部位出露地层大多受到严重剥蚀，被地表水侵蚀形成大溶洞、大裂缝。石炭系、二叠系地层应力集中，被多个断层切割，呈现凹凸相间的格局，即上盘正向构造、中部断凹（或断垒）构造、下盘潜伏高带或背斜圈闭构造。如果地层埋深较深，一般出现微裂缝、小裂缝、中等裂缝；如果地层埋深较浅，则可能出现大裂缝、大溶洞。钻井时，中上部地层井漏十分频繁，平均井漏发生率在 80%以上，处理井漏和因井漏引起的复杂情况所用时间占整个钻井时间的 10%左右，严重影响了钻井速度，延长了钻井周期。

由于受山前挤压和推覆作用的影响，川渝地区地层裂缝发育，几乎每个构造在钻井过程中均发生过漏失。相对来说，普光外围构造（如双庙、老君、大湾、雷北、铁北等构造）、通南巴和鄂西渝东构造漏失较为严重，而元坝、毛坝构造漏失较少。

川渝地区的井漏以裂缝、溶洞及混合型为主，漏失类型主要有以下几种：

①微孔、微裂隙漏失。主要出现于浅部地层、中深部充填溶蚀微孔、产层连通较差的溶蚀孔地层。主要漏失层为遂宁组、沙溪庙组、须家河组和自流井组。

②溶蚀孔、缝形成较大漏失。川东高陡构造的漏失通道主要以裂缝和溶洞为主，常见于浅表地层、深部海相含水地层、浅部海相地层，钻遇溶洞和大裂缝放空，属于恶性井漏。尤其在构造的主体部位上，井漏地层多为中下统三叠系碳酸盐岩，由于地下水长期侵蚀，裂缝、溶洞发育导致井漏十分严重，处理起来非常困难。主要漏失层是飞仙关组，但这也是鄂西渝东地区天然气的主要产层之一。

③缝、洞受外力作用后张开、延伸形成恶性漏失。这种漏失是由于井下液柱压力过大或在压井过程中过高套压超过裂缝、孔洞型地层的承压能力，从而造成裂缝、孔洞张开，井眼中岩屑、固相等进入地层阻止裂缝、孔洞闭合，随着压力的增加或处理时间的延长，进一步发展，使裂缝、孔洞迅速延伸，给处理井漏和提高地层承压能力带来极大困难。

④窄安全窗口的喷漏同层井漏失。在某些构造上，产层与漏层在同一个裸眼井内，压稳与漏失的矛盾突出，钻井液密度可调范围较窄，产层承受液柱压力波动的能力较差，这对安全钻井和固井等作业带来了极大的困难，有的井由于处理不当甚至导致报废。

川渝地区地质构造较多、井下情况各异，其漏失规律及特点如下：

①普遍存在着漏失层，发生井漏的概率较高。由于受山前挤压和推覆作用的影响，地层的完整性较差，千佛崖组上部泥页岩地层孔隙发育，微孔隙、微裂缝的尺寸分布在20～200μm，该井段易发生渗透性漏失，漏失主要发生在表层的遂宁组、沙溪庙组和下部井段的须家河组、自流井组地层。

②弱胶结砂泥岩处裂缝、孔隙多，导致漏失严重。川渝地区钻井过程中在大套砂岩与泥岩交界面处漏失频率高、漏失量大。例如，双庙1井漏失位置有37处，其中35处为砂泥岩交界面；普光1井漏失位置有22处，其中21处为砂泥岩互层或交界面。

③恶性漏失层段多、漏失量大，随钻封堵难度大。川渝地区大多数井位于山区，该地区在地质演变过程中均发生过多次推覆和隆起，导致地层褶皱、断层严重。同时由于海拔高，上部地层纵向裂缝极其发育，且纵向连通性好，部分大裂缝宽度可达2cm，大多数裂缝在沉积过程中被泥岩松散填充。当钻井过程中钻遇纵向裂缝时，在钻井液液柱压力作用下纵向裂缝易被压裂，纵向延长，裂缝宽度增大，导致严重井漏。

④喷漏同层普遍，钻井液安全密度窗口窄，钻井施工风险大。川渝地区地层以断层为界，可分为上部中、低压地层和下部高压地层，由于两个或多个地层压力系数相差较大的地层并存于同一裸眼井段，钻开高压气层前及固井施工前的承压堵漏工作难度大、周期长。例如，双庙101井在1002.51～2657.92m井段分别进行了15次桥塞堵漏、9次水泥浆堵漏和3次膨胀性可固化材料堵漏，堵漏周期达75d，也没有达到钻井设计地层承压系数为1.8的要求。

⑤地层岩性、地应力变化大，大幅度提高地层承压能力的难度较大。海相地层飞仙关组、长兴组等是主要目的层，储层中含有H_2S和CO_2等气体，为了井控和施工安全，钻井过程中往往需要提高地层承压能力。但该地区地层由于砂泥岩互层多，压实程度不足、胶结性差，导致渗漏严重，难以大幅度提高地层承压能力，然而同一裸眼井段地层压力数相差大，压稳下部高压层需提高钻井液密度，因此容易出现为压稳下部高压层而压漏上部破碎地层的现象。

⑥砂岩地层渗透性强，渗透性地层漏失发生频率高。川渝地区下部地层钻井过程中出现大型和恶性漏失的频率相对较低，以砂岩地层渗透性漏失为主。孔隙度大小是影响漏失速度的重要因素，砂岩物性越好漏失速度越快、漏失量越大。

（2）川渝地区固井漏失现状。

川东北地区固井漏失主要有以下几种：下套管前漏失、下套管过程中或下完套管后漏失、注替水泥浆过程中漏失。其漏失原因主要有以下几点。

①井眼承压能力不够。由于地层承压能力较差，虽然可以通过承压堵漏技术来提高地层承压能力，但仍然达不到固井施工要求，因此，固井时必然发生漏失。这在川东北地区固井漏失中出现的概率最大。

②环空憋堵造成漏失。川东北地区井身结构和套管程序较特殊，二开一般采用 ϕ311.10mm 或 ϕ314.00mm 的钻头，下入 ϕ273.10mm 的套管，因此环空间隙较小（仅为 19.00mm 或 20.50mm）。同时，二开裸眼井封固段较长，属于长裸眼小间隙固井，加之陆相地层稳定性较差，容易出现环空憋堵而造成漏失。如元坝 3 井下套管过程没有出现漏失，但在循环时发生漏失。据分析认为，由于钻井排量小，井内掉块不能循环出来，提高钻井排量后造成环空憋堵而压漏地层。

③通井和井眼清洗不干净造成漏失。通井不彻底，会造成井下岩屑或沉砂不能完全从井内带出来，当套管下到位后，会引起过高的开泵压力，或在循环过程中泵压波动较大，造成激动压力过高而压漏地层。河坝 2 井 ϕ146.10mm 尾管在下到距离设计位置 8m 处时，因遇阻未能下到位。开泵压力高发生漏失，这与通井不彻底、钻井液性能处理不当有一定关系。随后该井经过堵漏施工，建立正常循环，固井返浆正常。

（3）2020 年川渝地区漏失情况。

2020 年川渝地区各区块漏失层位的钻井液漏失量及损失时间统计分析如图 2－1 所示。其漏失特点有：清水漏失全部集中在页岩气区块；水基钻井液漏失，风险探井区块占 38%，高磨区块和页岩气区块分别占 23.3%和 23.4%；油基钻井液漏失主要集中在页岩气区块和风险探井区块，分别占 74.0%和 23.2%；嘉陵江组层位漏失量最大，主要发生在长宁、昭通页岩气区块，强钻和气体钻井漏失清水 22390m^3；茅口组、栖霞组共漏失钻井液 25818m^3，其中含页岩气区块漏失的低密度钻井液约 8000m^3、风探区块中等密度钻井液 9900m^3 以及高石梯—磨溪高密度钻井液 4900m^3，共损失时间 6121h（其中双鱼 001-H2 损失超过 1800h、高石 001-X45 损失 468h、荷深 101 井损失 430h、宁 209H33 平台损失 341h）；灯影组层位漏失水基钻井液 15746m^3，主要为高磨区块，如高石 001-X51 及高石 133 等灯影组采取精细控压强钻，过程中损失的低密度水基钻井液约 7000m^3。

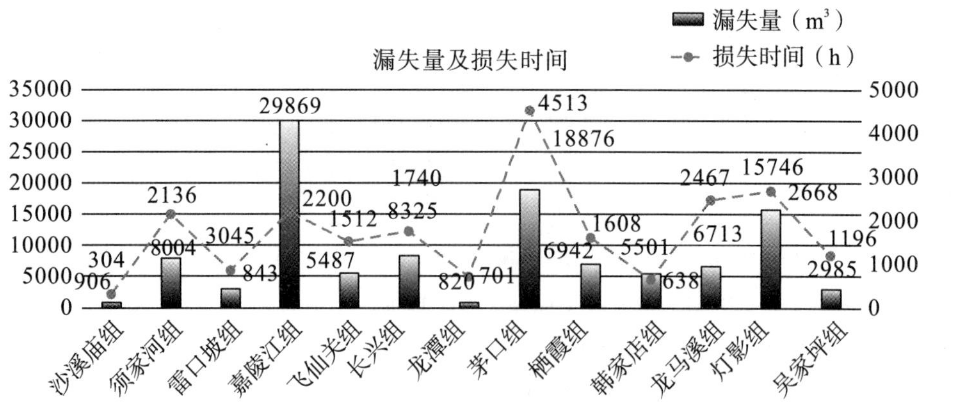

图 2－1　各区块漏失层位的钻井液漏失量及损失时间

4. 不同密度的钻井液漏失量分布及损失

（1）水基钻井液漏失量。低密度（1.0～1.4g/cm³）钻井液为 4.1×10^4 m³，占比 43%；中高密度（1.4～2.2g/cm³）钻井液为 3.8×10^4 m³，占钻井液漏失总体积的 50%。具体分布如图 2—2 所示。

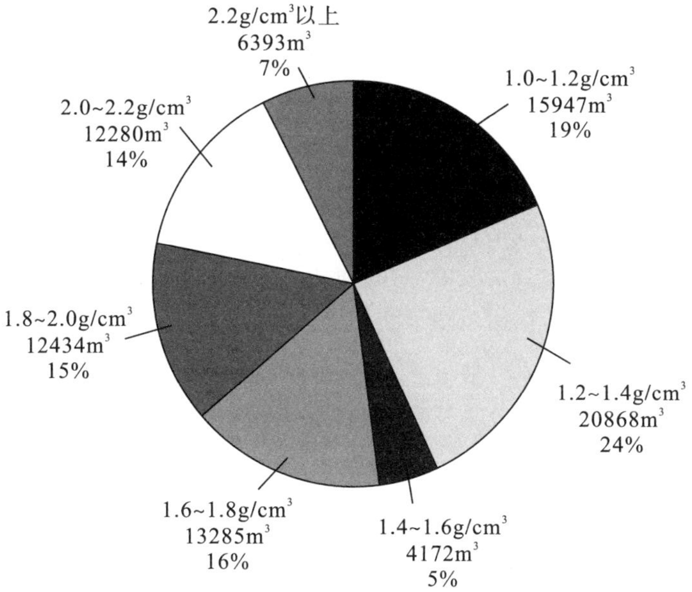

图 2—2　水基钻井液漏失量占比

（2）油基钻井液漏失量。中高密度（1.6～2.2g/cm³）钻井液为 7860m³，占钻井液漏失总体积的 71%，具体分布如图 2—3 所示。

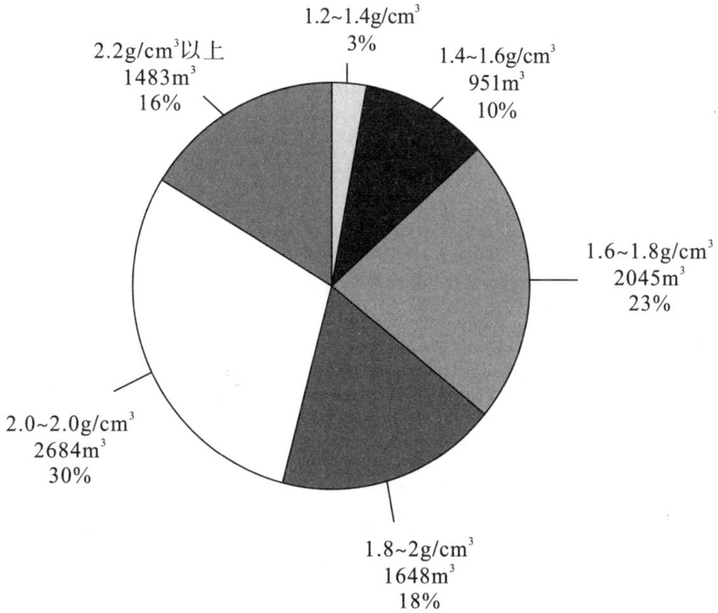

图 2—3　油基钻井液漏失量占比

（3）预估直接经济损失：水基钻井液为12615万元，油基钻井液为8120万元，总计20735万元。

（4）油基钻井液漏失量占全部漏失量的9.6%，经济损失占比为39.2%。

5. 单井漏失量统计

川渝地区某区块水基钻井液单井漏失量超过1000m³的井有27口，油基钻井液单井漏失量超过100m³的井有19口，进行承压堵漏时单井损失钻井液超过500m³的井有16口。

2.2.5 川渝地区井漏治理的技术难题

（1）井漏是川渝地区油气钻井的"顽症"。

在川渝地区油气钻井复杂情况中，井漏问题一直比较突出。20世纪80年代中期以后，随着盆地东部高陡构造钻探范围不断扩大和钻探工作量的增加，井漏频繁发生。井漏至今仍是未能完全攻克的"顽症"。严重的井漏，特别是恶性井漏不仅造成时间和材料的大量损耗，甚至有可能引起全井报废或只能进行侧钻以避开漏层，严重影响着川渝地区油气勘探开发进程。

（2）油基钻井液漏失问题日益严重，造成重大的经济损失。

以川渝地区油基钻井液井漏问题为例，产层油基钻井液漏失次数多、漏失量大，一次性堵漏成功率低，随钻封堵承压能力较弱，堵漏材料在高温和油基钻井液环境下，抗压强度大幅度降低，适于水基钻井液中膨胀的堵漏材料，在油基钻井液中不膨胀，不能实现"搭桥成网"，且形成的封堵层不致密、强度低。国内外相关专家开展大量的理论研究，发现约90%的钻井液漏失问题是由天然或诱导裂缝的延伸扩展引起的，而裂缝延伸压力较低则是导致油基钻井液严重漏失的根本原因。由于我们在钻探时必须考虑成本问题，油基钻井液的防漏治漏问题就显得更为重要，不仅渗透滤失会造成成本增加，裂缝漏失更是会大幅提升油基钻井液的使用量。因此，研发具有防漏作用的油基钻井液并克服油基钻井液存在的漏失问题，充分发挥其性能优势，最大限度地降低油基钻井液的成本，扩大油基钻井液的应用范围，已成为当前科研工作者重要的研究方向。以2020年为例，川渝地区单井油基钻井液漏失量超过100m³的井有19口，造成的直接经济损失达8120万元。

（3）堵漏效果差，一次性成功率低。

地层漏失的随机性、影响因素的多重性、漏失机理的不确定性及适合油基钻井液的桥塞堵漏材料研发机理不深入，导致油基钻井液防漏治漏效果不佳、堵漏一次成功率低，甚至有可能诱发其他井下复杂情况或事故。

（4）缺乏系统、科学、高效的治理手段。

恶性漏失危害大、难治理，严重阻碍钻井和完井作业的正常进行，若无法有效堵漏，甚至可能引发更为严重的井下复杂情况与事故。恶性漏失常表现为两种不同的类型：较大的天然裂缝（溶洞）引起的"有进无出"的严重漏失类型、长井段低承压地层"随机性、多点漏失"类型。

恶性井漏是钻遇井下复杂情况与事故中的技术难题。桥塞堵漏材料根本无法在油基钻井液条件下在漏失通道中膨胀、堆积、架桥形成有效堵塞。溶洞、大裂缝中常存在地层水或积液，由于堵漏水泥浆受到地层水或溶洞积液置换、稀释的干扰，难以在近井壁周围凝固形成有效的堵塞隔墙。因此，恶性井漏的堵漏难度大、堵漏成功率低。长井段低承压地层十分破碎、承压能力低、漏失层段多、漏失井段长、漏失通道对压力非常敏感等，给堵漏及钻井作业带来了很大的困难。上述两类井漏堵漏难度大，漏失钻井液量多，损失时间长。例如，罗家 3 井在井深 2878m 处钻遇溶洞恶性井漏，漏失钻井液及堵漏浆 1902m^3，损失时间 121d，因堵漏无效，利用清水强钻导致卡钻报废；鹰 1 井在嘉陵江组至飞仙关组钻遇多处大裂缝井漏，漏失钻井液及堵漏浆 2843m^3，损失时间 103d，井漏损失时间占全井钻井总时间的 35.6%；东安 1 井在 ϕ311.2mm 井眼段处遇长段低压恶性井漏，漏失钻井液及堵漏浆 21059m^3，损失时间 270d。

据国外近几年的数据统计，当前钻井井下所遇复杂情况造成的损失中：漏失占 58.5%，井壁不稳定占 24.0%，卡钻占 3.5%，钻头泥包占 3.5%，重晶石沉淀占 3.5%，钻井液处理失误占 3.5%，高温高压失水控制不力占 3.5%。

(5) 表层大裂缝和溶洞分布广，漏失现象严重；中下部地层普遍存在漏失现象。

(6) 2020 年川渝地区恶性漏失堵漏技术状况。

对于处理复杂地层的恶性漏失，现有漏堵技术大多没有一次性成功的把握，也没有能按计划实施成功堵漏的把握。对于复杂地层的恶性漏失的堵漏方法缺乏普适性。堵住后，维持钻进不难，提高承压能力难。恶性井漏的治理已经成为国内外面临的一个重大技术难题。2020 年，川渝地区恶性漏失堵漏有以下特点：

①川渝地区页岩气井的一次性堵漏成功率低。

②在钻井过程中，泥页岩微裂缝发育、裂缝易扩张和联通、页岩段油基钻井液漏失，采用随钻、桥堵及水泥浆堵漏均难以达到目的，例如，长宁、昭通构造页岩气井表层裂缝、溶洞发育，75%的井发生井漏，某单井漏失的钻井液甚至达 $1.8\times10^4 m^3$。

③裂缝性地层承压堵漏困难、复漏严重，导致多漏层同时存在，难以科学判断漏层位置，堵漏效率低；区域裂缝发育，存在极大的垂直裂缝，漏失段长达数米，即存在又长又宽的裂缝；桥塞物不易架桥，即使架桥后也不稳定，容易再次发生井漏，垂直裂缝穿越厚度大，缝中堆积的堵漏材料强度弱，粒径不匹配，堵不住裂缝。

④水平井段塌漏同存，承压堵漏难度极大。

⑤无法配制和泵送含有大尺寸刚性颗粒的堵漏浆的手段，如缺乏混拌及强泵送砾石凝胶堵漏浆的设备，无法将粒径为 10～40mm 的大尺寸刚性颗粒材料泵送至漏层。

⑥未形成“机理—材料—方法—技术”堵漏技术研发途径。目前，现场堵漏工作仍以经验为主，缺乏能有效指导堵漏材料研发、堵漏技术应用和发展的理论，未形成程序化且有效的防漏治漏系列技术，缺乏正确、清晰的思路和技术路线，也缺乏客观准确的评价方法，更无规范化的现场操作程序。

桥塞堵漏材料只能解决暂时性的封堵，遇到长裸眼段、反复漏失的井段承压效果差，满足不了工程所需要的较长时间的承压。

2.3 防漏治漏工作存在的问题

（1）复杂裂缝性地层漏失及防漏治漏机理不清，即核心机理认识不清；

（2）防漏治漏材料在桥堵作用和承压之间缺乏有机结合，无法有效提高裂缝性地层承压能力；

（3）防漏治漏评价方法不能真实模拟裂缝性地层漏失，评价封堵效果的仪器与地层的真实性相差较大，评价方法也缺乏统一的标准；

（4）对恶性井漏防漏技术依赖经验，堵漏技术可复制性差；

（5）堵漏材料与漏层的自适应性及自干扰性还不能满足承压的要求；

（6）各区块的大数据、云网络工作还未实质性开展；

（7）井下堵漏工具配套不够完善；

（8）防漏治漏工程是系统工程，需要钻井、地质、测井等部门通力配合，现场统筹工作缺乏规范。

2.4 目前存在的技术瓶颈

川渝地区技术人员通过技术攻关与创新，虽然防漏治漏工作取得一定成果，大部分井漏都得到了有效控制，但在提质增效和控制事故降低复杂专项行动的要求下仍需解决一些关键技术难题。部分复杂井还存在漏失治理难度大、治理时间长等问题，需我们进一步攻关研究。川渝地区井漏治理技术难题如图 2-4 所示。

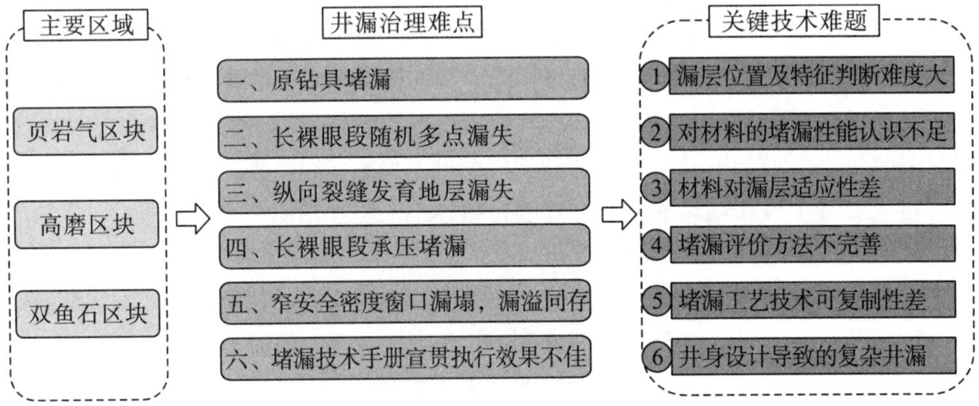

图 2-4 川渝地区井漏治理技术难题

（1）漏层位置及特征判断难度大。

井漏发生后，因缺乏对漏层位置、漏层压力、漏层流体和漏失通道特征的测量手段，对漏层性质认识不清，堵漏措施针对性不强。目前，仅能实施环空液面监测，其他漏层性质均凭借技术人员的经验进行判断，难以满足现场高效堵漏的需求，堵漏方法选择、钻具下深、堵漏浆配制和施工压力等工艺参数无法确定，堵漏施工存在盲目性和不可预见性。

①漏层位置判断：目前仅能通过井漏发生的详细过程和堵漏结果进行反推，准确率低，尚无准确有效的测试手段和测定漏层位置的仪器。

②漏失通道特征判断：现场基于漏速、地质资料和前期堵漏效果进行分析，结合经验判断，存在较大误差；成像测井在复杂井漏中难以实施，且无法准确识别漏层尺寸及推测漏层的空间展布情况。漏失通道的几种形态如图 2−5 所示。

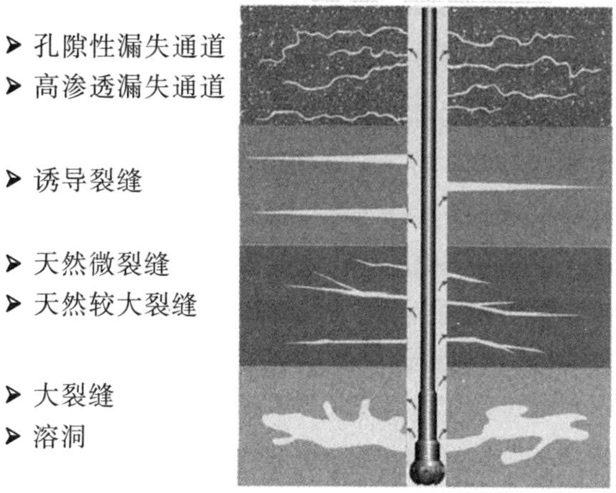

图 2−5　漏失通道的几种形态

③漏失压力：部分井可通过液面检测仪进行数据计算，但大部分井仍无法直接获取准确数据。

（2）对材料堵漏性能认识不足。

现有堵漏材料种类繁多，我们对材料形状、尺寸、配比、浓度等参数与堵漏效果之间的关系认识不足，缺少针对不同漏失类型、不同尺寸漏失通道的堵漏材料进行选择的数据支撑，现场主要依靠技术人员的经验判断，导致堵漏难以达到预期效果。堵漏剂粒度和堵漏浆浓度与裂缝的匹配关系如图 2−6 所示。原钻具堵漏配方选择困难，难以解决材料在原钻具中的通过性与堵漏效果之间的矛盾，螺杆、定向仪器如图 2−7 所示。

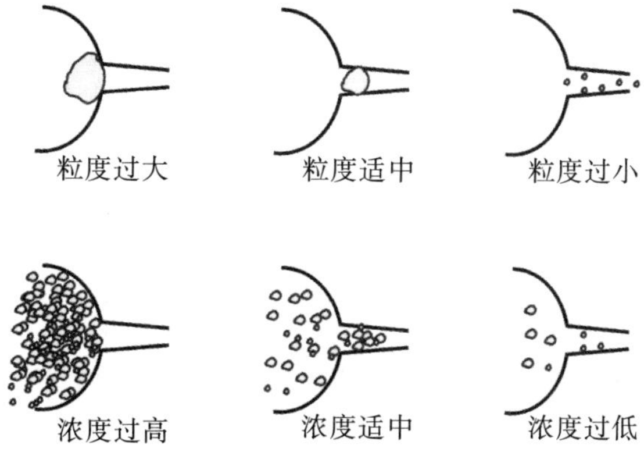

图 2−6　堵漏剂粒度和堵漏浆浓度与裂缝的匹配关系

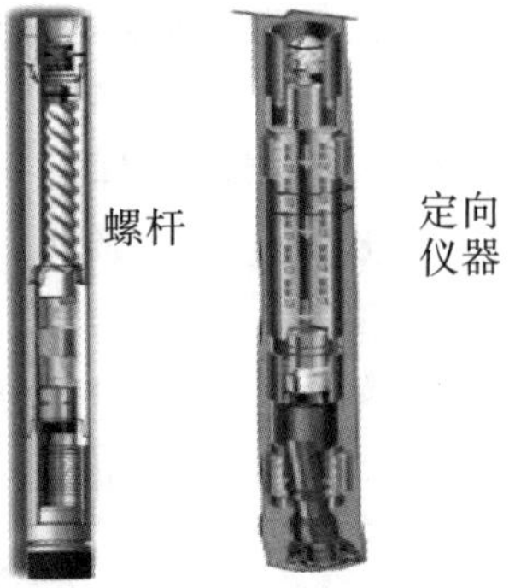

图 2−7　螺杆、定向仪器

①材料的堵漏能力：材料的技术参数与堵漏效果之间缺少相关性。

②材料在原钻具中的通过性：提高原钻具堵漏成功率，可节约堵漏时间。堵漏材料在原钻具中的通过性与堵漏效果之间矛盾突出。

（3）材料对漏失通道的适应性差。

由于地层的漏失状态无法实时监测，桥塞堵漏材料对裂缝性漏失适应性差（长裸眼段多点随机漏失），复杂天然裂缝及诱导裂缝性地层的承压堵漏难度大；水基段塞类材料（如水泥浆和凝胶等）的裂缝适应性强，但在施工安全性、抗温性和抗污染性等方面仍存在不足；适用于油基钻井液及储层漏失的防漏治漏材料不成熟。

①桥塞堵漏材料：难以适应漏失通道宽度、延伸长度及空间分布的复杂性，堵漏成功率不高。

②水基固化类材料：固化的过程控制技术不成熟，固化质量不稳定。

③水基凝胶类材料：施工风险高，且存在抗温和抗盐能力较低，凝胶的稳定性差等缺点。

④油基钻井液防漏治漏材料：材料种类少，缺少针对恶性井漏的承压、吸油膨胀及油凝胶类段塞材料。

⑤储层用防漏治漏材料：材料的封堵能力和储层保护性能（如酸溶性和降解性等）不能兼顾。

（4）堵漏评价方法不完善。

行业内缺乏统一的防漏治漏评价方法，缺乏科学性的测试手段评价高温、高压、高腐蚀环境的漏失状况，真实模拟井下漏层状况的堵漏评价实验仪器还有待研发。现有各油气田及研究院所开发的室内评价仪器不能真实模拟地层情况，模型单一，对同一材料的评价结果差异大，重现性差。且评价结果与现场应用效果差异大，防漏治漏材料及配套技术的筛选和优化缺乏可靠的评判依据。

①动态循环模拟仪：与钻井液环空流场差别大，无法准确模拟钻井液对封堵层的冲刷破坏。

②裂缝模具：模具尺寸单一，裂缝宽度固定，几何形态简单，与实际漏失通道状况（如润湿性、粗糙度、动态变化等）的差距大，缺乏统一的技术指标，不同堵漏材料的封堵性缺乏可比性。

③段塞材料评价：对材料在井下的成胶或固化过程的评价方法不成熟，无有效且统一的标准。

（5）堵漏技术可复制性差。

现有堵漏技术和施工工艺主要来自现场经验或个体经验，对漏层特征认识不清，区域地层差异大；无有效的漏层诊断技术和堵漏辅助决策专家系统，技术规范和手册执行不力，导致防漏治漏技术的可复制性差。

①漏层位置、裂缝尺寸及漏失压力等参数的确定主要依赖于现场堵漏结果的反推或经验判断，无科学的研判和预测技术。

②堵漏辅助决策专家系统尚不成熟，无法科学优化堵漏浆的配方和施工参数。模拟缝板普遍为钢制材料，与岩石裂缝表面的粗糙度和润湿性差别较大；模具缝宽固定，无法模拟裂缝的动态演变，常见的裂缝模具如图 2－8 所示。

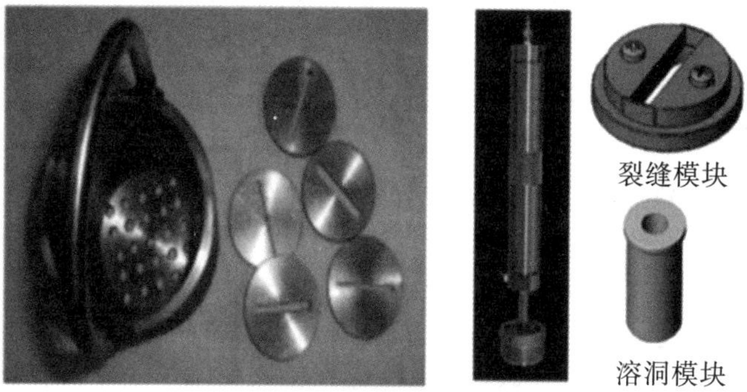

图 2－8　常见的裂缝模具

③防漏治漏技术规范和手册的宣贯执行力度不足，成熟的堵漏方法和措施未能有效实施。

（6）井身结构设计不合理导致的复杂井漏。

成熟区块长期注采导致地层压力变化大，部分层位压力衰减严重，无法准确预测地层压力，从而增加了井身结构的设计难度。由于缺乏区域地应力场和三压力剖面数据，致使部分井井身结构设计不合理，误将多压力系统和塌漏或溢漏同存的地层设计为同一裸眼段，导致井下复杂频发、防漏治漏难度极大。

①缺乏地应力场和三压力剖面数据，地层压力预测不准确。

②多种复杂处于同一裸眼段：低承压地层与高压含气层同存，易漏失层与易垮塌层同存。

2.5　防漏治漏急切需要解决的技术瓶颈

近年来，随着油气勘探的进一步深入，钻井过程中遇到的地层情况越来越复杂，页岩气区块长水平段的井增多，钻井难度增大。各种漏失处理的成功率越来越低，尤其是裂缝性漏失情况多变，没有规律可循。恶性漏失的治理难度大，特别是处理窄安全窗口的恶性漏失更难，井控风险大。探井的井漏问题突出，治理油基钻井液的恶性漏失手段不足，现有堵漏工艺与配方无法满足日益复杂的井漏堵漏要求，防漏治漏作业中还暴露出诸多问题，如井漏资料收集不全、地层认识不清、堵漏配方未形成规范、漏点判断不准确等。因此，开发适应油基钻井液的堵漏材料和具有保护储层作用的堵漏剂，深入开展井漏及治理的理论研究，研制能够较准确评价堵漏效果的地层模拟装置、堵漏效果评价方法、配套完善地面及井下堵漏工具将成为“十四五”科技规划的重点及技术需求。下一步，川渝地区防漏治漏工作拟从以下几方面展开。

(1) 对于长裸眼多漏层的井段，可注水泥塞分段封隔，或短裸眼逐段承压，即根据井况每钻进 200～500m 分段进行承压堵漏。

(2) 对于大压差井漏，可复合使用凝胶堵漏、水泥浆堵漏和高滤失堵漏等方法，提高堵漏效果。

(3) 编制切实可行的区域堵漏技术手册，针对不同的漏层，完善规范堵漏配方和施工流程。

(4) 引进漏层位置测定仪，自主研发和引进防漏治漏的新工艺、新技术和新材料，拓展承压堵漏的方法。

(5) 针对不同区域系统地开展防漏治漏的理论研究。

(6) 开发适合水基钻井液和油基钻井液的新材料及具有储层保护功能的堵漏材料。

(7) 研发模拟地层漏失状态的评价堵漏模拟试验装置，研究堵漏效果的评价方法，并统一标准。

(8) 研发完善地面堵漏浆的配制装备和井下堵漏工具等。

(9) 重视固井过程中的井漏问题，赋予固井流体的防漏能力，也是减少固井漏失风险的有效手段之一。加强防漏型固井流体技术的研究工作，让固井流体自身具有防漏堵漏功能。要具体开展固井流体堵漏试验，尝试在隔离液或水泥浆中加入各种堵漏材料。例如，可加入不同长度的有机纤维，在滤饼上形成纤维网，阻止固井流体向地层漏失。对于隔离液的防漏技术可借鉴钻井液堵漏技术，以保证隔离液与水泥浆和钻井液具有良好的相容性，以增强堵漏效果。

第 3 章　川渝地区防漏治漏工艺技术现状

川渝地区的防漏治漏工艺技术经过初期探索和长期经验积累得以逐渐发展。20 世纪 80 年代以前，由于钻井技术不够完善，堵漏成功率极低。该时期普遍采用非规范和非系统的桥塞堵漏和水泥浆堵漏工艺技术，即使用刚性材料硬堵、硬卡或者通过提高钻井液黏度进行静止堵漏，井漏严重时采用清水强钻或打水泥塞，没有对防漏治漏工艺开展系统的研究工作。

随着科技的进步，防漏治漏工艺技术得到不断完善。20 世纪 80 年代中期，四川石油管理局成立钻采工艺研究所泥浆研究室堵漏工艺技术组，是我国最早组建的一支堵漏专业队伍，从漏失机理入手专门研究防漏与堵漏工艺技术。之后，四川石油管理局川南矿区和川东钻探公司也开始研制堵漏模拟装置，逐步明确了川南区块和川东区块的漏层特点和漏失规律。川渝地区钻井工作者逐步规范堵漏技术的现场作业流程，编制了《四川地区堵漏工艺规范》。同时，四川石油管理局川东钻探公司也编制了适用于本地区的《川东地区钻井液体系工艺规范》，使防漏治漏作业逐渐程序化和规范化。四川石油管理局天然气研究所、钻采工艺研究所及五大矿区泥浆室（川东、川南、川西南、川西北、川中）分别加大力度研发堵漏材料和评价堵漏效果的测试仪器，陆续制定了各区块堵漏技术规范和细则，强调了防漏的重要性，在一定程度上预防了井漏的发生。近年来，随着页岩气/油区勘探开发力度的加大，井型增多、深度增加，井漏更加频繁和复杂，防漏治漏工艺技术面临新的挑战。

3.1　井漏预防

井漏的发生与地层裂缝、孔洞有直接关系，而漏失速度与裂缝的形态、渗透率、压差、钻井排量、钻井液密度、钻井液黏度及泥饼的致密程度等相关。目前，川渝地区已逐步成为页岩气勘探开发的主战场，井漏复杂给钻井工程带来巨大威胁和损失，防漏工作越来越受到人们重视。我们根据各地区的构造特点，制定了不同的井漏预防措施。以长宁—昭通地区为例，我们分别制定了浅表井段井漏的预防、中深井段井漏的预防以及造斜及水平井段的预防措施。

3.1.1　合理井身结构和防漏措施

钻井过程中，钻遇地层的孔隙压力、漏失压力、破裂压力会有较大的差别。如果同一裸眼井段多压力系统共存，一组地层的孔隙压力高于另一组地层的漏失压力或破裂压力，为平衡高压层的孔隙压力，须采用高密度钻井液钻进，这时，低漏失压力或低破裂压力地层就易发生井漏。因此，在多压力系统地层钻进时，既要防喷又要防漏。首先，必须设计合理的井身结构，以套管封隔高压层或漏失层，才能确保钻井顺利进行。井身结构设计应以各种地层压力剖面为依据。此外，若钻遇易漏的断层或破碎带地层，可设计合理的定向井井身剖面进行避让。对潜在恶性漏失地层，可考虑采用空气钻井或氮气钻井技术。

3.1.2 浅表井段井漏的预防

（1）开钻前，根据钻井设计方案和水文地质报告，了解井场基础建设情况。

（2）导眼及表层首选清水钻进；表层套管应尽量下深，以有效隔断水层和易塌地层。若井场基础为填方、地层为堆覆体，可用清水试钻，如遇异常则立即改变作业方式。

（3）清水钻进过程中，应加强对周边环境的监测；若出现泄漏、井架基础沉降以及井眼垮塌，立即改变作业方式。

（4）当钻进中出现失返性漏失，清水钻进难以继续或出现地表窜漏等情况时，应尽可能采用气体、雾化钻井。

（5）若遇井壁失稳、钻屑悬浮异常等必须使用膨润土浆时，不能添加任何化学药剂。

（6）若上述方法不能解除井下复杂、施工困难，可改变井身结构设计，增加一层套管。

3.1.3 中深井段井漏的预防

（1）飞仙关组及以上地层用聚合物无固相钻井液钻进，进入飞仙关组底转换为抑制性较强的双盐聚合物钻井液体系。转化钻井液前，按下部最高密度进行承压堵漏。

（2）在满足井眼净化的前提下，合理控制钻井排量、降低环空循环压耗，能够有效避免井漏的发生。

（3）钻进茅口组、栖霞组等易漏易塌地层时，应提高钻井液抑制性，降低钻井液密度并强化防塌措施。

（4）采用有机盐钻井液体系时，应注意保持钻井液的抑制性，强化钻井液的封堵性、润滑性；钻井液密度应控制在 1.15～1.25g/cm^3。为防掉块引起阻卡，应强化钻井液清洁措施，钻井排量不低于 55L/s。

（5）在易漏地层钻进时，若发生井漏，可采用随钻堵漏和桥浆钻进技术。

（6）在易漏地层下钻时，要控制钻进速度，防止产生的激动压力过大导致压漏地层。下钻时要分段循环钻井液，开泵要缓慢。同时，应加强液面坐岗监测，以及时发现井漏并准确统计漏失情况和漏失量。

（7）根据地质预告，钻遇漏层井段前，应做好预防和处理井漏的准备，如储备足够的堵漏材料。

3.1.4　造斜及水平井段井漏的预防

（1）韩家店组、石牛栏组有条件的井，可使用无固相钻井液体系，钻遇油气层时要及时转换钻井液。

（2）钻进至石牛栏组底部时，将无固相钻进液体系转换为油基钻井液或高性能水基钻井液。油基钻井液初始密度应控制在设计低限，高性能水基钻井液初始密度应控制在设计中限。

（3）应按设计最高密度做承压试验，遇漏则堵。

（4）在龙马溪组钻进时，应对地层剖面进行精细化分析，及时预告可能存在的裂缝、断层。优化地质导向轨迹设计，确立合理的钻井液密度及防漏措施。

3.2　防漏技术措施

在川渝地区一些低压漏失层或复杂漏失层，可采用套管钻井、尾管钻井、定向井、欠平衡钻井、精细控压钻井或下膨胀管等特殊钻井技术。此外，应依据漏层数量、位置、漏速和漏层压力选择合适的堵漏方法，在堵漏施工的同时观察堵漏效果，随时调整堵漏配方及工艺措施。以下措施可以防止或减少井漏的发生。

3.2.1　降低井筒动压力

过高的钻井液动压力是造成井漏的主要原因之一。在钻井与完井过程中，可通过选用合理的钻井液密度与类型，降低环空压耗和开泵、下钻、下套管过程中的激动压力等措施来降低钻井液的动压力。在易漏地层下钻时，要控制速度，防止因下钻速度过快而产生过大的激动压力压漏地层。下钻时要分段循环钻井液，开泵前应先缓慢转动钻具（即破坏钻井液静结构），再缓速开泵，见返后再逐步增大钻井排量，避免瞬间产生的激动压力过大引起井漏。在满足井眼净化的前提下，应合理控制钻井排量、降低环空循环压耗，减少井漏的发生。

3.2.2　提高地层的承压能力

虽然地层的漏失压力主要取决于地层特性，但可以通过一些技术手段（如使用变形封堵剂和胶结类处理剂以保持钻井液的强封堵性能）来封堵近井筒的漏失通道，强化护壁，从而增大钻井液进入漏失层的阻力，提高地层的承压能力，达到防漏的目的。

3.2.3　调整钻井液性能

钻至漏层前，可以通过降低钻井液密度、调整流变参数、泵量及改变开泵措施等，降低井筒液柱压力，减小激动压力和环空循环压耗，增加钻井液在漏失通道中的流动阻力。对钻井液进行维护时，应尽量控制其密度波动范围小于 $0.02g/cm^3$，以达到防漏目的。该方法一般用于渗透性孔隙地层漏失。除此以外，无论是水基钻井液还是油基钻井液，采用提高泥饼质量、增强封堵性、降低渗透率等方法，也可以防止在钻井过程中发生渗漏。

3.2.4 随钻堵漏工艺技术

随钻堵漏是在钻井液中加入能够通过固控设备的堵漏材料，达到边钻边堵的目的。该方法适用于孔隙型和较小的裂缝性漏失层。钻进至漏层之前，在钻井液循环过程中加入堵漏材料，在压差作用下，使堵漏材料进入漏层，封堵近井筒漏失通道，起到防漏堵漏的作用。常见的随钻堵漏材料有桥塞堵漏材料、单向压力封闭剂、新型细目碳酸钙、超低渗透封堵剂、新型低渗透封堵剂、微细纤维、弹性石墨、可变形的密封剂等。

随钻堵漏是把随钻堵漏材料加入钻井液中边钻进边堵漏，与停钻堵漏相比，可以节省处理井漏的时间。此方法对砂岩和沙砾岩或其他孔隙渗透性地层或微裂缝地层具有明显的防漏治漏效果。漏速小于 $30m^3/h$ 的井漏也可采用此方法，技术要点如下：

（1）根据井下漏失情况，在钻井液中加入 3%～6%的随钻堵漏材料或桥塞堵漏材料，配制随钻堵漏浆 $30\sim60m^3$。

（2）采用单泵钻进的方式将配好的随钻堵漏浆泵入井中；其间保持机械钻速为正常钻进速度的 40%～60%。

（3）当堵漏浆返出井口时，停止使用振动筛和其他固控设备，保持随钻堵漏 2～3 个循环周期。

（4）井不漏后，应除去钻井液中的随钻堵漏材料，恢复正常钻进。

（5）必要时也可采用全井随钻堵漏工艺。

（6）若随钻堵漏期间，井漏未能得到缓解，甚至漏速不断增加，说明有新的漏失段在不断暴露，这时应停钻并小排量观察 1～2 个循环周期；若井漏未得到缓解，一般需停钻堵漏。

随钻堵漏现场施工方法流程如图 3－1 所示。

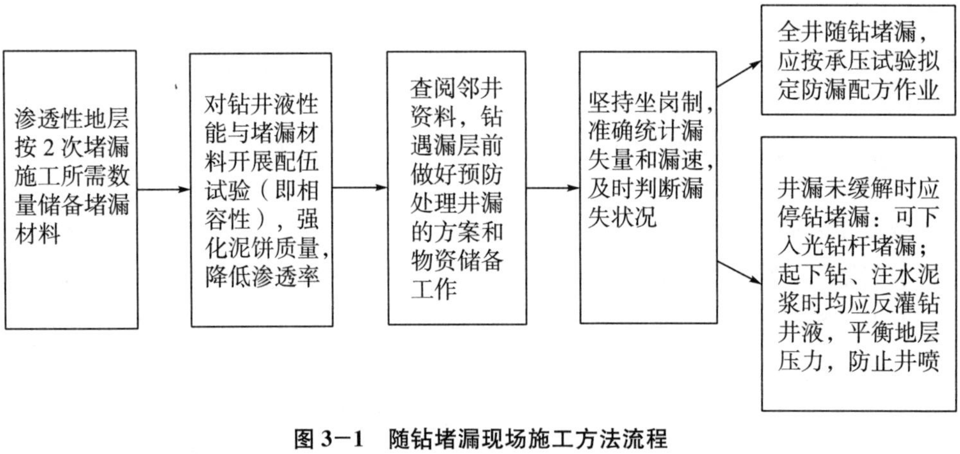

图 3－1　随钻堵漏现场施工方法流程

3.2.5 先期堵漏预防漏失

当所钻地层孔隙压力或坍塌压力超过上部地层的漏失压力或破裂压力，并无法改变井身结构的情况下，为了防止因上部地层漏失而引起井涌、井喷、井塌、卡钻等，在即将钻进至高压层或高坍塌压力地层前，应对上部易漏地层进行先期堵漏，以提高上部地层的承压能力。方法如下：先对上部地层进行承压试验，依据漏层特性优选堵漏方法进行试堵。只有通过先期堵漏，使上部地层承压能力超过下部地层孔隙压力或高坍塌压力时，再钻开下部地层。

先期堵漏提高地层承压能力的方法与井漏处理方法相同。近年来，为了防止窄密度窗口地层漏失、深层闭合裂缝开启而诱发漏失，川渝地区的防漏技术综合起来有以下 3 种方法。

1. 应力环法

应力环法也称为应力笼法，其原理是使近井眼地带产生一个附加的环形应力。其方法是往裂缝中灌入能强化井眼的堵漏材料。堵漏材料在近井眼地层中会产生附加的张应力，这种张应力提高了井眼产生裂缝的临界值。实践证明，该方法适用于渗透性地层。

2. 裂缝闭合应力法

我们通过模拟裂缝状态发现，任何成功的处理都必须同时达到两个目标：①当裂缝加宽时，材料必须将裂缝的末端隔离；②裂缝最终宽度必须大到能产生一个大于当量循环密度的闭合应力。这种方法适合于各种材料，包括堵漏材料、水泥、黏性固体和黏性固结体系。值得注意的是，当采用裂缝闭合应力法时，井眼强化材料不是在井壁上架桥，而是存在于裂缝内的某处。实践证明，虽然在渗透性地层应力闭合处理的成功率为 100％，但在非渗透性地层应用的效果有限。

3. 裂缝延伸强度法

当裂缝形成时，水基钻井液瞬时失水并迅速进入裂缝，而失水形成的滤饼或桥塞起到了密封作用。只有当钻井液的液柱压力高到可以穿过滤饼和桥塞，并再一次与裂缝的顶部形成联通通道时，裂缝才会扩大。相反，在油基钻井液和合成基钻井液中，由于逆乳化剂能产生内滤饼，能控制大规模的漏失。因此，在高度过平衡条件下可以用油基钻井液和合成基钻井液来钻枯竭层。其优势是能防止钻井液漏失到高渗地层（能防止压差卡钻）。裂缝延伸强度法是一种以油基或合成基钻井液随钻强化井壁的方法，其是通过往钻井液中加入高浓度的专用井眼强化材料对裂缝形成末端隔离，从而改善裂缝延伸性能。

对于存在天然漏失通道的地层，可以通过预先进行循环堵漏或先期堵漏来提高承压能力。但对于天然漏失通道不发育的地层，采用该方法难以提高地层的承压能力。为防止压漏此类地层，必须严格控制钻井液的动压力，使其低于地层的破裂压力。

3.3　桥塞堵漏工艺技术

3.3.1　封堵隔墙的建立

发生井漏时为堵住漏层，应使堵漏材料尽可能在漏失通道中建立起封堵隔墙，以阻止钻井液渗漏。封堵隔墙的形成过程如下：

（1）堵漏材料到达漏层时，材料颗粒的形状、尺寸和堵漏浆的流变性能等均应与漏失通道的复杂形态相匹配，才能使设计所需的堵漏浆进入漏层。

（2）当堵漏材料进入漏层后，克服地层流体的干扰，依靠自身的流动承受力产生滞流和堆积，进而充填一定的通道空间。

（3）充填在空间的堵漏材料，在高温、压差或化学反应等作用下，以机械堆积或化学生成物的堆积方式，建立起具有一定强度的隔墙。该隔墙与漏失通道形成较强的黏结强度后，才能有效地封堵漏层，不至于发生封门的现象。

桥塞堵漏法是将不同形状（颗粒状、片状、纤维状）和不同尺寸（粗、中、细）的惰性材料，以不同的浓度注入漏层的一种堵漏方法。采用桥塞堵漏法时，应根据不同的漏层性质选择堵漏材料的级配和质量分数。否则，桥塞堵漏材料不能在漏失通道中有效架桥，或是在井壁处只封门，导致堵漏失败。桥塞堵漏材料常用的配比：颗粒状、纤维状及片状的比例为 6∶3∶1。桥塞堵漏材料推荐浓度见表 3－1。

表 3－1　桥塞堵漏材料推荐浓度

漏失程度	颗粒状（粗）（kg/m^3）	片状（细）（kg/m^3）	纤维状（中）（kg/m^3）	纤维状（细）（kg/m^3）
渗漏	14	15	11	3
部分漏失	23	9	12	1
完全漏失	26	9	9	9

桥塞堵漏法因成本低、方便快捷，且适用于孔隙和裂缝造成的部分漏失和失返性漏失，在现场得到普遍采用。据统计，现场采用桥塞堵漏法的占所有处理方法的 50％以上。

3.3.2　桥塞堵漏的流程及确定漏层的方法

1. 桥塞堵漏的流程

（1）分析井漏原因，确定漏层位置和漏失类型。

（2）根据封堵效果评价实验，确定堵漏浆配方和施工参数。

（3）若有条件，应强钻一段距离，尽可能暴露漏层。

（4）若能起钻，应尽量使用光钻具，钻至漏层顶部。

（5）使用正确的方法注入堵漏浆，确保 2/3 的堵漏浆进入漏层近井筒处。

（6）施工过程中应不断地活动钻具，避免卡钻。

（7）若采用桥塞堵漏浆堵漏，要卸掉循环管线及泥浆泵的滤网。

（8）关井挤注时，压力一般不能超过 3MPa，避免产生诱导裂缝。

（9）施工完成后，应收集、整理资料。

2. 确定漏层的方法

（1）观察钻进参数的变化。根据钻进时的参数变化（如钻压、泵压、钻时、出口流量等)，判断漏层位置和漏失特征。

(2) 观察岩心和钻屑。先观察岩心，了解地层的倾角、接触关系、孔隙、溶洞、裂隙及断层等的发育情况，再通过岩心收获率判断地层的破碎程度，最后综合分析，判断漏层的位置。

(3) 观察钻井液性能。钻井液性能的变化能反应井底岩石的性质，可以此来判断漏层的位置。

(4) 综合分析判断。综合分析钻井过程中的钻井参数、钻井液性能、地层压力、地层破裂压力、地质剖面、岩性、是否有原漏层存在、邻井钻进情况等，判断漏层的位置。

(5) 水动力学测试。采用正反循环测试法、从钻杆内外同时泵注钻井液测试法、井漏前后泵压变化测试法、最优分割和两分法、立管压力变化测试法、注低密度钻井液法、循环时差法等来确定漏层的准确位置。

(6) 仪器测试法。采用旋转流量计法、井温测定法、热电阻测量法、放射性测井法、RFT 测井法、电测综合分析法、钻井液电阻测定法、声波测试法、压力传感器测试法、封隔器测试法等来判断漏层的位置。

3.3.3 桥塞堵漏施工要点

(1) 发生井漏后，应立即停止钻进，起钻至安全位置后静止观察。

(2) 观察期间视情况定时、定量灌浆，尽量保持液面在井口处，以降低裸眼井段地层的坍塌风险。

(3) 在施工前确定好漏层位置。

(3) 施工要严格按照“刨、注、替、挤、起、挤、稳”7 个工艺步骤进行。

(4) 如果试压引起井漏，应覆盖裸眼井筒进行堵漏。

(5) 堵漏浆泵替完成后，须进行间歇关挤。挤替的方法如下：

①直接挤替法。堵漏浆刚出钻具时，立即关井挤压，使堵漏浆直接进入漏层。漏层位置比较清楚的井漏适用于这种方法。

②先替后挤法。把全部或大部分堵漏浆替出钻具后再关井挤入堵漏浆，即为先替后挤法。在挤入堵漏浆前一定要将钻具起到堵漏浆液面以上防止卡钻。这种方法适用于漏失井段较长且漏层不清的井漏。

③间歇挤替法。当堵漏浆进入漏层时，由于堵漏材料(特别是桥塞堵漏材料)的形状和尺寸对漏失通道的某个位置有一定的适应性，故会产生局部的挂卡作用。当堵漏浆挤不进或挤进不多时，形成的封堵不牢固，为防止复漏，应进行间歇挤替。间歇周期为 0.5～1.0h，尽可能把 2/3 以上的堵漏浆挤入漏层。

④挤—起—挤结合法。漏失比较严重时，导致挤替堵漏浆比较困难的可能原因有两个：一是堵漏材料的尺寸不满足漏失通道尺寸的要求，二是堵漏材料发生“封门”。当间歇挤替行不通时，可采取起钻具再挤的方式(即起一柱挤一次，尽量将堵漏浆挤进漏层)。起钻具的目的是通过抽吸让堆积在通道表面的堵漏材料剥脱，然后通过再次挤压的方式将材料挤入漏层。

⑤循环加压法。循环加压是注完堵漏浆后，将钻具起至堵漏浆液面之上进行循环，靠增加的附加压力使堵漏浆挤入漏层的方法。在井筒易压裂时，一般采用这种方法。循环时间越长，封堵隔墙越牢固。

⑥反挤法。关井后从环空泵入钻井液挤替的方法称为反挤法。当井出现又喷又漏时，采用反挤法堵漏不但可以减少钻井液的污染，还有利于降低井控风险。

总之，在进行堵漏施工时，应根据堵漏材料和漏层的性质选择适合的挤替方法。同时，应控制好挤替压力，不能超过地层破裂压力；一般为2～5MPa。

3.4 水泥浆堵漏及固井过程中的防漏治漏工艺技术

3.4.1 水泥浆堵漏概述

采用水泥浆堵漏时首先应确定漏层的位置，其主要用于封堵裂缝性和破碎性灰岩及砾石层的漏失。使用水泥浆堵漏时必须明确漏失层位置和漏失压力，通过准确计算，才能确保施工质量和安全。施工时必须在井筒中留一段水泥塞，水泥塞的体积等于水泥浆总体积的1/3左右。这是为了避免有限量的水泥浆被顶得过远而不能封堵住漏失通道，造成堵漏失败。采用此法时要避免钻井液混入水泥浆，造成形成的水泥封堵隔墙质量不佳，故施工时常先注入一段隔离液。此外，在施工时除注意与地层压力保持平衡外，还应注意保持钻具内外的水泥浆面平衡，这样可以在起钻时避免水泥浆污染。

由于水泥浆在凝固前呈流态状，可以适应各种漏失通道的需要。水泥浆凝固后具有很高的承压能力和抗压强度，堵漏效果好。采用水泥浆堵漏能解决较为严重的井漏问题，所以应用非常普遍。但该工艺技术仍在不断发展和完善。由于水泥浆堵漏施工风险较大，对施工组织者要求高，施工时应更加谨慎。

水泥浆堵漏的基本做法是将配制好的水泥浆注入堵漏管串内，再用泵替至漏层以上邻近井段，使水泥浆在压差作用下进入漏层，同时留下部分水泥浆在漏层井眼段形成水泥塞。待水泥浆凝固后，钻开水泥塞即可。

水泥浆堵漏的关键在于，水泥浆在凝固前已大部分进入漏层，少部分在漏层部分的井眼中形成连续的水泥塞，水泥塞面应高于漏层，凝固的水泥浆中没有因气窜、置换形成的空洞。

水泥浆堵漏采用的是压力平衡的原理。发生井漏后，若不再往井内补充钻井液，井内的钻井液将下降到一定高度而不再下降。这时我们可以认为，该静液面到漏层高度的液柱压力等于漏层压力。钻井液密度不同，液柱高度也不同。平衡法堵漏施工的基本要求是：当水泥浆注入井内直至液面不再上升时，水泥浆已部分进入漏层，并且水泥浆也已到达稠化状态。

为了满足上述施工要求，施工中需要注意以下几点：

(1) 水泥浆性能。若堵漏时对水泥浆密度、温度等性能无特殊要求，一般堵漏均使用G级水泥，水灰比和水泥浆密度应根据施工要求，以室内实验结果为依据进行确定。

稠化时间按施工时间附加 30～40min 为宜。

（2）使用液面监测仪等仪器监测动液面高度。

（3）堵漏管串下入深度除考虑平衡原则外，还应考虑安全因素，当两者发生冲突时可调整其他因素进行弥补。钻具下入深度和注水泥浆井口套压需单独进行设计。

3.4.2　水泥浆堵漏工艺技术

1. 水泥浆堵漏的钻具组合工程技术措施

（1）钻具宜采用光钻杆（油管）组合。

（2）井下复杂时可采用特殊钻具。

2. 前后采用隔离液

（1）注水泥浆前需做钻井液与水泥浆相容性污染试验，污染试验若不满足施工安全要求，应在注入水泥浆前后采用防漏隔离液。

（2）在油基钻井液体系中，隔离液宜采用矿物油基隔离液。

3. 水泥浆设计

（1）水泥浆量为水泥塞量及挤入漏层水泥浆量之和。漏层以上水泥塞高度为 50～100m，挤入漏层水泥浆量不少于注入水泥浆总量的 1/2。

（2）常规条件下水泥浆密度为 1.75～2.00g/cm^3。对高压或低压地层，宜根据地层压力确定水泥浆密度。水泥浆密度宜高于钻井液密度 0.05g/cm^3 以上。

（3）水泥浆稠化试验温度系数宜取漏层静止温度的 80%～100%。

（4）液面不在井口，且环空无法灌满时，水泥浆稠化时间宜为施工时间附加 0～30min，其他情况稠化时间为施工时间附加 60～90min。

（5）根据实际漏层情况，合理调整相关工程参数。

4. 液面在不同位置时的堵漏工艺

使用水泥浆堵漏需要考虑的一个重要因素就是压力平衡。因此，环空静液面的位置对于计算水泥浆堵漏施工参数非常关键。液面在井口和不在井口时的堵漏工艺如下：

（1）液面在井口，可建立部分循环的堵漏工艺。

①确认漏失通道状态，钻具下至安全位置，关井试挤 5～10m^3 钻井液，求取施工参数；停泵观察套压变化，以确定堵漏工艺。

②试挤后套压降为零具备起钻条件的，钻具下至漏层顶部以上 150m。注替水泥浆出钻具前 5m^3 时关井，正挤水泥浆至设计塞面位置，起钻至安全井段候凝。

③试挤后套压不降为零不具备起钻条件的，钻具下至安全井段。注替水泥浆出钻具前 5m^3 时关井，正挤水泥浆推至钻具以下 100m 位置，再反挤水泥浆至设计塞面位置后候凝。

（2）液面在井口，不能建立循环的堵漏工艺。

钻具下至漏层顶部以上 150m，水泥浆注替到位后，上提钻具至安全井段候凝。

（3）液面不在井口时，环空可灌入低密度钻井液或胶液使液面至井口的堵漏工艺。

①监测环空液面深度，计算低密度钻井液或胶液的灌入量。

②仍按照上述液面在井口，可建立部分循环的堵漏工艺进行堵漏施工。

（4）液面不在井口，无法通过灌入胶液等使液面至井口的堵漏工艺。

①监测环空液面深度，计算并确定钻具下深。

②水泥浆注替到位后，起钻具至安全井段候凝。

③水泥浆可采用快凝水泥浆。

（5）对于漏失严重，水泥浆难以有效“站住”的堵漏工艺。

①首先采用其他堵漏方式减小漏失通道和降低漏速。

②液面在井口，钻具下至漏层顶部以上150m。液面不在井口，监测环空液面深度，计算并确定钻具下深。

③水泥浆中可均匀混入桥塞堵漏材料，注入水泥浆前宜注入部分堵漏浆或凝胶。

④水泥浆注替到位后，起钻具至安全井段候凝。

⑤水泥浆宜采用快凝水泥浆。

【应用实例3－1】

液面在井口的堵漏实例。某井ϕ244mm套管下至井深1502m，用ϕ215mm钻头和密度为1.80g/cm^3的钻井液钻至井深2342m处发生井漏，循环测得漏速为5m^3/h，停泵后液面在井口。该井漏速不大，但为了后期继续钻井的需要，仍然对该漏层进行堵漏。该井停泵后液面在井口，井内水泥浆位置易于掌握。此类井常采用的堵漏方法是将光钻杆下至漏层以上数米，注水泥浆8t，前、后各用清水300L作隔离，替钻井液至管内外平衡，起钻至安全井段，井内灌满后关井，将2/3的水泥浆挤入漏层，余下部分留作水泥塞憋压候凝。具体施工步骤如下：为防止抽汲引发溢流，起钻时应按井控规定灌好钻井液并监测出口情况；下堵漏管串，管串结构为ϕ165mm铣齿接头＋ϕ127mm钻杆（带回压阀）＋方钻杆；下钻至井深2335m处循环，测得漏速为5m^3/h，关井试挤，立管压力为7MPa，套管压力为5MPa，连续挤入钻井液2m^3；开井，正注清水前隔离液300L，注水泥8t，水泥浆平均密度为1.82g/cm^3，水泥浆稠化时间为160min，注水泥浆时间为20min；注清水后隔离液300L，替钻井液20.4m^3，替完钻井液后钻具内外水泥浆平衡；起钻至套管鞋，起钻29立柱，耗时约90min，起钻时应按井控相关规定，每起钻3柱钻杆灌钻井液一次，并做好记录；关封井器，反挤钻井液1m^3，此后每间隔2min挤钻井液一次，每次挤入钻井液0.5m^3。挤替时，可正反交替进行，直至水泥浆稠化，泵压上升为止。但是要留水泥塞，否则应调整间隔时间或每次挤入量。上述施工采取了间断挤水泥浆的方法，避免了水泥浆候凝过程中因扩散、置换而形成气水泡，影响封堵效果。

【应用实例3－2】

失返条件下的堵漏实例。失返条件下的水泥浆堵漏关键在于注水泥浆后，液面再次静止时水泥浆刚好开始进入漏层，在候凝过程中间断往井内灌注钻井液，使水泥浆处于低速漏失状态，直至水泥浆凝固为止；注意要在井筒中留下一段水泥塞。上述过程实质是控制水泥浆浆面以上液柱压力的过程。掌握和控制水泥浆面以上液柱的压力是通过调整堵漏管串下深、起钻和候凝中灌注钻井液液量来实现的。某井 ϕ244mm 套管下至井深 1347m，用 ϕ215mm 钻头和密度为 2.10g/cm^3 的钻井液钻至井深 1853m 处发生井漏失返，探测静液面为 276m，用 20L/s 排量循环时，动液面位置为 168m，地层压力为 33.1MPa。漏速在 20L/s 时，漏失压力为 2.27MPa，设计水泥塞长度为 40m，钻具下深至 1705m，替钻井液量为 13.2m^3，堵漏水泥浆用量为 8t，水泥浆密度为 1.85g/cm^3，水泥浆量为 6.4m^3，稠化时间为 150min。具体施工步骤为：注前置隔离液，清水 300L，约 2min；注水泥浆 8t，约 20min；注后置隔离液，清水 300L，约 2min；替钻井液为 13.2m^3，约 20min；起钻至管鞋，15 立柱钻杆，约 40min。起钻时按起出的钻具体积灌钻井液；候凝后钻水泥塞不漏，堵漏一次成功。

【应用实例 3—3】

漏层位置不确定条件的堵漏实例。漏层位置不确定条件的井漏有两种情况，即长段裸眼井段，按设计要求提高钻井液密度时发生井漏，或已经堵住的两个以上漏层又发生复漏。上述漏层位置虽然可以通过测井、钻井、录井的资料分析判断，但有时也很难准确定位，为堵漏工作带来困难。水泥浆堵漏可以通过水泥塞的位置来判断漏层的位置，有时甚至找漏堵漏一次完成。某井 ϕ244mm 套管下至井深 1775m 处，用 ϕ215mm 钻头和密度为 1.40g/cm^3 的钻井液钻至井深 2795m 处。按设计需要钻井液密度加重至 2.20g/cm^3，加重过程中发生井漏，漏速为 30m^3/h。据录井资料判断，漏层可能在井底，也可能在井深 2400～2450m 的井段。为此，现场决定采用水泥浆进行平衡堵漏。具体施工步骤为：堵漏前将钻井液密度降至 2.10g/cm^3 后，循环不漏；堵漏管串采用 ϕ127mm 钻杆下带 73mm 加厚油管 200m，下至井深 2571m 处；注水泥浆 12t，水泥浆平均密度为1.87g/cm^3，水泥浆前后各用清水 300L 作隔离，替密度为 2.10g/cm^3 的钻井液为 13m^3；关井，正挤钻井液 8m^3；开井，正替钻井液 1m^3；起钻完，起钻中按气层钻进要求灌钻井液；下通井钻具至管鞋，候凝 24h 后，探得水泥塞面在井深 2384m 处；钻水泥塞至井深 2560m 处。证实漏层在井深为 2400～2450m 的井段，漏层被堵住。

3.4.3　固井过程中的防漏治漏工艺技术

1. 固井过程中的防漏工艺技术

发生固井漏失，会造成水泥浆返高不够。对产层套管固井而言，固井液（钻井液、前置液、水泥浆等）还会污染油气层。因此，防止固井漏失是顺利完成低压易漏失地层固井的关键，需要从井眼准备、固井工艺选择、水泥浆体系设计、固井参数优化等方面开展工作，形成防固井漏失配套技术。

（1）预防为主，为固井创造良好的井眼条件。

对于存在漏失的井，需要提高井眼的承压能力，尽可能在下套管前确保不出现漏失，为固井提供良好的井下作业环境。采用的主要方法有先期防漏治漏技术，即在下套管前对固井时可能出现井漏的层位进行预堵，增强地层抗破能力。控制套管下放速度，防止因为井下激动压力压漏地层。调整好钻井液性能，降低其黏度、切力，从而降低顶替过程中的摩阻，防止出现漏失。

（2）低密度水泥浆技术，降低环空液柱压力。

使用低密度水泥浆体系降低环空液柱压力，减少压漏地层的风险，以减弱固井漏失。常用且适合低压易漏失地层固井的低密度水泥浆体系有漂珠低密度、高抗挤空心玻璃微珠低密度、改性粉煤灰低密度、泡沫低密度水泥浆体系。

（3）合理的施工工艺措施，减小固井漏失风险。

通过控制水泥浆的返高来降低环空液柱压力，防止压漏地层。常用的方法有平衡压力固井技术、分级注水泥浆技术。平衡压力固井技术即在整个固井过程中，使环空液柱压力小于漏层的漏失压力或小于地层的破裂压力，达到平衡压力固井的目的。分级注水泥浆技术多用在长封固段（有效封固段大于1500m）易漏失井固井和长封固段高压油气井固井中，采用分级固井工艺可有效降低全井液柱压力，减小井漏发生的风险。

在固井过程中采用的防漏技术比较多，但主要方法有三种：先期堵漏法、先期完成法和平衡压力法。

（1）先期堵漏法是指下套管前堵漏和下套管后注水泥浆前堵漏。

①下套管前堵漏。通常情况下，钻井堵漏是为了保障钻井液密度达到设计要求，以平衡地层压力钻进。当钻进中发生井漏时，一般采用桥堵、静置和降低钻井液密度的办法钻至目的层位，而固井是按水泥浆密度、水泥浆的上返深度、钻井液密度以及循环流动阻力等因素来预计漏失层应承受的最大压力。当最大压力大于漏失层的破裂压力时，在固井注水泥浆时就可能发生井漏，影响固井质量。因此，必须进行再次堵漏，堵住后再进行固井。如何确定漏失层位，可根据区域构造易发生井漏的层位和实际钻井中所发生的井漏层位及堵漏情况来确定。如何确定漏失层应承受固井时的最大压力，可从固井前井深、漏失层井深、水泥浆返高、钻井液密度、循环阻力等五个方面来综合考虑，求得漏失层应达到的承压能力。

堵漏方法：对漏失层位清楚的单一层位井漏，可钻至固井井深后进行试漏、堵漏来达到固井要求；对多个漏失层可采用钻至每个漏层进行试漏、堵漏；对地质情况不清楚的井，可每钻至一个新层位就进行试漏、堵漏。

堵漏材料可根据具体情况而定。桥塞堵漏材料一般由棉籽壳、核桃壳、棕丝、纤维丝等按一定的比例配制而成，与钻井液混合形成堵漏钻井液。对于漏层不是油气层的井可采用水泥浆堵漏。如漏层漏速大，属大孔隙、大裂缝结构，可采用水泥浆和桥塞堵漏材料同时堵漏：先注入桥塞堵漏浆，再注入水泥浆，当桥塞堵漏材料替至漏层时，桥塞堵漏材料先进入漏层，堵塞部分孔道或减小裂缝，形成网架，当水泥浆再挤入漏层时形成屏障，堵漏成功。

以上介绍的方法适用于漏层不是油气层的井，而对于漏层为油气层的井，采用此法不利于保护油气层。

②下套管后注水泥浆前堵漏。在下套管时突然发生井漏，如果贸然起出套管可能存在以下三种风险：一是套管损坏严重，二是在起出过程中易发生卡钻，三是井漏后液面降低和抽吸容易造成井涌或井喷。如川东地区的大池干、七里峡、双龙场等构造上用 ϕ244.5mm 的技术套管下到嘉二段，在下部地层钻进时通常采用密度为 1.4～1.6g/cm^3 的钻井液钻达石炭系层顶部，下 ϕ178mm 的油层套管固井。但在长达 1500～2000m 的

裸眼钻进中常有漏失存在，一般采用桥塞堵漏、降低钻井液密度、静置等方法堵漏和维持钻进。下套管后，通常的做法是将堵漏浆注替至漏失层，然后反挤入一部分，静候 8～24h，开井建立循环，关井试漏，不漏后再注入水泥浆。如果试漏达不到要求，对于漏层多、漏速大或者根本无法堵的井，可采用正反注水泥浆或低密度注水泥浆等固井方式，保证固井质量。

(2) 先期完成法是指钻进至油气层顶部后先下套管固井、后钻开油气藏的完井方法。对于低压油气藏井，多数采用先期完成法。这是因为油气层压力较上部井段压力低，用以平衡钻进上部地层的钻井液钻开油气层时，往往会发生井漏，而固井时的水泥浆密度比钻进时钻井液密度还要高，因此极易发生井漏。为了避免对油气层造成损害，固井中通常采用的办法就是先期完成法。具体施工过程是将套管下至油气层顶部后固井，然后用与之相适应的钻井液钻开油气层，采用裸眼和下 ϕ127mm 套管或者筛管完成。对构造地层压力较为熟悉、漏失层位和气层压力清楚时，采用先期完成法较为合适。但对地质情况不明，漏层和气层压力掌握不准时，必须采用其他几种完井方法。

以川东地区的大天池构造、大池干构造、七里峡构造等为例，气层（石炭系）压力梯度为 0.0125～0.0140MPa/m，而上部的长兴、阳新地层属于高压层，压力梯度为 0.015～0.024MPa/m。如果用上部地层的钻井液钻进，必然会发生井漏。为了防止井漏，保护油气层，应先将 ϕ178mm 套管或 ϕ178mm 尾管下至气层顶部，固井后再用密度为 1.2～1.4g/cm^{3}的钻井液钻开石炭系气层。

(3) 平衡压力法。在钻进过程中，钻井液一般是按照地层压力、油气水显示及邻井的实钻资料来设计确定的。平衡压力固井就是在固井时根据井下情况，以压稳油气层为原则，使其不喷不漏，保护好油气层。平衡压力固井的方法有低密度水泥浆固井、高密度水泥浆固井、尾管固井、双级（多级）固井、正反注水泥浆固井。

①低密度水泥浆固井就是在水泥浆中混入一定的减轻剂，使水泥浆密度与钻井液密度相适应，起到固井防漏的作用。低密度水泥浆常用的减轻剂通常包括膨润土、硅藻土、硬沥青、沥青乳化液、核桃壳、水玻璃及空心微珠（漂珠）等材料。近年来，又研制出泡沫水泥浆、空心陶瓷和玻璃球水泥浆等材料。据相关资料介绍，还有直接向水泥浆中注氮气，配制密度低于 0.56g/cm^3 的超轻水泥浆；空心陶瓷球可配制密度低于 0.879g/cm^{3}的超轻水泥浆。低密度水泥浆的基本配方：膨润土（10%～15%）+G/D 级纯水泥（85%～90%）或微珠（20%～25%）+G/D 级纯水泥（75%～80%）。同时应根据井下情况，在水泥浆中加入降失水剂、膨胀剂、减阻剂、稳定剂等。所配水泥浆密度应略低于钻井液密度 0.10～0.15g/cm^3（指微珠水泥浆），因为微珠在井内压力的作用下要破裂吸水而使密度增高。采用低密度水泥浆起到了防漏和平衡压力固井的作用。

②高密度水泥浆固井。川东地区的乐平、阳新属高压油气层，地层压力梯度在 0.018～0.024MPa/m 之间，钻井液密度较高。如龙会 2 井、云安 6 井阳新地层钻井液密度高达 2.35～2.40g/cm^3。为压稳油气层，就必须使用与之相适应的水泥浆密度来平衡地层压力，达到平衡固井的目的。基本配方为重晶石（20%～33%）+G/D 级纯水泥（67%～80%），同时根据需要在水泥浆中加入降失水剂、减阻剂、膨胀剂等。如川东地

区云安场构造的云安6井，钻井液密度为2.35g/cm³，采用钛铁矿33%+D级水泥(67%)混合配浆，密度达到2.35~2.38g/cm³，实现了压稳气层的目的。

③根据钻井工程的需要，以下情况可进行尾管固井：井深超过套管的抗拉滑脱强度；在高压气井中，下部为高压气层，上部为低压漏失层，如果全井下套管，水泥浆密度能压稳油气层，而上部地层则会发生漏失，固井质量得不到保证，有可能发生井涌和井喷的危险。采用下尾管的办法，可减少水泥浆返回高度，降低上部液柱压力，达到平衡固井的目的。

④双级（多级）固井是指在一次注水泥浆方法的基础上，利用分级箍达到分级注水泥浆的目的。根据井下情况的需要，将环空分为二段或三段注入，分两段注入水泥浆称为双级注水泥浆，分三段注入水泥浆称为三级注水泥浆，分多段注入水泥浆称为多级注水泥浆。双级注水泥浆能改变井内环空的压力系统，达到平衡固井的目的。采用双级注水泥浆固井，核心问题是要准确掌握漏层位置、数量和该地层的破裂压力梯度，以便确定分级箍的安放位置。准确地确定分级箍的安放位置是固井成功的关键，对于只有一个漏层的井，分级箍应安放在漏层以上100~150m处；对于井内有两个或两个以上的漏层时，分级箍应安放在离井底第一个漏层上100m处。当第一级正注水泥浆凝固后再从分级箍以上注第二级水泥浆，若分级箍以上只有一个漏层，则正注水泥浆返至漏层下部100~150m，不封堵漏层，然后再反注水泥浆。当分级箍以上有两个以上的漏层时，正注水泥浆返至最上一个漏层下100~150m，使其封堵下漏层而不封堵上漏层，然后再分级注水泥浆。对于分级箍以上有两个以上的多漏层井段，也可采用低密度水泥浆固井的方式。

⑤正反注水泥浆固井就是正注水泥浆返至环空漏层底部，再反注水泥浆至漏层，从而使正反注水泥浆接拢，达到固井的目的。正反注水泥浆固井的关键是要掌握准确的漏层位置和数量，以及该地层的压力梯度。在反注水泥浆时，可根据漏失压力折算注水泥浆的井深；反注可分为一次反注和二次反注，使水泥浆返至漏层段而不进漏层，进而保护油气层。

以上介绍的各种固井方法，在固井防漏的实践中已证明是成功和行之有效的。针对井下的不同地质情况，我们可采用不同的固井方法，而各方法之间既独立又相互关联，如川东地区ϕ244.5mm技术套管下入井深一般为3000~4400m，为长段裸眼低压层，采用正反挤水泥浆固井、双级低密度与正反挤水泥浆相结合的固井技术，可以起到很好的固井效果。

2. 固井过程中又喷又漏的堵漏工艺技术

多压力系统常常在固井时引发又喷又漏。早期川东地区钻探的深井，大多数目的层是石炭系。由于该层系地层压力各不相同且差异较大，特别是深井在同一裸眼中多压力系统的高压油水气层常常存在漏失层和产气层，常出现卡钻现象，给钻井工作和固井工作带来许多困难。虽然投入了大量的人力、物力、财力，仍有井眼报废的情况出现。针对又喷又漏的问题，我们探索了一些有效的做法，如研制合理的堵漏浆配方，施工中合理控制回压等。一部分井由于钻井液密度低，采取桥堵或降密度钻进等方法虽然可解决钻井过程中的喷漏问题，但在固井过程中，因按地层压力设计的水泥浆密度很难调节到与钻井液密度一致，且下套管后环空流动阻力增加等因素，导致固井过程中发生井漏，进而诱发溢流和井喷。在此条件下进行固井，很难保证水泥环质量。因此，技术人员研制了专门的堵漏隔离液，同时做了大量现场试验，效果明显。

又喷又漏井在钻进过程中一般表现为上吐下漏和上漏下吐两种形式。上吐下漏指产气层在漏失层的上部，通常表现为上部气层为高压层。当钻进至上部气层时，须采用高密度钻井液平衡气层；而钻进至下部地层时，因液柱压力过高压裂地层而发生钻井液漏失，整个井筒内部液柱压力降低，诱发上部气层发生溢流或井喷。上漏下吐指漏失层在产气层的上部。通常发生在高压水层钻进下部地层时发生严重溢流，当提高钻井液密度压井时，造成上部低压层发生井漏，井内液柱压力降低，关井后引起上部地层井漏，高压水层（盐水层）进入漏层形成裸眼内短路循环，再次诱发下部气层发生溢流或井喷。

固井过程中的又喷又漏与钻进中发生的又喷又漏不一样，不同之处在于固井下套管前井眼处于稳定平衡状态，即不喷不漏。只是在固井作业中（如下套管作业时），因下放速度过快造成激动压力，下完套管后开泵过猛，注水泥浆施工作业中水泥浆密度高于钻井液密度；当水泥浆顶替到环空后，环空液柱压力升高引起井漏，使井内液柱压力降低进而诱发气层发生溢流或井喷。

固井过程中又喷又漏包含两层含意：一是裸眼中存在又喷又漏的情况，可采用全井下套管固井、尾管固井、分级固井的工艺技术；二是在下套管过程中，或下套管完循环，或在注替水泥浆的过程中发生井漏诱发的溢流或井喷时，可以采用正注为主的井口反补挤水泥浆工艺或以正注水泥浆为辅的一次或二次反挤水泥浆工艺技术。具体采用哪种，应根据漏失速度、井内钻井液密度与水泥浆密度的差值大小来确定。

(1) 全井下套管正注水泥浆为主、反挤水泥浆为辅的工艺技术。

该工艺技术适用于下完套管后，漏失速度慢，在一定排量下液面基本能保持在井口，且井内钻井液密度与水泥浆密度基本相当的情形。因为固井注替水泥浆时虽然会发生井漏，但不会发生溢流和井喷，故采用正注水泥浆的工艺技术。但在固井过程中应注意以下情况：

采用该法固井，有可能在顶替水泥浆时因发生井漏而导致水泥浆不能返回地面，此时可以加大正注水泥浆量，使水泥浆尽可能返到地面，在井口补挤一定量的水泥浆（通常为8～10t）将井口固定。采用该法固井，有可能在顶替水泥浆时因井漏发生桥堵而出现高泵压，即“实心套管”，此时应提高顶替排量，尽可能将水泥浆顶替出去。这也提醒我们，要避免“高泵压”，可以添加降失水剂控制水泥浆失水。

(2) 全井下套管正注水泥浆为辅、反挤水泥浆为主的工艺技术。

该工艺技术用于解决又喷又漏井的情形。其具体又分为一次反挤、二次反挤或多次反挤，同样地，要根据漏失速度的快慢和水泥浆密度与钻井液密度的差值大小来确定。但不管采取何种方式反挤，其正注水泥浆均应返在漏层位置，但不封固漏层。其正注水泥浆量为：下水泥塞水泥浆量加上漏层以下环空水泥浆量，漏层以下水泥浆量按环空电测井径计算得出后再附加5%。

①一次反挤水泥浆。

一次反挤水泥浆是指当正注水泥浆顶替到位后，立即进行反挤水泥浆作业，且一次性反挤完漏层以上环空水泥浆量。漏层以上环空水泥浆量按井径计算的环空水泥浆量再附加10%～15%。该方法适用于以下两种情况。

A. 井内钻井液密度与水泥浆密度基本相当，且漏失速度较慢，即在反挤水泥浆时，井口一直保持3MPa以上的压力。当反挤完漏层以上的水泥浆时，冲洗井口，立即关井再憋压3～5MPa候凝即可。

B. 当水泥浆密度大于井内钻井液密度，且漏失速度大于或相当于反挤水泥浆的速度时，可采取一次反挤的方法。其基本要点是：配制15～20t的催凝水泥浆反挤，其催凝水泥浆的凝结时间等于反挤完漏层以上环空水泥浆量的时间；与漏失速度一致反挤水泥浆量，连续反挤完漏层以上剩下的环空水泥浆量；当反挤的催凝水泥浆到达漏层时，其初凝时间基本达到；当水泥浆静止时，将产生很大的阻力阻止水泥浆继续向漏层漏失，达到封固整个环空的目的。由此可以看出，一次反挤水泥浆工艺，尤其适合于上喷下漏井的固井作业。它可以一次封堵漏层，不会因液柱压力降低而诱发溢流或井喷。

②二次反挤水泥浆。

二次反挤水泥浆是指反挤水泥浆量至少要两次才能到达井口。因为对上漏下喷的井，正注的水泥浆量已经封固了气层，反挤水泥浆时只要保证漏失层以上环空完全充满即可。正注水泥浆量顶替到位后立即进行反挤。在进行第一次反挤时应注意以下几点：若正注水泥浆在反挤水泥浆的过程中能够达到初凝，则反挤水泥浆的排量按正常排量进行施工。若水泥浆按正常排量反挤完时，其正注水泥浆仍不能很快达到初凝，则需适当降低反挤水泥浆的排量。但应保持正注水泥浆初凝前上部液柱压力始终大于气层压力。

③尾管固井。

尾管固井比全井下套管固井时流动阻力小，可以有效改善注水泥浆过程中的水力条件。尾管固井中采取正注、反挤水泥浆与前文提到的正注、反挤水泥浆有以下不同。

A. 正注水泥浆顶替到位后，立即卸掉水泥头，将中心管提至喇叭口以上。上提位置应视其漏速的快慢而定。

B. 配制一定数量的水泥浆顶替到喇叭口处后，关井反挤或正注适量水泥浆即可。

尾管固井过程中，为防止挤水泥浆时尾管鞋处发生漏失引起尾管鞋处漏空，必须在正注水泥浆时考虑顶替到位后尾管内液柱压力低于管外液柱压力2～3MPa。

(3) 分级固井工艺技术。

分级固井工艺技术必须确定分级箍的安装位置，一般应遵循以下几点：上吐下漏的井，分级箍可安装在漏层以上100m左右，第一级水泥浆可封固住漏失层；上漏下吐的井，分级箍可安装在漏层以下100m左右，第一级水泥浆可封固住气层。

【应用实例3—4】

环山某井的ϕ177.8mm套管固井作业。该井属于上喷下漏的井，采用正注水泥浆为主，补挤水泥浆的固井方法。采用ϕ215mm钻头钻至井深2940m处、ϕ177.8mm套管下至2722m时，钻井液密度为1.38g/cm^3。钻至2668～2670m时发生井涌，后用密度为1.62g/cm^{3}的钻井液压稳。采用密度为1.69g/cm^{3}的钻井液钻进时井漏，漏速为5m^3/h，降低排量后自停。再用密度为1.77g/cm^{3}的钻井液钻至井深2815.5m时放空

0.5m，发生井涌；用密度为2.06g/cm^{3}的钻井液压稳，再钻至2883.8～2884.3m时发生井漏，漏速为24～28m^3/h。钻进过程中发现，有两个产气段和两个漏失井段，不能简单认定为上喷下漏或上漏下喷，但从封固井段分析，属于典型的上喷下漏。实际施工情况：在下完套管时循环有微漏，确定采用正注水泥浆堵漏。正注水泥浆80t，其中缓凝水泥浆60t、早凝水泥浆20t。在顶替水泥浆时发生严重井漏，并诱发溢流。顶替到位后，出口返出严重的气侵钻井液，顶替完后立即关井反挤催凝水泥浆8t，关井压力由5.5MPa上升到10MPa时候凝。最后固井质量合格，环空不窜不漏。

【应用实例3—5】

龙会构造某井的ϕ177.8mm套管固井作业。该井属于上漏下喷，采用一次反挤水泥浆工艺技术。当ϕ244.5mm套管下至3913m、ϕ215mm钻头钻至井深4420m时，钻井液密度为1.65g/cm^3，因井漏诱发强烈井喷，后压井造成卡钻，重新侧钻至4520m固井。在4413～4420m井段采用密度为1.65g/cm^{3}的钻井液钻进发生井漏并诱发井喷，为了压井平衡加重钻井液至密度2.13g/cm^{3}时发生井漏，平均漏速为61.5m^3/h，经多次堵漏后仍有微漏。下完套管后，小排量循环不漏，以20L/s排量循环，几乎失返，测漏速在30m^3/h以上。针对这一情况，采取正注水泥浆为辅的反挤水泥浆工艺。正注水泥浆10t，封固套管鞋和气层，顶替到位后立即反挤。首先反挤催凝水泥浆20t，其凝结时间为80min，基本上等于反挤完漏层以上环空水泥浆量的时间。结果在反挤完剩下的65t水泥浆时，环空压力由8MPa上升至18MPa时，催凝水泥浆达到初凝，经声幅测井，环空水泥环质量良好、不窜不漏。井口试压60MPa不漏，测试产量为101.21×10^{4}m^3/d，达到固井目的。

【应用实例3—6】

邻北构造某井的ϕ177.8mm套管固井作业。该井设计采用筛管完井的方式。当ϕ244.5mm套管下到2409.19m、ϕ215mm钻头钻至井深3919.46m时，钻井液密度为1.36g/cm^3，该井发生井涌，用密度为1.42g/cm^{3}的钻井液压稳正常。由于井内钻井液密度较低，水泥浆密度较高，采用全井下套管固井，很可能发生大漏而诱发溢流，故虽然井深较浅，但仍决定采用尾管固井工艺，以避免复杂情况发生。因下完尾管后循环发生井漏，测得漏速为32m^3/h，经分析认为ϕ244.5mm套管鞋处漏失，决定采用尾管正注反挤水泥浆堵漏。首先正注水泥浆40t，封固气层段，顶替到位后卸水泥头起钻1柱，注水泥浆15t，然后关井挤入水泥浆10m^3，关井压力为15MPa时候凝。后经声幅测井固井质量良好，环空不窜不漏。

上述三个实例为又喷又漏井的固井方法。实践证明，这些方法能够解决各种不同的又喷又漏的固井问题，且能起到良好的效果。

【应用实例3—7】

川东某气井（深井）的水泥浆防漏作业。川东某井使用ϕ215mm钻头钻至井深4520m，下ϕ177.8mm套管至井深4519.5m处，注水泥浆固井。该井已下ϕ244.5mm

技术套管至井深3914m，当采用 ϕ215mm 钻头、密度为 1.75g/cm^3 的钻井液钻至井深4418.50m 时井喷，随即用密度为 2.1～2.3g/cm^3 的钻井液压井，钻至 4423.08m 时又发生严重井漏。现场采用桥塞堵漏和水泥浆堵漏，可承受密度为 2.05g/cm^3 的钻井液不漏失。但钻井液密度大于 2.10g/cm^3 即发生井漏，小于 2.00g/cm^3 时有井涌，因此控制使用密度为 2.05g/cm^3 的钻井液钻至设计井深 4520m，下 ϕ177.8mm 套管于井底 4519.5m 处，在下套管时环空不返钻井液，确定漏层深度为 4423m。施工工艺为先正注水泥浆封 4520～4420m 井段。在正注水泥浆结束时，立即进行反挤两凝水泥浆。先导水泥浆为 G 级快凝水泥浆，稠化时间为 70min，注量为 20t，按钻井排量计算，60min 后快凝水泥浆到达漏层位置；继续注入 D 级水泥浆 62t，控制水泥浆密度为 2.04g/cm^3，施工时井口压力由 8.0MPa 升至 21.0MPa。注水泥浆结束后，环空憋压 6.5MPa，该井固井取得成功。

3.5 高失水浆堵漏工艺技术

高失水浆堵漏工艺技术应用范围较广，如不同井深、产层、非产层及不同的漏失通道、不同漏速的井漏。对于漏失位置相对清楚的漏层，采用桥塞堵漏浆堵漏后容易“回吐”的漏层，裸眼中无水敏性地层，采用桥塞堵漏浆堵漏后容易封门的漏层、含水漏层等，可优先选择高失水浆堵漏。

高失水浆堵漏法是使用 DTR、Z-DTR 等高滤失堵漏材料，加清水配制成浆液，再将该浆液泵入井内进行堵漏的一种方法。在压差的作用下，浆液迅速滤失，形成具有一定强度的滤饼，封堵漏失通道。此法可应用于渗透性漏失、部分漏失及某些完全漏失的情况，但一般在漏层位置比较确定的情况下使用。如果是长裸眼井段，当漏层位置不能确定时，也可采用此法进行盲堵，即利用该堵漏材料在压差作用下快速建立堵漏隔墙，在长裸眼井段自行找漏层封堵。为了提高完全漏失井的堵漏效果，也可依据漏失通道的特性，在高滤失堵漏浆中再加入桥塞堵漏材料。

【应用实例 3－8】

四川川东矿区某井，当钻至井深 2832m 时发生井漏，属灰岩裂缝性漏失。漏速为 2.4m^3/h，强钻至井深 2842.5m 时发生失返。此时钻井液密度为 1.94g/cm^3，用回声仪测得静液面深度为 108m。经分析后决定，采用高失水浆堵漏。现场共配制高滤失堵漏浆 20m^3，其密度为 1.68g/cm^3，Z-DTR 的质量分数为 8.7%，桥塞剂质量分数为 4.5%。经测定，该井滤失量达 214mL/min。下光钻杆至井深 2820m，注密度为 1.94g/cm^3 的钻井液 4m^3 不返。再注 Z-DTR 堵漏浆 16m^3 不返，等替出密度为 1.94g/cm^3 的钻井液 10m^3 时才开始返出钻井液。由计算得知，堵漏浆已进入漏层 6m^3，将漏层堵住。起钻至井深 2384.81m 时，关井挤钻井液，憋压至立管压力为 5MPa，30min 内压力不降，开井循环时钻井液不漏，钻到新地层也未见漏失，表明堵漏成功。

3.6　化学凝胶堵漏工艺技术

化学凝胶堵漏是将经过筛选的化学堵漏材料（如 PMN 化学凝胶、脲醛树脂、ND-1 堵漏水解聚丙烯腈稠浆和合成乳胶等）注入漏层形成凝胶，以封堵漏失通道。该堵漏浆密度较低，凝固时间调节范围大，浆液的渗滤能力较强，滤液亦能固化，可以封堵微孔缝漏失通道。化学凝胶堵漏对含水漏失层具有特殊效果。但化学堵漏材料价格较高，使用受到一定限制。化学凝胶堵漏工艺技术中使用的特种凝胶属于缔合聚合物，成胶后会自成一相，不与水混合。材料进入漏层后，会自动停止流动，逐渐填满缝隙、溶洞等导致钻井液漏失的空间，而且其很难与油、气、水混合，可以在井漏位置形成隔离塞，实现对地层内部流体和井筒内流体的隔断。而且封堵隔墙有足够大的启动压力，能够超过漏失压力，起到堵漏的效果。再搭配其他堵漏工艺，能够切实保障后续堵漏段塞的完整性。

凝胶流体的黏度较高，剪切稀释能力良好，在高剪切条件下具有较低的黏度，注入过程中有很好的流动性。不仅如此，凝胶流体还具有黏弹性好、弹性比高的特点，很容易就能充满整个漏失空间。在静置的情况下，随着时间的延长，凝胶的强度会不断增加，因此堵漏效果只会越来越好。即便与其他的固体材料混合，凝胶特殊的性质也不会受到影响。在一些特殊井漏中，会用到凝胶水泥浆堵漏技术，其同时具备了水泥浆固化封堵以及凝胶隔水、抗水的特点，能够显著提升结构的稳定性。在注水的情况下，凝胶水泥浆不会被稀释，即便是进入出水性地层，也不会被冲散，封堵效果十分显著。

【应用实例 3—9】

川东北某井采用密度为 1.1g/cm^3 的钻井液钻至 2975～2989m 时，发生井漏，导致双泵失返。采用水泥浆堵漏三次和桥塞堵漏材料堵漏二次均未能成功。最后采用水泥浆配合化学凝胶堵漏成功，恢复正常钻进。

【应用实例 3—10】

罗家寨构造某井井深 3404m，二次完井作业后循环发生井漏，证实为套管损坏，分析认为漏点约在 2190m，且与相邻 124.57m 的某井管外环空窜通，发生地下井喷事故。发生地表地层破裂后，距井口 1.2km 处气体和液体窜出地面，并有加剧的趋势。先期分别使用 HHH 堵漏剂压井、桥塞堵漏材料压井、注水泥浆堵漏，并大剂量注水泥浆 186t，均以失败告终。分析其主要技术难点为喷、漏在同一个井段，飞仙关组气层产气量极大（为 265×10^4 m^3/d），漏层破碎，裂缝四通八达，为“无底洞”，漏层中含大量水且高含 H_2S。第一次使用化学凝胶加水泥浆封堵：注浓度为 1.5%的化学凝胶 235m^3，反挤水泥浆 84t（水泥浆为 67.5m^3），关井候凝，套压、立压均为 0MPa。放喷管口的火焰持续减小，呈忽大忽小至间断熄灭的波动状态，封堵基本成功。第二次使用化学凝胶加水泥浆封堵：环空注入浓度为 1.5%的化学凝胶 63m^3，环空注水泥浆 90t，整个施工过程中油套压无变化。第三次使用化学凝胶加水泥封堵（封堵飞仙关组气层）：环空注特殊化学凝胶 185m^3，环空注水泥浆 110t（水泥浆为 86m^3），立、套压为 0MPa，关井候凝。连续观察待检测井口压力为 0MPa 时，经验证，飞仙关组气层已完全切断，压井封堵抢险任务基本完成。

【应用实例 3—11】

双庙场构造某井设计井深为 4373m，三开后 2083.00～3573.01m 井段中的须家河组、雷口坡组、嘉陵江组共六个漏点，分别为 3483m、3448m、3436m、2769m、2749m、2231m，承压能力为 1.70～1.80g/cm^3。采用密度为 1.60g/cm^3 的钻井液正常钻进至 3573m 高压气层，加重钻井液压井，上部漏层发生井漏，高压高产的天然气喷出地面，造成极大的危险。采用桥塞堵漏材料加稠浆、水泥浆堵漏均全部失返；每次使用量在 200m^3 以上，耗时 2 个多月堵漏仍未成功。井口有两个单闸板防喷器，其中上闸板损害失效，四根防喷管线中有三根破损，节流放喷降套压极为困难，环空反挤重浆多次，暂将套压降至 0MPa，但不到 10h，套压又升至 18MPa 以上。由于井眼受长时间浸泡，其井壁水化膨胀较严重，加上高压气体滑脱上升冲刷井壁，导致部分井壁垮塌，最终将钻头卡死。堵漏方案为化学凝胶后跟固井水泥浆堵漏：先注入 650kg 化学凝胶，随后泵入水泥浆，再注入重浆，候凝，关井观察 24h，待立压为 0MPa、套压为 0MPa 时，封固、堵漏成功，施工用时 7h。测井结果表明，水泥环在 2250～3200m 时，返高 2355m，返高至漏层环空化学凝胶柱近 100m，堵漏成功。

【应用实例 3—12】

某井管外窜漏的化学凝胶堵漏施工实例。该井为二开井，表层套管下至 38m，油层套管下至 1412.52m，射孔段为 1149～1383m，漏点为 70.70～80.35m。该井为一口老井，漏点经长期注水冲刷，地层系数变得很低，且井下情况复杂。该井于 1959 年 9 月投产，2016 年 5 月发现漏点在 70.70～80.35m 处。为恢复该井正常注水，决定对该井实施管外堵漏作业。采用水泥浆堵漏、水泥浆加水玻璃堵漏共计四次，前三次堵漏后试压均不合格，第四次试压合格，钻塞后最高憋压 5MPa，不能稳压，堵漏失败。该井堵漏施工难点在于老井的测井资料少、水泥环几乎中空、漏点近地表，未钻塞之前试压合格，钻完塞后试压不合格，判断水泥浆无法有效停留在漏点环空附近。再次优化堵漏方案，采用化学凝胶后跟固井水泥浆堵漏。注入 40m^3 浓度为 1.5％的化学凝胶，再注入 40m^3 浓度为 4％的化学凝胶，次日注固井水泥浆 10m^3，顶替清水 0.6m^3。5 天后对井口试压，试压 8MPa 不降，钻过漏点底界试压 8MPa 不降，堵漏成功。

【应用实例 3—13】

某井管外窜漏的化学凝胶堵漏施工实例。该井为二开井，表层套管下至 104.98m，油层套管下至 2891.90m，射孔段为 2753～2806m，漏点在 173.4～182.88m。该井于 1986 年投产，2003 年转注，正常注入量为 30m^3/d，油套压为 4.0MPa。找漏成功后，判定为典型注入不起压井，吸收量为 24m^3/h。施工难点在于老井的测井资料少、漏点处水泥环中空、油层附近水泥环完好、地层漏失量大，常规堵漏材料无法有效停留在漏点附近。堵漏方案为化学凝胶后跟固井水泥浆堵漏。光钻杆注入 $20m^3$ 浓度为 1.5%的化学凝胶，再注入 $20m^3$ 浓度为 4%的化学凝胶，第三天注固井水泥浆 $12m^3$，顶替清水 $1.6m^3$，预留灰塞 50m，凝固后试压 8MPa，稳压合格，堵漏成功。

3.7　HHH 堵漏剂堵漏工艺技术

HHH 堵漏剂是一种由纤维材料、金属盐、絮凝剂等复配而成的混合物。HHH 堵漏剂密度调节范围大、配制工艺简单，在堵漏施工中有利于泵送堵漏浆通过较为复杂的钻具水眼，适用于较复杂井漏的治理。HHH 堵漏剂具有高失水、高承压、高酸溶的“三高”特点。由于 HHH 堵漏剂具有高失水的特点，用其配制的堵漏浆进入漏层即可快速失水，形成堵漏材料的堆积封堵，从而隔断漏失通道。在候堵过程中，其形成的堵塞产生交联化学反应，最终形成具有较高承压能力的封堵隔墙。HHH 堵漏剂具有一定的油气层保护能力，堵漏浆一般按 20%～40%的浓度进行配制；可按需要的密度进行加重。为了防止卡钻，钻具应起至漏层以上安全井段，HHH 堵漏剂不能返到钻具环空。

HHH 堵漏剂适于多漏点的堵漏施工，在施工时应注意以下几点：

（1）在多漏点井段堵漏时，堵漏浆在井眼内流动，与先接触的漏点或者渗透性强的地层形成堵塞，难以继续流至其他漏层。如果先遇到的漏层漏速大，形成的堵塞强度高，继续挤注也只能把上部后续薄弱地层挤裂，堵漏浆就进入薄弱地层。HHH 堵漏剂失水速度受压差、温度、单位时间接触漏层等多种因素的影响，施工工艺上能够控制的只有堵漏浆的挤注排量。

（2）在多漏点的堵漏中，如堵漏浆的挤注排量大，单位时间内接触高渗透漏层的堵漏浆多，接触第一个漏点（A 漏点）的堵漏浆会快速形成 HHH 堵漏剂堆积，甚至造成井眼通道堵塞。后续堵漏浆没有机会继续下行达到下部漏层，导致一次性堵漏成功的可能性不大，如图 3-2 所示。

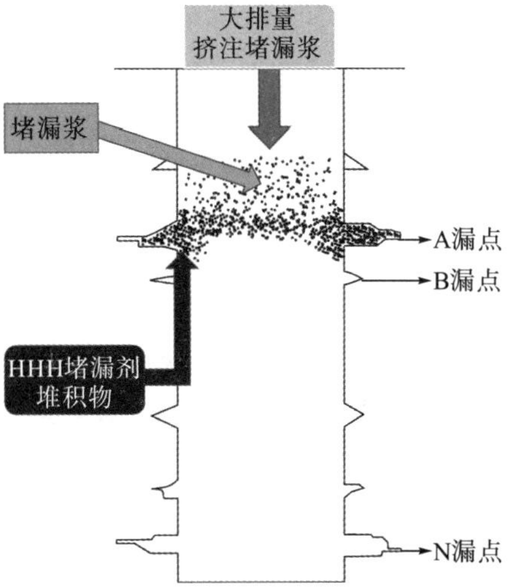

图 3-2　大排量挤注堵漏浆示意图

（3）如堵漏浆的挤注排量小，单位时间内接触高渗透层、漏层的堵漏浆少，接触第一个漏点（A 漏点）的堵漏剂能够形成一定的堆积，但不能快速形成对井眼通道的堵塞。随着堆积物的逐步形成，A 漏点的漏失阻力增大，漏失速度逐渐降低，后续的堵漏浆可沿井筒下行，直至抵达井底，进而堆满整个漏层段。继续挤注，堵漏浆就会沿薄弱位置进入，随着堵漏浆进入量的增加，逐渐形成高强度的堵塞，挤注压力随之增大，堵漏成功的可能性就更大，如图 3－3 所示。

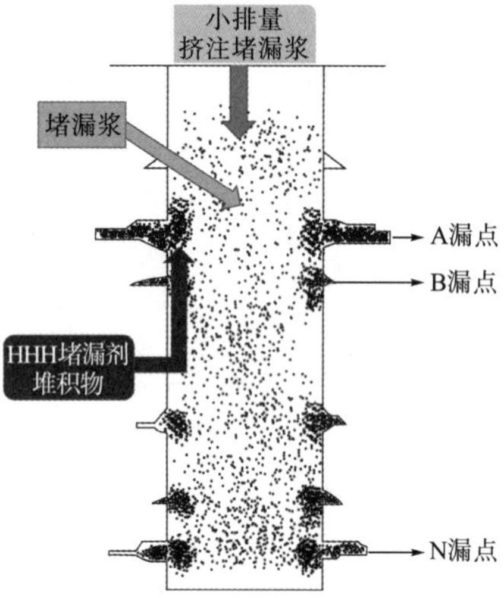

图 3－3　小排量挤注堵漏浆示意图

因此，在多漏点的情况下使用 HHH 堵漏剂堵漏，宜采用小排量挤注堵漏浆的方式，有利于一次性堵住多个漏点。当然，若大漏点在下部，则排量大小对一次性堵住的影响不大。

【应用实例 3－14】

龙岗构造某井是四川石油管理局承钻的一口重点探井，该井在钻进过程中三次使用 HHH 堵漏剂堵漏，具体施工过程如下。

（1）循环中井漏失返，HHH 堵漏剂大排量堵漏，未能堵住全部漏层。

该井使用密度为 2.45～2.47g/cm^3 钻井液钻至 4812.73m 处，循环后拟起钻，经短起下后循环 50min 发现井漏，出口失返，又经环空桥塞堵漏作业未能堵住漏层。分析认为，此次井漏属于诱导性裂缝漏失，井漏位置应该在井底。随即采用 HHH 堵漏剂堵漏施工，起钻至 3919.37m 处，注入浓度为 30％、密度为 2.34g/cm^3 的堵漏浆 32.0m^3，挤注排量为 15L/s，立压为 10.5MPa，套压为 9.0～11.1MPa，候堵 7h，套管内循环，钻井液不漏。以漏层在井底考虑，理论上，堵漏浆覆盖了全部裸眼井段，进入漏层 8.7m^3。起钻后，开泵转动钻具下钻通井，通井至 4659.0～4663.4m 和 4798.0～4805.5m 时遇阻，间断划眼至 4805.5m（距离井底 7.23m），见微漏。继续带泵下钻通井至井底，漏速有所增加，抢钻至 4814.41m 处，漏速增加至 34m^3/h。分析认为，堵漏浆在上部漏层形成了堵塞并产生截流，但没有进入下部漏层，导致下部井段堵漏效果不佳。随后在钻井液中加入 4%的桥塞堵漏材料，密度降至 2.41g/cm^3、排量降至 14L/s，逐步恢复钻进。

（2）采用桥塞堵漏材料在钻进中井漏失返，HHH 堵漏剂小排量堵漏，堵住全部漏层。

采用桥塞堵漏材料钻至井深 4930.48m 处，层位为须家河组，出口失返，钻井液密度为 2.41g/cm^3，立即吊灌起钻至井深 4053.50m（套管鞋井深 4207.9m）准备堵漏。间断吊灌钻井液 60.4m^3 未见返。根据钻时变化分析，井漏位置不大可能出现在井底，井漏属压裂性诱导裂缝。随即采用 HHH 堵漏剂堵漏，注入浓度为 30%、密度为 2.40g/cm^3的堵漏浆 23.0m^3。挤注堵漏浆时，排量为 6L/s，关井候堵，套压为 1.4MPa。候堵 12h 后套管内循环钻井液不漏，提高堵漏浆密度至 2.45g/cm^3 不漏，起钻。开泵转动钻具通井至井底，不漏。

（3）采用桥塞堵漏材料在钻进中井漏失返，采用 HHH 堵漏剂小排量施工，效果明显。

以密度为 2.45g/cm^3的钻井液钻至 5003.57m 时发现井漏失返，吊灌起钻至井深 4034.68m 处（进入套管 5 柱）。根据堵漏情况及对已钻井段的钻时、岩性分析，井漏位置不一定出现在井底，可能存在于上次堵漏后的快钻时井段。该次井漏性质仍然属于压裂性、诱导性裂缝多漏点，采用 HHH 堵漏剂堵漏，堵漏位置重点考虑 4930.48m 以下井段。随即注入浓度为 30%、密度为 2.31g/cm^3的堵漏浆 30.0m^3，挤注排量为 6～8L/s，套压为 4.2MPa，候堵 12h。经循环不漏，顺利进入下一个作业工序，说明 HHH 堵漏剂顺利进入了多个漏层，堵漏效果明显。

3.8　暂堵法堵漏工艺技术

暂堵法堵漏是应用暂堵材料对油气层进行封堵，油气井投产后再以相应的解堵漏材料进行解堵的一种堵漏方法，适用范围为封堵渗透性和微裂缝地层漏失。并且，能有效降低因井漏引起的油气层损害。目前，各油气田已广泛采用单向压力封堵漏材料，易酸溶、油溶、水溶堵漏材料进行堵漏。

川庆钻探工程有限公司钻采工程技术研究院研究开发的酸溶性高承压固化堵漏材料 ASC-1 和 ZC6-6 就属于油气层井漏暂堵材料。它们是一种无机胶凝固结封堵漏材料，是由多种无机化合物组成的混合物，这种混合物遇水即发生化学反应，生成一种均匀的触变凝胶，随后结晶成一种致密而坚硬的多物相无机化合物，具有保护油气层的功能。其所形成的凝固体不仅具有较高的抗压强度，而且具有很高的酸溶率。这种固化堵漏材料主要用于处理钻井过程中的井漏，特别是产层井漏。它不但可以提高漏层的承压能力，开采时还可以酸化解堵，克服了其他堵漏材料的缺陷。该堵漏材料固化后强度高，酸溶率在 96%以上，根据不同井深、井温稠化时间可调。稠化曲线呈“直角稠化”特性，更有利于提高堵漏成功率。

【应用实例 3－15】

川西南某井已开采多年，欲进行裸眼侧钻修井，从井深 2858m 侧钻至井深 3050m，完钻层位为震旦系。在修井侧钻过程中，由于地层压力低，该井在钻至井深 2884.64m 和 2951.36m 时两次发生严重井漏，无法建立循环。为保护产层，现场采用无机胶凝固结封堵漏材料进行暂堵作业。两次堵漏作业均获一次性成功，保证了侧钻修井的顺利进行。后对该井进行常规酸化后解堵成功，采用气举阀强排水采气，获得了令人满意的工业气流。

3.9 复合堵漏工艺技术

由于钻井液漏失类型十分复杂，尤其是漏水同层、喷漏同层、多压力系统、大裂缝或溶洞性漏失，采用单一的堵漏方法往往效果不佳。因此，工程人员选择采用复合堵漏工艺技术以提高堵漏成功率。复合堵漏工艺技术是将不同的堵漏工艺技术复合使用的一种工艺技术，表 3－2 中列出了处理几种漏失的复合堵漏方法。

表 3－2　复合堵漏方法

序号	复合堵漏方法	适用范围
1	随钻堵漏＋桥塞堵漏	一般孔隙性、裂缝性漏失、多压力系统漏失
2	随钻堵漏＋高失水堵漏	较大孔隙性、裂缝性漏失
3	桥塞堵漏＋水泥浆堵漏	漏水同层、大裂缝漏失
4	桥塞堵漏＋高失水堵漏	漏水同层、大裂缝漏失
5	桥塞堵漏＋化学凝胶堵漏	漏水同层、喷漏同层、大裂缝漏失
6	水泥浆堵漏＋化学凝胶堵漏	漏水同层、喷漏同层、溶洞性漏失

3.10 强钻治漏工艺技术

如果上部地层存在长段天然水平裂缝或溶洞，钻井过程中发生钻井液有进无出的井漏，采用前述几种堵漏方法均未能堵住，则可采用清水或轻质钻井液强行钻进，待完全通过漏层后，再下套管封隔。强钻应该具备以下五个条件：①不是地质的目的层；②井眼稳定，能经受清水长时间浸泡而不塌；③无油气水进入井内；④钻头破碎的岩屑能被带入漏层；⑤准备足够量的稠浆，每次起下钻前泵入 10～30m^3，以提高井壁稳定性，防止沉砂卡钻。如果漏层以上裸眼井段存在易塌地层，为了防止井塌，可在环空吊灌防塌钻井液，再从钻杆中打清水强钻，以确保井下安全。

针对浅表层的漏失，可在导管及一开井段采用清水强钻，钻至中完井深后，下套管封固。在韩家店组、小河坝组地层发生的连续性漏失、漏失频繁，当具备强钻条件时，可强行钻穿漏失层，然后集中处理井漏。

在钻遇大裂缝或溶洞性地层发生严重井漏时，若井壁稳定，钻屑能有效进入漏层，且在水源充足的条件下，可采用清水强钻或井底清水强钻，最后下入套管封隔。在高陡构造轴部钻井时，地表出露地层多为三叠系碳酸盐岩，地层溶洞裂缝发育，井漏十分严重。在这类井上部井段钻进发生严重井漏时，大多采用清水强钻，后下入套管封隔，这样可大大提高机械钻速和钻井时效，降低钻井综合成本。采用清水强钻，在起钻时应向井中注入高黏清扫液，以悬浮钻屑防止沉沙卡钻。如果漏层以上裸眼井段存在易塌地层，为了防止井塌，可在环空吊灌防塌钻井液，从钻杆中打清水强钻，以确保井下安全。

【应用实例3—16】

川东某井以 ϕ311.15mm 钻头开钻后即发生多段放空，钻井液有进无出，随即采用清水强钻钻至井深1580m处，下入 ϕ244.5mm 套管固井。

【应用实例3—17】

川东某井用密度为1.29g/cm^{3}的钻井液钻至井深2914m时发生井漏，有少量钻井液返出，堵漏8次均告失败。若降低钻井液密度，又存在井壁垮塌的风险，后采用井底清水强钻（环空保持钻井液密度为1.29g/cm^3，并按一定排量吊灌以保持环空液柱压力。钻杆内采用清水强钻，岩屑随清水带入漏层）钻至97m时，下入 ϕ244.5mm 套管固井。

3.11　“下吐上漏”压井堵漏工艺技术

在深井钻探中，经常遇到同一个裸眼段里存在几个高低不同的压力系统。由于受套管程序的限制，不可能把各个过渡带隔开。当钻遇高压油气水层时，往往采取较高密度的钻井液压井，这就会造成上部低压层段发生漏失，最终导致井下井喷（或叫“下吐上漏”），甚至卡钻等复杂情况和事故，造成既要压井又要堵漏的被动局面①。其处理难点在于：若先堵漏，堵漏浆先至高压层，由于上部漏失，易呈负压而被吐出；若先压井，由于上部难以建立液柱压力，从而使处理复杂化。因此，在处理此类复杂情况时，必须弄清井下喷漏特点和相应层段，以及压力变化规律，在兼顾各层压力的同时采取堵漏和压井同步进行的方式。

处理“下吐上漏”的关键在于尽快建立井内压力平衡，制定符合客观实际的堵漏压井工艺措施。一些井由于出现复杂的原因分析不准、处理措施不当，虽经较长时间的处理，仍出现井报废的情况，造成巨大损失。四川石油管理局在塔克拉玛干沙漠腹地承钻

① 张坤．“下吐上漏”复杂井的堵漏压井实践［J］．天然气工业，1999，19（2）：75—77.

的某井遇到了“下吐上漏”的井下复杂。在对出现的复杂和事故进行分析后，制定出一套有效的对策，成功地进行了复杂条件下的堵漏压井施工，取得了满意的效果。该井裸眼段地层情况见表3－3。

表3－3 井裸眼段地层情况

井 段（m）	层 位	岩 性	备 注
4345～4362	二叠系	棕褐色泥岩	易漏
4362～4449	二叠系	凝灰岩与泥岩互层	易漏
4449～4641	二叠系	岩浆岩与凝灰岩互层	易漏，低压盐水层
4641～4751	二叠系	粉砂岩与泥岩互层	易漏
4751～4783	二叠系	玄武岩夹5m凝灰岩	
4783～4983	二叠系	泥岩为主夹细粉砂岩	
4983～5279	石炭系	泥岩及灰岩为主，底部砂岩发育，含砾石	高压盐水层
5279～5379	石炭系	东河砂岩	高压盐水层

该井发生卡钻时裸眼井段为4345～5379m（全长1034m），大井眼井段为4345～4640m（全长295m），平均井径为311mm（卡钻前电测数据），钻头位于4854m处。井底空为4854～5379m（全长525m），被卡落鱼井段为3021～4854m（全长1833m），已套铣并捞获落鱼井段为3021～4680m（全长1659m）。经分析，可能漏失井段分别为：4345～4371m，长26m；4449～4480m，长31m；4751～4783m，长32m。高压盐水层井段：4481～4500m预计使用密度为1.34g/cm^{3}的钻井液压稳，5275～5279m预计使用密度为1.71g/cm^{3}的钻井液压稳，5377～5379m预计使用密度为1.95g/cm^{3}的钻井液压稳。出现“下吐上漏”时落鱼井深为4681m，落鱼长为173m。

出现“下吐上漏”的原因分析及对策：钻遇高压盐水层时，该井发生严重溢流，关井后引起上部地层井漏，高压盐水进入漏层形成裸眼内短路循环。漏速大、漏失层位多且具体漏层位置不清是本次“下吐上漏”复杂的特点。溢流后为了防止卡钻，已将钻具分两次起至套管鞋。起钻中溢流量达23.6m^3，套管鞋以下已全部充满盐水。经过计算，在套管鞋处压井需要使用密度为2.00g/cm^{3}的钻井液，而上部易漏层段虽经堵漏，仍承受不了这么高的压力，必然会发生井漏。如果先压井，压井液易进入上部漏层，井底高压盐水层仍然压不住。如果先堵漏，又无法开井，堵漏时必须控制回压。回压高了会井漏，回压低了盐水又会继续侵入井筒，冲稀堵漏浆使堵漏失败。

因此，决定采取堵漏与压井同步进行，堵漏浆走前，压井液走后，适当控制回压的对策。根据综合录井和关井后压力变化数据计算，套管鞋以下裸眼段长1033m，盐水密度为1.03g/cm^3，形成的液柱压力是10.6MPa；套管鞋以上井段长4346m，该段钻井液由于受盐水污染，密度已降至1.71g/cm^3，形成的液柱压力是74.3MPa。两项压力之和为84.9MPa，而井底盐水层压力按97.5MPa计算，尚差12.6MPa方能平衡，这就是施工中需要控制的最高回压值。随着钻井液密度在环间逐渐升高，套压逐步下降至零。静止的套压值加上液柱压力值就是地层承受的压力值。理论计算与实际情况往往存在误差，在施工中要随时根据地面泥浆罐液面的变化情况来调整回压控制值，原则是不能有增量，允许少量漏失。从之前的漏失情况看，裸眼段长，漏失井段具体位置不清，平均漏速大，漏失性质均为低压地层压开裂缝性漏失，因此，决定采用高浓度单封（或狄塞尔）与桥塞复合堵漏浆堵漏，堵漏浆密度应略低于压井液密度。堵漏施工作业时应注意以下几点。

（1）堵漏浆第一次挤入量最好是总量的一半或三分之二，使较多的堵漏浆能在漏层里充填。如果液面不在井口，则不能关井挤入堵漏浆。若堵漏时液面上升至井口，可以关井挤入堵漏浆；以不把堵漏浆全部挤入地层为宜。

（2）当堵漏浆进入漏层后，应每隔 5～7h 挤入 2～3m^3，中途不要打开泄压。如果漏速快，液面不在井口时，可每隔几小时灌一次钻井液。

（3）若挤不进钻井液，表现为一开泵泵压上升很快，液面下降很少，说明井漏已基本堵住。此时应以观察守候为主，应注意控制憋压。

（4）堵漏浆配好后，应尽快泵入地层。

第一次施工过程如下：节流循环，排出已污染的钻井液，进口钻井液密度为 1.82g/cm^3（压井液密度不可太高，应尽量建立起液柱压力平衡），套压控制为 10MPa，排量为 14L/s。中途发现漏失，要将套压逐步下降至 6MPa，返出盐水污染钻井液 12m^3，密度为 1.10～1.15g/cm^3。节流循环中漏失钻井液 21m^3。在节流的情况下，首先泵入新配复合堵漏浆 26.8m^3［其配方为：土浆（4%）＋氢氧化钠（75kg）＋核桃壳（0.5t）＋云母（0.5t）＋棉籽壳（0.5t）］，密度为 1.65g/cm^3，浓度为 18.3%；然后替入密度为 1.82g/cm^{3}的钻井液 12m^3，将堵漏浆替至钻具出口处。泵入时，控制套压为 6MPa，立管压力为 10～12MPa，其间漏失钻井液 21.6m^3。关井挤钻井液 22m^3，密度为 1.80g/cm^3，套压由 6MPa 升至 9MPa，立管压力升至 13.5g/cm^3；把堵漏浆挤入漏层 16m^3。关井观察 25h，其间每隔 5～6h 挤一次钻井液，挤入量为 2～3m^3（共挤 3 次）。静止套压值由 6MPa 升至 7MPa 后又降至 6MPa。此次堵漏虽未达到预期目的，但明显提高了上部地层的承压能力，为下一步处理做好了铺垫工作。

第二次施工过程如下：配堵漏浆 31m^3［其配方为：土浆（4%）＋氢氧化钠（75kg）＋单向压力封闭剂（适量）＋棉籽壳（800kg）＋核桃壳（1150kg）＋云母（1000kg）］，密度为 1.70g/cm^3，浓度为 22.4%。在节流的条件下，首先泵入堵漏浆 28m^3，控制套压为 6MPa，立管压力为 9～10MPa，排量为 15L/s，漏失钻井液 6.5m^3。然后节流控制回压替钻井液 11.6m^3，密度为 1.82g/cm^3，套压为 6MPa，立管压力由 10MPa 升至 12MPa；其间漏失钻井液 5m^3。关井挤钻井液 22m^3，密度为 1.82g/cm^3，将堵漏浆挤入漏层 10m^3，立管压力为 17～18MPa，套压为 11～12MPa，排量为 15L/s。套压、立管压力比第一次施工明显上升，此次堵漏效果明显。关井观察 25h，每隔 6～7h 挤一次钻井液，挤入量为 3m^3（共挤 3 次），静止套压由 11MPa 升至 12MPa。套压稳定在 12MPa，说明地层承压能力进一步提高，承压当量密度可达 2.00g/cm^{3}左右，堵漏成功。用密度为 1.90g/cm^{3}的钻井液 173m^{3}压井，其间仍要控制套压，过高会造成井漏，过低又会导致溢流。压井中高密度钻井液出钻具前，应将套压控制在 6MPa；高密度钻井液出钻具后，套压逐步降为零，压井中钻井液无漏失、无溢流，泥浆罐液面平稳，压井成功。

3.12 微泡沫钻井液防漏治漏工艺技术

微泡沫钻井液防漏治漏的主要工作原理是通过生成的高能量微泡网在钻井液中形成封堵。微泡粒子具有可变形的特性，加入钻井液后可以生成桥架粒子或者填充粒子，根据漏失通道的实际情况变形填充，继而实现对漏失通道的有效封堵。该技术适用于处理因裂缝导致的渗漏或微小漏失。

微泡沫钻井液是一种新型的、可循环使用的低密度钻井液体系，主要由基液（清水或钻井液）、起泡剂、稳泡剂组成。它为欠平衡钻井、储层保护、低压易漏地层的防漏治漏提供了一种新的钻井液体系。微泡沫钻井液具有配制方便、不需要地面注气设备、可循环使用、成本较低等优点，受到国内外钻井从业人员的广泛关注。与常规钻井液相比，微泡沫钻井液具有较低的密度和环空循环压耗，能有效降低井下动压力，起到防漏作用。微泡沫钻井液进入漏层后，能聚结成“蜂窝”状的泡沫凝胶，对漏失通道产生“气锁”效应和凝胶封堵，起到堵漏的作用。

2004年，川渝地区的技术人员通过研究微泡沫钻井液配方及性能影响因素、液柱压力及当量密度计算方法，对防漏治漏机理探索，进行室内模拟循环及现场试验，形成了一套完善的微泡沫钻井液防漏治漏工艺技术。微泡沫钻井液密度能控制在0.70～1.00g/cm^{3}范围内，为处理川渝地区表层井漏问题提供了一种有效的技术手段：

(1) 研制出具有密度低（0.70～1.00g/cm^3），流变性、失水造壁性及润滑性好，抗盐抗钙能力强，抑制性高的微泡沫钻井液配方。由微泡沫钻井液室内模拟循环试验结果得到的微泡沫对泥浆泵上水效率的影响规律，为现场应用提供了有力的技术保障。

(2) 深入分析微泡沫钻井液防漏治漏机理。研究认为，微泡沫钻井液防漏治漏是由较低的液柱压力和环空循环压耗及“气锁”封堵效应共同作用的结果，其中“气锁”封堵效应在防漏治漏中起着关键作用。

(3) 研发了液柱压力和当量密度计算方法及相应的计算软件，为微泡沫钻井液技术的进一步发展奠定了理论基础，对微泡沫钻井液的现场应用具有很好的指导意义。

(4) 研究形成了一套较完善的微泡沫钻井液现场配制、维护、转化工艺技术，具有很强的可操作性。

经川渝地区的矿2井、玉皇1井、永安8井、广安1井、威寒1井等多口井现场应用表明，该钻井液体系配制简单，维护和转化方便，表现出一定的防漏治漏效果。尤其是与微泡桥浆随钻堵漏结合使用，能有效控制井漏，极大提高了低压易漏表层的承压能力和钻井效率。

第 4 章　常用堵漏材料及新型堵漏材料设计理念

堵漏材料的研发，最早是从漏层的表象研究开始的。早期的堵漏方法通常是使用颗粒或纤维堵漏材料，对地层漏失通道进行直接封堵。20 世纪 50 年代，在国外钻井工程中使用的堵漏材料有 40 余种，堵漏浆的配方有 50 余种，国内的堵漏材料也有 10 多种。

针对不同的钻井液漏失类型，国内外学者按照不同堵漏机理和不同孔洞裂缝形态研制出不同的堵漏材料，主要有桥塞堵漏材料、高失水堵漏材料、吸水/吸油膨胀型堵漏材料、聚合物凝胶类堵漏材料、可固化堵漏材料、智能堵漏或智能凝胶堵漏材料等。其中，桥塞堵漏材料指在漏失通道内通过架桥和填充作用形成堵塞的一种堵漏材料；高失水堵漏材料指能在压差的作用下在漏失通道内迅速失水，形成具有较高强度堵塞隔墙的一种堵漏材料；可固化堵漏材料指材料进入漏失通道后能在地层环境条件的作用下发生凝固反应，形成具有较高强度堵塞的一种材料；智能堵漏或智能凝胶堵漏材料是指堵漏浆能够完全顺应漏失通道形态充填到漏失通道内，形成滞留、封隔或堵塞的堵漏材料。工程师针对不同的漏层特征，采用各种评价堵漏效果的仪器对品种繁多的堵漏材料开展了针对性研发，各种堵漏材料也为钻井液防漏治漏提供了更多的手段。目前，配合堵漏材料应用的桥塞堵漏工艺技术也在逐渐提高和完善。

4.1　常用堵漏材料

针对漏层特性，国内常用的堵漏材料主要可以分为以下几类。

4.1.1　桥塞堵漏材料

桥塞堵漏材料是使用最早和最普遍的堵漏材料。早期的桥塞堵漏材料是基于漏失地层的地质特征（有裂缝、孔洞）而研发的，其目的是减少钻井液的漏失量。最初采用某种物质堵塞孔道的流通，后来逐步开始逐渐研究用什么物料作桥塞堵漏材料效果最好，并结合地层孔隙状态、尺寸等对桥塞堵漏的机理进行深入研究。随着石油开采速度的加快，各种井漏现象的处置方法越来越受到行业重视，研究人员对桥塞堵漏材料的工作机理也有了更为全面的认识。

桥塞堵漏材料的形状多样，总的来说，由多种惰性材料组合而成的混合体系具有性能优势，且多级粒径的材料复配，可填充大小不等的孔隙、裂缝，更便于现场配浆，性能较为稳定。桥塞堵漏材料分为架桥粒子和填充粒子，两者有效结合可以降低不同孔隙造成的漏失率。桥塞堵漏材料按形状可分为纤维状、片状、粒状材料，常见的有蛭石、果壳粒、贝壳粉、硬沥青、玉米芯、珍珠岩、膨胀珍珠岩、棉籽壳、皮屑等。当然，除以上材料，一些廉价的化工副产品和化工厂废弃的原料，如废轮胎屑、碎煤、焦炭等也可以作为桥塞堵漏材料；还有未精制的棉花、纱头、蔗糖渣、木屑、碎劣皮革屑、玻璃纤维、石棉纤维、甜菜渣、羽毛等也可作为桥塞堵漏材料。在国内出现桥塞堵漏材料之前，英国的布伦特油田就采用了一种高纤维组成的新型堵漏材料作为桥塞堵漏材料进行堵漏，该材料具有超强的抗高温性，能很好地解决某些油气田的井漏问题。美国、加拿大等国外油气田在 20 世纪 50 年代均陆续开始使用桥塞堵漏材料进行堵漏，并取得了较好效果。

1. 桥塞堵漏材料的特点

桥塞堵漏材料是我国川渝地区最早应用和开发的堵漏材料。在堵漏过程中，颗粒状材料的最佳尺寸是地层中漏失通道开口尺寸的三分之一，此时能形成稳定的桥塞。在桥塞形成过程中，颗粒状材料必须具有足够的抗压、抗张和抗剪切强度，才能承受由压差引起的弯曲应力和纵向应力。同时，颗粒状材料还必须具有足够的硬度，以防止因应力形变而改变几何形状，从而降低堵漏效果。对纤维状和片状材料而言，它们必须有能力在堵桥上形成密封，以降低堵塞渗透率。也就是说，它们必须具有足够的强度，才能桥接填塞住颗粒状材料中的间隙，而且还必须具有足够的弹性和塑性，才能变形封堵大部分缝隙的有效流动面。对这一类材料功能的要求，显然不同于对颗粒状材料功能的要求，原因是几乎没有一种材料能完全同时具备上述两类材料的功能。因此，逐渐由单一材料向复配材料转变，即坚硬的颗粒状材料与易弯曲的纤维状和片状材料组成复合物，才能提供更佳的裂缝封堵效果。

（1）桥塞堵漏材料与井浆无明显的化学反应，对钻井液性能无破坏性影响，具有一定的抗温能力。桥塞堵漏材料对长裸眼低压层、漏失层位置不清楚的井的堵漏效果较好。凡惰性堵漏材料，有轻重之分，重的沉底，轻的在上段，即使漏层不准确，也能提高堵漏成功率。同时，桥塞堵漏材料一般无毒、无污染，与钻井液的配伍性好，应用范围广，不论是深井还是浅井，高密度钻井液或低密度钻井液的井漏均可使用。

（2）桥塞堵漏材料的颗粒匹配具有一定的封门效果，能在漏层段形成桥塞，即桥塞段处于漏层位置时，起到堵漏作用。

（3）桥塞堵漏材料现场配制简单，施工方便，易于掌握。

（4）间隙挤压可建立牢固的堵塞隔墙，能明显提高所覆盖漏失层段的承压能力，是试压堵漏最理想的措施之一。

（5）起架桥作用的颗粒状材料具有一定的强度，其棱角分明，且在水中和碱液中浸泡一段时间后，强度无明显降低。皮革粉、甘蔗渣、棉籽皮等遇水膨胀性好，漂浮在液面时能封堵上部漏层，并提高钻井液悬浮岩屑的能力；石棉纤维遇水膨胀性好，膨胀倍数可达 20 倍，且网状结构特殊，纤维附贴于井壁可形成一层薄膜，起到保护井壁和堵漏通道的作用；核桃壳有较高的抗压强度，能及时沉底，进入裂缝进行堵漏。

2. 桥塞堵漏材料的堵漏机理

(1) 挂阻“架桥”作用。

作为“架桥”材料的颗粒状桥塞堵漏材料，主要取决于适当的粒级分布。当其沉积之后，能建立降低渗透率的桥塞堵漏，即大颗粒进入地层架桥，小颗粒堵塞较小孔隙。另外，堵漏材料在钻井液中的浓度也很重要，其决定着最终的堵漏效果。堵漏材料在通过地层中漏失通道时，能在其粗糙表面及狭窄部位产生挂阻并“架桥”。由于颗粒状材料质硬、力臂短、应力分散，一旦“架桥”、填充，最终可形成非渗透性的桥塞，具有相当强的抗压能力。

(2) 堵塞和嵌入作用。

“架桥”初步形成以后，仅仅有了封堵漏失通道的基本骨架，漏失通道由大变小，此时，堵漏浆液中的纤维状材料、片状材料和颗粒材料在钻井液中形成一种“垫型”桥塞，覆盖在多孔地层的面上，在压差的作用下对“桥架”中的微小孔道和地层中的原有小裂缝进行嵌入和堵塞，纤维垫状物减小了地层孔隙，再加上钻井液中的胶体粒子，能很快形成一层滤饼，将地层封堵，从而消除井漏，达到堵漏的目的。

(3) 渗滤作用。

堵漏浆液中的桥接材料，具有增大浆液高压失水的作用，可形成较厚的滤饼。这些滤饼在压差的作用下被挤入地层裂缝，形成楔形塞，增强堵漏效果。

(4) 在滤饼中的“拉筋”作用。

堵漏浆液在压差的作用下失水形成滤饼填塞时，各类堵漏材料，尤其是纤维状和片状材料，被夹在滤饼中起到强有力的“拉筋”作用，同时能加大楔形塞的机械强度。

(5) 膨胀堵塞作用。

桥塞堵漏材料大部分属于木质纤维类物质，这些材料具有一定的吸水膨胀特性，当被挤进地层裂缝形成“桥塞垫层”后，受到地层中液体的浸泡膨胀，可增加“桥塞垫层”的封堵能力。

(6)“卡喉”架桥作用。

地层中存在许多形状各异的裂缝、孔隙，它们互相交错、延伸。对一条漏失通道来说，始终有其最窄小的部位，这就是“喉道”，在此处“架桥”就是我们所说的“卡喉”。堵漏材料在“喉道”处聚集，堵漏效果更佳。

3. 川渝地区常用的桥塞堵漏材料

川渝地区从 20 世纪 80 年代开始研制桥塞堵漏材料，并在川东地区建厂生产，大部分材料一直沿用至今。随后，重庆威能钻井液助剂有限公司继续生产该类产品，建立并完善了一系列复配型产品。该材料在性能上属于级配复合材料或者单一惰性材料，使用时不影响钻井液流变性，而且操作简单方便，可以有效解决井漏问题。如 C-SEAL 复合材料就是堵漏效果明显的一种材料。此外，廉价的化工原料也可作为桥塞堵漏材料，利用其自身的特性达到堵漏效果。下面介绍几种川渝地区在较早时期普遍使用的桥塞堵漏材料。

（1）云母。

云母是云母族矿物的总称，为复杂的硅酸盐类矿物，具有耐热、耐酸、耐碱、光滑明亮、片理清楚等特性。根据云母粒度可分为粗、中、细三种规格，其分布见表4－1。云母为惰性堵漏材料，适用于多孔隙、渗透性的漏失地层，若与蛭石、棉籽壳、果壳粒、皮屑等堵漏材料混合使用，效果更佳。

表4－1　云母的粒度分布

过筛目数（目）	筛网孔径（mm）	质量百分比（%）
4～5	4.0～4.5	0.17
5～6	3.0～4.0	2.50
6～9	2.0～3.0	30.00
9～12	2.0～1.0	38.50
12～16	<1.0	28.80

（2）蛭石。

蛭石是一种富含镁和铁，熔点很高的层状硅酸盐矿物。蛭石的规格分为混合料和细料，可含少量杂质。蛭石为惰性堵漏材料，主要用于孔隙性、渗透新漏失地层，若与云母、棉籽壳等混合使用，效果更佳。

（3）果壳粒。

果壳粒由植物果壳制成，带棱角、颗粒状，规格根据粒度分为粗、中、细三种。果壳粒为惰性堵漏材料，适用于裂缝性及多孔隙地层堵漏，若与云母、蛭石等混合使用，效果更佳。

（4）贝壳粉。

贝壳粉的主要成分为碳酸钙，是贝类残壳经加工而成的带棱角的粒状物，较硬且易酸化，规格根据粒度分为粗、中、细三种，无杂质。贝壳粉为惰性堵漏材料，适用于油气层的堵漏，也可用于一般孔隙性、渗透性地层堵漏。

（5）棉籽壳。

棉籽壳是棉花籽榨油后的残渣，俗称棉籽油枯，富含纤维、有弹性。一般将其归为片状材料，但它也含有细长纤维物。棉籽壳的粒度分为粗、细两种，其分布见表4－2。棉籽壳为惰性堵漏材料，适用于裂缝、多孔隙地层堵漏，若与果壳粒、云母等混合使用，效果更佳。

表4－2　棉籽壳的粒度分布

过筛目数（目）	筛网孔径（mm）	质量百分比（%）
<4	>4.5	69.00
4～6	3.0～4.5	19.00
6～8	2.5～3.0	11.50
>8	<2.5	1.50

（6）花生壳。

花生壳由花生取仁后的废壳加工而成。花生壳以片状为主，片状间又以纤维相连，具有纤维状与片状材料的双重特征。花生壳的规格根据粒度分为粗、中、细三种，按需选用。花生壳为惰性堵漏材料，适用于裂隙和多孔隙地层堵漏，若与其他堵漏材料混合使用，效果更佳。

（7）核桃壳。

核桃壳是由核桃取仁后的废壳粉碎加工而成的粒状物，其颗粒分明、棱角突出，粒度分布见表 4－3。核桃壳为惰性堵漏材料，适用于多孔地层裂缝堵漏，在桥塞堵漏材料中主要作为架桥粒子使用。在高浓度的堵漏浆中使用粗核桃壳，效果更佳。

表 4－3　核桃壳的粒度分布

过筛目数（目）	筛网孔径（mm）	粒子的有效直径（mm）
10～12	1.41～1.68	1.55
12～14	1.14～1.41	1.28
14～20	0.84～1.14	0.99
20～24	0.71～0.84	0.78
24～28	0.59～0.71	0.65
28～32	0.50～0.59	0.55
＞32	＜0.50	—

（8）皮屑。

皮屑是由皮革制品的废料经加工而成的纤维状碎片，遇水膨胀性好，能漂浮在液面，封堵上部地层；并且，具有提高钻井液悬浮岩屑的能力。皮屑为惰性堵漏材料，适用于裂缝、孔隙性地层堵漏，若与其他惰性材料复配使用，效果更佳。

（9）纤维类材料。

纤维类材料包括甘蔗渣、锯末、原棉、杉木纤维、尼龙纤维、矿物纤维、皮革、玻璃纤维、羽毛和甜菜纸浆等。钻井液中主要使用植物纤维、人造纤维及动物纤维。当这些纤维类材料加入堵漏浆时，可在多孔地层上形成垫层，该垫层有缩小地层孔隙尺寸的作用，促使堵漏浆中的颗粒物快速形成泥饼从而增加封堵能力。纤维类材料在堵漏浆中能够作为流变调节剂，改善浆体的流变性能，提升剪切调控下的黏度变化，进而改善堵漏浆的流动性。在漏失地层，包含纤维类材料的堵漏浆容易在压差作用下进入漏层孔隙，快速形成泥饼和封堵层。在泥饼形成过程中，纤维在泥饼中纵横交错，可作为骨架起支撑作用。而且纤维相互结合在一起，能显著提高泥饼强度，提高泥饼承压能力，进而实现在高压差条件下也能对井壁进行致密封堵，达到完全封住地层的效果。纤维类材料的最大尺寸、长径比及级配，对其性能的影响比组分更重要，例如，皮革和石棉纤维的最大尺寸要比甘蔗渣和树皮纤维小得多，甘蔗渣和原棉的抗破碎能力要比泥煤苔和甜菜浆大得多。其中，甘蔗渣和锯末的粒度分布分别见表 4－4 和表 4－5。

表 4-4 甘蔗渣的粒度分布

过筛目数（目）	筛网孔径（mm）	质量百分比（%）
5~7	3.5~4.0	9
7~10	2.0~3.5	80
10~12	0.9~2.0	11

表 4-5 锯末的粒度分布

过筛目数（目）	筛网孔径（mm）	质量百分比（%）
5~7	3.5~4.0	12
7~10	2.0~3.5	75
10~12	0.9~2.0	13

（10）复合堵漏材料。

川渝地区常用的复合堵漏材料 FDJ 是以惰性硬堵材料为主要原料，以无机盐为增强材料，聚合物为助效材料，以一定配比研制出的复合桥塞堵漏材料。这种复合堵漏材料有粒状、片状和纤维状，其粒子大小、形状和韧性均不相同；堵漏施工时可以将配成的堵漏浆用段塞的形式依次注入，也可以混合注入。FDJ 有三种型号，FDJ-1 适用于小漏速（漏速小于 $10m^3/h$），FDJ-2 适用于中等漏速（漏速为 $10\sim30m^3/h$），FDJ-3 适用于大漏速（漏速为 $30\sim50m^3/h$）。FDJ 系列堵漏材料适应的封堵范围见表 4-6。

表 4-6 FDJ 系列堵漏材料适应的封堵范围

型　号	漏失程度	漏　速（m^3/h）	裂缝口尺寸（mm）
FDJ-1	小	<10	<2
FDJ-2	中	10~30	2~5
FDJ-3	大	30~50	>5

我们以不同密度的钻井液作为堵漏材料的携带液，分析这三种型号堵漏材料的封堵效果及最高承压（漏层能稳定承受 30min 的最高压力），结果见表 4-7 至表 4-9。加入 5%~8%（W/V）FDJ-1 可有效封堵裂缝口为 1.5mm 的漏失，堵住后憋压至 3.70~4.10MPa 不发生漏失。加入 5%~10%FDJ-2 可有效封堵裂缝口为 2~5mm 的漏失，堵住后憋压至 4.00~4.30MPa 不漏。加入 5%~12%FDJ-3 可有效封堵裂缝口为 5~10mm 的漏失，堵住后憋压至 3.80~4.30MPa 不发生漏失。

表 4－7　FDJ-1 的封堵效果（裂缝口尺寸为 1.5mm）

携带液密度 (g/cm^3)	不同 FDJ-1 加量下的封堵效果		最大承压 (MPa)
	5%	8%	
1.37	堵住，不能承压	堵住	3.80
1.74	堵住，承压为 2.2MPa	堵住	4.10
1.86	堵住	—	3.70

表 4－8　FDJ-2 的封堵效果

携带液密度 (g/cm^3)	携带液黏度 (s)	裂缝口尺寸 (mm)	不同 FDJ-2 加量下的封堵效果			最大承压 (MPa)
			5%	8%	10%	
1.35	17	2	—	堵住	—	4.20
1.63	54		—	—	堵住	4.30
1.84	54		堵住	—	—	4.15
1.35	17	5	—	堵住	—	4.00
1.63	54		—	—	—	4.00
1.84	54		—	—	堵住	4.10

表 4－9　FDJ-3 的封堵效果

携带液密度 (g/cm^3)	携带液黏度 (s)	裂缝口尺寸 (mm)	不同 FDJ-3 加量下的封堵效果					最大承压 (MPa)
			5%	8%	10%	12%	15%	
1.38	47	5	—	—	堵住	—	—	4.20
1.58	52		—	堵住	—	—	—	4.25
1.84	57		—	堵住	—	—	—	4.30
1.38	47	10	—	—	堵住	—	—	3.80
1.58	52		—	—	—	堵住	—	4.00
1.84	57		—	—	堵住	—	—	3.85

复合堵漏材料 FDJ 现场施工工艺按下述步骤进行：下光钻杆或尖钻头至漏层顶部或中部，谨防钻具在裸眼内卡住。选择容量适当的钻井液液罐，要求蝶阀功能良好，搅拌器运转正常。调整携带液性能，使其密度与井浆一致，漏斗黏度为 40～60s。在搅拌器开启状态下，从加重泵处加入堵漏材料。取出泥浆泵过滤网，泵送堵漏浆至钻具内。泵送钻井液顶替钻具内的堵漏液，将堵漏浆泵送至漏失段。起钻至安全处，再缓慢顶替堵漏浆至漏层；若井口见返，可关井缓慢憋压，以不超过地层破裂压力为限，一般为 3.0～4.5MPa。静止观察 4～8h 后开始循环，接着观察堵漏效果。下钻至井底，循环不漏后恢复钻进。

4. 川渝地区桥塞堵漏材料现场应用实例

（1）云安厂构造桥塞堵漏施工情况。

云安某井是云安厂构造上一口气层储量控制重点井。云安厂构造井漏严重，该井自开钻起就发生有进无出的漏失。固表层套管后，用无固相钻井液钻进时井漏仍然严重。采用清水强钻至2448.44m时，漏速从强钻前的21.5m^3/h降至8.5m^3/h，起下钻时挂卡严重，井下已出现垮塌，须替入密度为1.25～1.30g/cm^3的钻井液钻进。根据该井漏失情况，现场决定在替入钻井液前采用FDJ-1堵漏。现场配制70m^3密度为1.14g/cm^3（含14%FDJ-1）的堵漏浆，全部替入堵漏浆后出口见返，漏速为6.5m^3/h。用3m^3清水顶替堵漏浆后起钻至803.69m，反灌3m^3密度为1.15g/cm^3、黏度为36s的钻井液，逐渐憋压至5.0MPa时无漏失。在循环的条件下将钻井液由1.10g/cm^3加重至1.15g/cm^3，再加重至1.30g/cm^3，观察均无漏失现象，表明堵漏成功。

该井用密度为1.30g/cm^3、黏度为48s的钻井液钻至井深2715m时又出现井漏，漏速为36m^3/h。随即采用FDJ-3堵漏，共配制60m^3密度为1.31g/cm^3（含15%FDJ-3）的堵漏浆。注入40m^3堵漏浆后，替入15m^3密度为1.31g/cm^3、黏度为44s的钻井液，此时出口见返。观察16h后下钻至井深1500m处，反灌4m^3钻井液，憋压至4.7MPa不漏。下钻至井底，循环钻井液时无漏失现象，表明堵漏成功。

（2）天东构造桥塞堵漏施工情况。

天东构造属于大天池构造带，钻探的主要目的是评价长兴组及飞仙关组气藏情况。该构造某井钻至井深3084m处放空0.5m，发生蹩钻，强钻至3098.30m时漏速达36.5m^3/h。停钻上提钻具时井筒静液面不在井口，决定采用FDJ-3堵漏。现场配制30m^3密度为1.13g/m^3（含10%FDJ-3）的堵漏浆。替完21m^3堵漏浆时井口见返。再替入5m^3堵漏浆时返出3.1m^3。关井挤入3m^3钻井液，憋压至3.8MPa不漏。下钻至井底，循环钻井液时仍不漏，表明堵漏成功。

该井钻至3140m处再次发生井漏，漏速为12.2m^3/h，此次采用FDJ-1堵漏。现场配制28m^3（含12%FDJ-1）堵漏浆。下光钻杆至3008.25m，替完22.2m^3堵漏浆后井口见返。起钻至套管鞋内。静止40min后憋压至3.2MPa不漏。下钻至井底，循环井浆时仍不漏，表明堵漏成功，随后恢复钻进。

4.1.2 随钻堵漏材料

随钻堵漏材料在防止渗透性和裂缝性漏失方面具有独特的优势，其施工方法简单，不需要停钻处理，可大幅度降低油气井井漏和油气层保护的处理时间和费用，同时，也可提高漏失地层的钻井速度、降低钻井成本。在钻井过程中加入随钻堵漏材料，可促进钻井液与漏失通道结合，在近井壁处生成致密的滤饼，即在井壁表面上形成防止渗漏的壁层，使井壁的承重性和强度得到提升，达到防漏治漏的效果。根据作用原理，常用的随钻堵漏材料主要分为骨架材料和填充变形材料两种。

（1）骨架材料。

骨架材料可在裂缝端口处形成填塞层，实现对裂缝的稳定封堵，提高承压能力。常用的骨架材料有刚性颗粒和植物纤维。刚性颗粒的主要成分为碳酸钙，第一级刚性颗粒的粒径为裂缝端口开度的 60%～100%，第二级刚性颗粒的粒径为裂缝端口开度的 23%～40%，第三级刚性颗粒的粒径为裂缝端口开度的 10%～17%。而植物纤维可通过多点吸附和缠绕，增加封堵带吸附力和封堵强度。通常选用花生壳、棉籽壳、锯末、核桃壳、玉米芯等作为纤维骨架材料，它们在水溶液中相互交联形成絮凝团，从而不易被液流冲走，形成稳定的架桥。当压力改变时，其外形会随之变化，形成较稳定的封堵带。

（2）填充变形材料。

填充变形材料具有变形性或膨胀性，用于填充骨架材料架桥后留下的孔隙，降低封堵环的渗透率。常用的填充变形材料有天然果壳、油溶性树脂、吸水凝胶、沥青、石墨、橡胶粉或橡胶颗粒、矿渣粉、无机填料、膨润土和高岭土等。

川渝地区常用的随钻堵漏材料有低渗透封堵材料、超低渗透封堵材料、单向压力封闭材料、井壁承压封堵材料、超细碳酸钙、弹性石墨等。

1. 低渗透封堵材料

低渗透封堵材料是一种由脂肪酸衍生物表面活性剂经特殊工艺加工处理而成的纤维颗粒材料，主要应用于渗透性或井壁失稳坍塌地层。该产品在钻井液中具有良好的封堵性能，可控制钻井液在地层中的侵入深度，能有效防止钻井液中固相或液相对油气储层造成的伤害，进一步提高井壁稳定性。同时，该材料能有效控制渗漏，改善滤饼质量及防止因压差导致的卡钻。

低渗透封堵材料为特殊表面处理产品，可同时应用于水基钻井液、油基钻井液及合成基钻井液体系。低渗透封堵材料不含聚合物成分，对钻井液流变性能影响较小，且产品环境可接受性好。低渗透封堵材料技术参数见表 4－10。

表 4－10　低渗透封堵材料技术参数

技术指标	数　值
密度（g/cm^3）	1.40～1.70
筛余量（100 目）（%）	≤10.00
砂床（20～40 目）滤失量（mL）	0
砂床（20～40 目）浸入度（cm）	≤6.00
砂床承压能力（MPa）	≥5.00

注：测试浆配方为 400mL 清水＋24g 氯化钾＋40g 膨润土＋0.4g 氢氧化钠＋1.2g 黄原胶＋8g 封堵材料。

2. 超低渗透封堵材料

超低渗透封堵材料主要借助材料本身的化学性质，在井下漏失处形成超低渗透膜进而实现封堵。超低渗透封堵材料由植物衍生物和特种聚合物等多种材料经特殊工艺生产而成。当采用超低渗透钻井液钻井时，超低渗透封堵材料会在井壁岩石表面聚集形成胶束，依靠聚合物胶束或胶粒界面吸附力及其可变形性，自适应封堵岩石表面的孔喉。当钻井引起岩石产生裂缝时，钻井液从裂缝渗透进去，这些胶束在岩石表面迅速地铺展开，在孔隙中或碎片的表面上产生表面张力（孔隙或碎片越小，张力越大），在孔喉处形成低渗透性的封闭，由此阻止钻井液进一步渗透。与此同时，在井壁岩石表面形成致密超低渗透封堵薄膜，有效封堵不同渗透性地层和微裂缝泥页岩地层，降低过平衡压力，确保压力不被传送到地层，提高地层漏失压力和破裂压力梯度，扩大安全密度窗口。这样就能解决以往钻长裸眼多套压力层系或压力衰竭地层时易发生的漏失、卡钻、坍塌和油层伤害等共存的术难题。

近年来开发的超低渗透封堵材料是人工合成的两性高分子材料，能够形成缔合胶团，在一定温度下变软变形，形成对高渗透地层的致密封堵，随钻防漏治漏功能显著。一般选用丙烯酰胺、十八烷基二甲基烯丙基氯化铵、丙烯酸钠三种单体，合成具有双亲结构的三元共聚物。其具有较好的抗盐、抗温性能，封堵效果明显。

3. 单向压力封闭剂

单向压力封闭剂是20世纪90年代从国外引进的一种新型堵漏材料，主要用于封堵砂岩、砾石层、破碎煤层、石灰岩等类地层的孔喉和微裂缝。该材料是采用短棉绒纤维或将某种木质纤维经化学处理和机械加工而制成的自由流动粉末，密度约为 $0.3g/cm^3$，表面可被水润湿，但不溶于水。该产品的形状、尺寸、空间结构等特性随所采用原料、加工方法不同而有所差异。将单向压力封闭剂加入钻井液，可阻止胶体和较大固相颗粒进入地层，防止井漏的发生。单向压力封闭剂的颗粒分布见表4-11。

表4-11 单向压力封闭剂的颗粒分布

项目		单向压力封闭剂的颗粒分布（%）				
		型号1	型号2	型号3	型号4	型号5
颗粒长度（μm）	<5	15.1	7.7	23.0	72.2	34.6
	5～10	17.5	23.1	11.6	7.0	22.4
	10～50	49.4	34.6	5.6	7.5	29.9
	50～100	9.6	42.3	75.0	46.7	5.6
	100～500	8.4	3.8	5.6	7.5	—
颗粒面积（μm^2）	<50	37.6	15.4	8.3	29.9	—
	50～100	7.9	15.4	4.2	10.3	—
	100～103	38.2	23.1	6.9	5.6	—
	103～104	15.2	15.4	—	—	—
	>104	1.1	30.8	—	—	—

可将单向压力封闭剂单独加入钻井液用来堵漏，亦可与其他堵漏材料（如桥塞堵漏材料、高失水堵漏材料、无机胶凝堵漏材料、高分子化合物堵漏材料、硬塞类堵漏材料、沥青粉等）复配进行堵漏。

4. 井壁承压封堵材料

井壁承压封堵材料是一种专门用以强化井壁、提高地层承压能力、预防井漏的封堵材料。其是由脂肪酸衍生物表面活性剂经特殊工艺加工处理而成的超细纤维颗粒材料，绝大部分能过振动筛。该产品以刚性颗粒嵌入为基本原理，在井壁周向应力的作用下形成“应力笼”，产生“桶箍效应”，以有效增加井壁强度，提高地层承压能力，起到预防井漏的作用。井壁承压封堵材料为特殊表面处理产品，可同时应用于水基钻井液、完井液、油基钻井液及合成基钻井液体系。井壁承压封堵材料不含聚合物成分，对钻井液流变性能影响较小，且产品环境接受性好。井壁承压封堵材料技术参数见表 4－12。

表 4－12　井壁承压封堵材料技术参数

技术指标	数　值
密度（g/cm^3）	1.40～1.80
筛余量（100 目）（%）	≤10.00
砂床（20～40 目）滤失量（mL）	0
砂床（20～40 目）承压能力（MPa）	≥5.00
砂床（20～40 目）强化后清水承压能力（MPa）	≥5.00

注：测试浆配方为 400mL 清水＋0.4g 氢氧化钠＋16g 封堵材料＋1.6g 黄原胶。

5. 超细碳酸钙

超细碳酸钙是一种重要的暂堵材料，其粒度分布主要为 3～8μm，峰值在 8μm 左右。它在中低渗透地层可直接起架桥粒子的作用，对于高渗透地层又可充当次级架桥或填充粒子。当其作为防漏治漏材料时，与单向压力封闭剂和磺化沥青粉（或沥青粉）配合使用，形成的桥塞稳定而牢固，在 4.0MPa 的压差作用下也不会被破坏。

超细碳酸钙在流动或搅动状态下，在钻井液中具有较强的分散性，很容易随钻井液渗入漏失通道，对各种尺寸的漏失通道（仅指渗透性和微裂缝性地层）有较强的适应性。由于超细碳酸钙表面积大，表面吸附活性强，当其随着钻井液渗入漏层后，随着流动速度的减慢，会与活性纤维或高聚物分子产生强烈的亲和吸附作用和聚结作用，加快活性纤维的聚结缠绕速度，并且形成封堵垫层的骨架基础，从而提高封堵强度和可靠性。当压差越大时，封堵强度越高。一般情况下，超细碳酸钙加量为 2.0%～2.5%，复配 1.5%～2.0%的单向封闭剂或 2%的磺化沥青粉效果更佳。

6. 弹性石墨

弹性石墨是以含芳香烃单体为原材料合成的柔性聚合物胶体，具有柔韧性好、弹性大等特点。当弹性石墨加入钻井液后，会被紧密地压入地层的孔隙和裂缝中，随地层的压差变化膨胀或压缩，而不会被驱替出来。弹性石墨具有拉伸韧性强、强度高、封堵效果好的特点，可用于水基、油基钻井液，有效预防和阻止孔隙或裂缝地层井漏。

7. 川渝地区随钻堵漏材料现场应用实例

随钻堵漏材料在钻井提速、节约钻井液等方面发挥着重要作用，越来越多的随钻堵漏材料在现场应用中取得良好效果。

（1）威远区块应用情况。

威远区块某井在使用密度为 1.70g/cm^3的钻井液钻进至茅口组时发生井漏，漏速为

$20m^3/h$，随即加入 2%随钻堵漏材料+2%复合堵漏材料后，成功堵漏并恢复钻进。

（2）川东区块应用情况。

蓥北某井是一口部署在四川盆地川东地区华蓥山北段曾家山西潜伏构造的预探井。该井短程下钻至井深 5852.36m 时，循环钻井液发现井漏，漏失钻井液 $12.4m^3$，决定采用随钻堵漏。泵入 1.5%随钻堵漏材料后，循环钻井液发现无漏失，钻进至井深 5884.00m 时液面正常，无漏失。

4.1.3 高失水堵漏材料

高失水堵漏材料也是钻井液堵漏材料的一种，其利用堵漏浆在压差作用下大量失水的特性，在漏层中失水形成一定的堵漏塞。它是一种混合材料，以纤维状材料作为悬浮剂，硅藻土作为填充材料，助滤材料则可增大滤失量，在混合时，需要根据规定的比例进行调和。高失水堵漏材料适用于因渗漏引起的井漏问题，在具体的施工过程中，高失水堵漏材料会在漏失层压差的作用下迅速分散，形成稠状物质扩散到漏失的通道里，从而起到堵塞通道的作用。

1. 高失水堵漏材料的作用机理

高失水堵漏材料配成的浆液进入漏失井段后，在钻井液柱压力和地层压力所产生的压差作用下，其中的固相组分聚集、变稠，压实形成滤饼，填塞漏失通道，达到减缓漏失的目的。同时，由于所形成的堵塞隔墙具有高渗透性的微孔结构及整体充填特性，能透气透水，但不能透过钻井液。钻井液在所形成的塞面上迅速失水，形成光滑平整的滤饼，起到进一步严密封堵漏失通道的效果。与泥饼形成的原理相同，堵漏材料的滤失量越大，滤失速度越快，堵塞的形成就越迅速。于堵漏材料中加入一定量的颗粒状惰性材料，可以封堵较大的漏失通道，这是因为颗粒材料的桥接作用，使原有漏失通道的横截面积相对变小，有利于建立压差，形成堵塞。同时，由于堵塞隔墙是通过失水而形成的滤饼，纤维的牵拉作用和滤饼的变形等综合作用使得堵塞强度较高，不容易负压解堵，对漏失通道的适用范围较广，施工周期短。此外，还可以带钻头进行堵漏施工，具有堵浆密度容易调节、安全等优点。

2. 高失水堵漏材料的适用范围及配制方法

高失水堵漏材料适用于不同井深、产层或非产层，以及不同的漏失通道。高失水堵漏材料一般由以下材料按比例混合而成：一是渗滤性材料作为助滤剂，二是硅藻土作为填充剂，三是纤维状材料作为悬浮剂。高失水堵漏材料在因渗漏或漏失而造成的井漏事故中较为适用。

高失水堵漏材料的配制方法：浓度 5%～40%，密度保持与井浆一致，浓度大于25%时，可以直接加重，流动度以能够泵送为原则，通常要大于 18cm。配浆量视漏失量而定，可先配 $20\sim50m^3$。钻具的下入深度一般在漏层顶部 10～50m 的位置。高失水堵漏浆配方见表 4－13。

表 4－13　高失水堵漏浆配方

密　度 (g/cm^3)	高失水	高失水＋刚性粒子		高失水＋水泥	
	高失水堵漏材料加量（%）	高失水堵漏材料加量（%）	刚性粒子加量（%）	高失水堵漏材料加量（%）	425 号普通水泥加量（%）
1.2～1.4	40～50	40～50	5	40～50	4.0～5.0
1.4～1.6	35～45	35～45	5	35～45	3.5～4.5
1.6～1.8	30～40	30～40	5	30～40	3.0～4.0
1.8～2.0	25～30	25～30	5	25～30	2.5～3.0
2.0 以上	25	25	5	25	2.5

按要求做高失水堵漏浆试验、混浆流体相容性试验、混合流体污染试验：进行堵漏浆全滤失时间、密度、流动度、游离液试验，性能见表 4－14；加了水泥的要进行混浆流体相容性试验，试验方法参照 GB/T 19139—2012 执行；混合流体污染试验的温度系数宜取漏层静止温度的 1.0～1.2 倍，热滚时间为 4h，具体情况见表 4－15。

表 4－14　高失水堵漏浆性能

性　能	高失水	高失水＋刚性粒子	高失水＋水泥
全滤失时间（s）	≤45	≤45	≤45
堵漏浆流动度（cm）	≥20	≥15	≥20
常温污染浆流动度（cm）	—	—	≥15
热滚后污染浆流动度（cm）	—	—	≥15
游离液（%）	≤10	≤10	≤10
密　度	与井浆一致	与井浆一致	与井浆一致

表 4－15　混合流体污染试验

组　号	高失水＋水泥堵漏浆（%）	隔离液（%）	钻井液（%）	热滚后污染浆流动度（cm）	备　注
1	70	—	30	15	若第 1 组达到要求，则不需要做第 2、3 组试验
2	70	30	—	15	若第 1 组达不到要求，则做本组试验
3	70	10	20	15	若第 1 组达不到要求，则做本组试验

3. 高失水固化堵漏材料

高失水固化堵漏材料是由改性生物聚合物、纤维、各种天然植物衍生物，少量的无机固化剂及增效固结剂在特定条件下复合而成的中粒径堵漏材料。高失水固化堵漏材料是一种集高失水、高强度、高承压和高酸溶率于一体的高效堵漏材料。国产的高失水堵漏材料有 Z-DTR、DTR、DCM、PCC 暂堵漏材料，以及 KSD-1、HGS 堵漏材料。

高失水固化堵漏材料可在地层裂缝或孔隙中漏失时快速失水，迅速形成具有初始强度的塞子封堵地层裂缝或孔隙。在地温的作用下，形成的塞子逐渐凝固成高强度的堵塞，并能在井筒、地层裂缝或孔隙间形成良好的胶结强度，使其漏层的承压能力得到大幅提高。该材料特别适用于提高孔隙性和裂缝性地层的承压能力、扩大钻井液安全密度窗口。高失水固化堵漏材料技术参数见表 4−16。

表 4−16　高失水固化堵漏材料技术参数

技术指标	数　值
酸溶率（%）	≥80
滤失时间（s）	≤60
沉降稳定性（室温 15min）（%）	≥80
滤饼抗压强度（室温下滤失 24h 后的滤饼）（MPa）	≥10
2mm 缝板封堵能力（30%堵漏材料在 60℃烘干 24h）（MPa）	≥5

注：测试配方为淡水+300kg/m^3（30%）堵漏材料。

该堵漏材料具有良好的堵漏及封堵效果，能有效控制井下漏失。堵漏材料大部分成分可酸溶，可用于产层堵漏。现场配置方法简单，仅需在清水或盐水中加入所需堵漏材料后直接加重至井浆密度即可施工。如果遇到严重的漏失也可与其他粗颗粒堵漏材料复配使用。无论是在室温还是在高温热滚条件下，只要不发生滤失，堵漏浆就不会凝固。堵漏材料适用的最高温度为 150℃。

4. 川渝地区高失水堵漏材料现场应用实例

（1）磨溪区块应用情况。

磨溪区块某井是一口部署在该区块 8 井区东高点的水平井，钻探该井的目的为评价该井区龙王庙组储层发育情况及气水关系，以均衡动用储量。完钻层位龙王庙组，设计井深为 5740m。

该井钻至 4678.02m 发生井漏，漏速为 10～30m^3/h，现场决定使用高失水堵漏浆进行堵漏。现场配制高失水堵漏浆，配方为：25.0m^3 水＋30% HGS＋重晶石＋10% WNDK-1＋5%WNDK-2＋4%水泥＋3%核桃壳。正注高失水堵漏浆 25m^3，立压为 0～27.0MPa，套压为 0～3.1MPa；关井观察，立压为 0MPa，套压由 1.2MPa 增加至 2.0MPa。候堵后，下钻循环，液面正常无漏失，堵漏成功。

（2）双探区块应用情况。

双探区块某井是一口双鱼石构造的重点探井，位于四川盆地川西北部地区双鱼石至河湾场构造带云集潜伏构造局部构造高点，设计井深（垂深）为 7380m。

该井钻至井深 4493.54m 时发生井漏，立压由 16.3MPa 降低至 15.8MPa，瞬时漏速为 36m^3/h。漏速由 2.4m^3/h 增加至 14.5m^3/h 时，漏失井浆 12.2m^3，清掏循环罐准备配制高失水堵漏浆。现场配浓度为 43%、密度为 1.80g/cm^3 的高失水＋桥塞堵漏浆 43.0m^3（配方为：清水+30%GS+加重至 1.80g/cm^3+10%WNDK-1+3%水泥），静止候堵，环空吊灌密度为 1.95g/cm^3 的有机盐聚磺钻井液 11.0m^3，出口正常，下钻恢复钻进，液面正常，堵漏成功。

(3) 龙岗区块应用情况。

龙岗区块某井是一口水平井，目的层为飞二段，设计井深为6273m。该井控钻压钻至井深5921.55m处时发生井漏，出口失返，漏失钻井液0.4m^3；降排量上提钻具，出口未返，吊灌起钻至井深4836.98m处，环空监测液面距井口120.00m，决定使用高失水浆进行堵漏。

现场配制密度为1.80g/cm^3、浓度为43%的高失水堵漏浆22.7m^3（配方为：清水+30%KSD-1+10%WNDK-2+3%水泥+重晶石粉），泵注高失水堵漏浆13.0m^3，泵注密度为1.96g/cm^3的有机盐聚磺钻井液11.0m^3顶高失水堵漏浆；正挤密度为1.96g/cm^3的有机盐聚磺钻井液15.2m^3；反挤13.0m^3，套压2.8～4.9MPa，停泵套压由4.1MPa降低至2.9MPa，憋压候堵，套压由2.9MPa降低至2.5MPa；反挤密度为1.96g/cm^3的有机盐聚磺钻井液4.0m^3，套压为4.2MPa～4.5MPa，停泵套压由4.5MPa降至3.4MPa，敞井候堵，每20min吊灌1次，出口见返，漏失钻井液为3.5m^3。循环钻井液，逐步提高排量，未见漏失，堵漏成功。

4.1.4　化学凝胶堵漏材料

化学凝胶堵漏材料泛指一种聚合物交联体系，经化学反应后生成凝胶体具有很好的黏弹性，具备堵塞各种形态漏失通道的能力。

1. 化学凝胶堵漏材料的基本性质

(1) 对漏失通道具有良好的适应性：由于化学凝胶堵漏材料是无固相的，不受漏失通道形状和尺寸的影响，即使基本成胶的凝胶块体，也能通过挤压的方式被挤成片状、线状或其他不规则形状而进入微小裂缝和孔洞。

(2) 具有良好的抗稀释能力：化学凝胶堵漏材料在初始成胶后，就已经具备了抗稀释能力。堵漏材料在泵入地层时，不但不会被地下水稀释、冲走，在流动过程中还有很好的推水作用，能够成功地封堵常规堵漏材料难以应付的水层漏失。

(3) 具有良好的流动增阻建墙能力：堵漏材料以凝胶的形式进入漏层，在漏失通道中流动时，其本身的结构层面间（特别是与漏失通道壁面间有很高的黏滞阻力）极易建立堵塞隔墙。化学凝胶堵漏材料通过增大在漏失通道中的流动阻力，最终达到流动阻力、地层压力与井内压力三者之间达到平衡。

(4) 具有良好的再堵性：化学凝胶堵漏材料是一种具有良好黏弹性和形态的堵漏材料，其对堵塞隔墙具有压实性和再建性。当堵漏材料未能充满某一范围的漏失通道而以游离的块体存在时，在恢复循环后凝胶块体会在漏失通道中发生再运移，造成“井漏”现象的再度出现，但这种现象并不是真正的漏失。当凝胶块体运移至漏失通道的喉道处发生堆积、充满，进而被挤压牢实时，就形成了牢固的堵塞隔墙而彻底封堵井漏。

2. 聚合物凝胶堵漏材料

聚合物凝胶堵漏材料具有良好的堵漏效果，能防止裂缝的压力传播和诱导扩展，其不受漏失通道尺寸的限制，可通过挤压变形浸入孔隙或裂缝。聚合物凝胶堵漏材料主要由凝胶构成，所以具有一定的阻隔性。在井漏封堵施工过程中，凝胶会渗透到井漏区域，由于具有较强的黏滞阻力和抗剪切稀释能力，如与刚性桥塞堵漏材料复配，形成的交联凝胶会表现出很好的黏弹性和柔韧性，以阻断裂缝扩大的趋势。有些低含量的固定漏失通道会在钻井内部形成封闭空间，在凝胶的作用下进一步加强漏失通道的封堵力度。大多数的聚合物凝胶堵漏材料都具有良好的稳定性，自身的黏滞阻力和抗剪切能力能够与其他材料相贴合，极大增加材料的整体性能。

3. PMN 化学凝胶堵漏材料

PMN 化学凝胶堵漏材料是利用高分子材料和交联剂发生化学反应，形成具有一定弹性且与岩石有较强黏附作用的凝胶体，达到封堵漏层的目的。在堵漏材料中，交联剂可控制堵漏浆的黏度、初凝时间和凝胶状态，保证堵漏材料能顺利进入设计的漏层深度，又不致因黏度与状态不适发生漏失或窜混。同时，可提高堵漏材料终凝强度，增强承压能力，确保堵漏成功率。胶凝时间可通过调节 pH 加以控制，以满足不同井深、井漏的要求。这类堵漏材料与水泥等加强材料复合使用，可以增强堵塞隔墙的承压能力。由于该堵漏材料终凝后所形成的凝胶体不溶于水，用来处理含水层的漏失效果显著。

PMN 化学凝胶堵漏材料由于是一种聚合物交联体系，具有很好的黏弹性，具备堵塞各种形态漏失通道的能力。

(1) PMN 化学凝胶体系的性质。

常温下配制的 PMN 化学凝胶体系反应十分缓慢，在泵送过程中具有良好的可泵性。堵漏材料被泵出钻具时，在交联剂的作用下已达到初始成胶状态，这样既保证了施工安全，又避免了因堵漏材料渗入地层太远而影响堵塞效果。出钻具 20～30min 后，体系作用更为剧烈，最终生成黏弹性很强并具有一定强度的凝胶体。体系的初凝和终凝过程均可通过调整 pH 加以控制。

(2) PMN 化学凝胶堵漏材料对漏失通道的适应性。

由于 PMN 化学凝胶堵漏材料是无固相的，不受漏失通道形状和尺寸的影响，即使基本成胶的凝胶块体，也能通过挤压的方式被挤成片状、线状或其他不规则形状而进入微小裂缝和孔洞。因此在现场施工时，可根据漏速大小、漏失段长短、漏层深度等情况，控制堵漏材料的成胶过程，或以初始成胶的高稠流体，或以基本成胶的凝胶块体状态进入漏层，这样就能以有限的堵漏材料覆盖较长的漏失井段，并保证堵漏材料能达到设计的封堵井段和挤入量要求。

(3) PMN 化学凝胶堵漏材料的抗稀释能力。

PMN 化学凝胶堵漏材料在初始成胶后，就已经具备了抗稀释能力。室内试验将成胶的凝胶块体置于清水和盐水中，经长时间浸泡，其黏弹性、强度等均不发生改变。

(4) PMN 化学凝胶堵漏材料的流动增阻建墙能力。

堵漏剂以凝胶的形式进入漏层在漏失通道中流动时，其本身的结构层面间（特别是与漏失通道壁面间有很高的黏滞阻力）极易建立堵塞隔墙。即使在建墙环境较差时（如漏失通道尺寸较大、缝壁粗糙度较小等），凝胶体也能滞留而达到充满漏失通道空间的效果。终凝后的块状胶体则更容易在漏失通道的喉道或延伸方向变化处滞留而迅速建立堵塞隔墙。PMN 化学凝胶堵漏材料与水泥、桥堵材料等建立堵塞隔墙的不同之处在于：水泥、桥堵材料等是靠机械作用来改变漏失通道的尺寸，而化学凝胶则是通过增大在漏失通道中的流动阻力，最终使流动阻力、地层压力与井内压力三者之间达到平衡。

（5）PMN 化学凝胶堵漏材料的再堵性。

水泥、桥堵材料都是硬性堵漏剂，如果施工后未能建立起堵塞隔墙，则堵漏失败。而 PMN 化学凝胶堵漏材料却是一种具有良好黏弹性的堵漏材料，具有再次建立堵塞隔墙的能力。

4. 聚丙烯酰胺类堵漏材料

聚丙烯酰胺类堵漏材料是利用高分子化合物的交联原理，即利用聚丙烯酰胺和无机交联剂（铁、锌、铝等水溶性卤化物，或硫酸铁、硫酸铝水泥等）或有机交联剂（甲醛、乙二醛、乙二醇等）发生交联反应，形成不溶于水的凝胶体来达到堵塞通道的目的。常用的有聚丙烯酰胺堵漏材料及混合浆液、聚丙烯酰胺-水玻璃浆液、聚丙烯酰胺-水泥浆液。

（1）聚丙烯酰胺堵漏材料。

聚丙烯酰胺作为絮凝剂加到钻井液或水泥浆中，可以加速固相凝聚过程。当堵漏浆进入漏失通道时，固相颗粒会很快絮凝，起到良好的填塞作用。根据钻井地质条件和井况，聚丙烯酰胺堵漏浆的成分可任意调整，通常采用下述配方：

①当钻井时发生渗漏，可直接向钻井液中加入聚丙烯酰胺、木质素磺酸铬铁盐、石灰或水泥，以提高钻井液黏度、切力，循环堵漏。

②聚丙烯酰胺絮凝稠浆。于高矿化度钻井液中加入水解聚丙烯酰胺能使黏土颗粒絮凝，形成高塑性物（类似橡胶）堵塞漏失通道。此外，还可往 0.5%～1.0%的聚丙烯酰胺胶液中加入木质素磺酸铬铁盐、石灰或水泥使其交联，然后加入钻井液，使黏土絮凝形成絮凝物用作堵漏。对于漏失严重的井，可向絮凝浆液中加入锯末、蚌壳渣、石棉等桥塞堵漏材料，以提高堵漏效果。还可用聚丙烯酰胺与蚌壳粉交联形成的浆液堵漏。

③聚丙烯酰胺胶凝稠浆。此稠浆的配方为：水+10%～15%膨润土+0.2%～0.5%聚丙烯酰胺（或水解聚丙烯酰胺）+2%～3%胶体磺化沥青+重晶石。该稠浆被挤入漏层后，膨润土、聚丙烯酰胺、磺化沥青会形成强网状结构的胶凝体，在孔喉或微裂缝处形成塞子。稠浆在钻井液液柱与地层孔隙的压差作用下继续失水，使胶凝体强度不断增加，地层承压能力增大，从而达到堵漏目的。

④水解或非水解聚丙烯酰胺水泥稠浆。为了提高封堵能力，可用密度低于 1.20g/cm^3的盐水泥浆与 0.3%浓度的聚丙烯酰胺的溶液配制成密度为 1.50g/cm^3的水泥浆，按体积比 1∶1 混合，形成稠浆来堵漏。由于稠浆黏度极高，故宜在井底漏层处混合。

⑤聚丙烯酰胺黏弹性凝胶堵漏材料。采用聚丙烯酰胺加重铬酸钾和硫代硫酸钠等还原剂配成的黏弹性凝胶堵漏材料，胶化时间可调，形成凝胶后无卡钻危险，在侵蚀性流体作用下抗冲蚀能力强。使用此堵漏材料可获得较好的堵漏效果。

（2）聚丙烯酰胺-水玻璃浆液。

聚丙烯酰胺-水玻璃浆液黏度较低，固化期可控，具有一定的固结强度。使用方法是采用酸（盐酸或硫酸）将清水 pH 调至 2.0～2.5（因 pH 为 4～7 时会瞬时胶凝；pH 接近于零时，胶凝速度也很快），然后将水玻璃加入此酸溶液中。其用量一般以能在酸性溶液中很好分散为宜，加量在 4%～8%间。聚丙烯酰胺分子量在 200×10^4～300×10^4 之间为宜，一般常用浓度为 0.1%～1.0%。裂隙较大时应提高浆液黏度，增加聚丙烯酰胺浓度。对一般裂隙地层，可减少聚丙烯酰胺浓度，在此基础溶液中加入交联剂进行交联，常用量为 0.1%～1.0%。此外还可在浆液中加入惰性材料用以架桥。

（3）聚丙烯酰胺-水泥浆液。

将聚丙烯酰胺作为絮凝剂加到水泥浆中，可加快固相的絮凝过程。应用这种聚合物水泥浆的目的在于弥补水泥浆性能的不足，调节浆液的凝结时间和增加硬化水泥石的强度，变脆性为韧性并提高胶结强度。其作用机理是，当水泥浆与聚丙烯酰胺混合后，线性高分子化合物聚丙烯酰胺与水泥颗粒中的高价阳离子（Ca^{2+}、Mg^{2+}、Al^{3+}等）发生交联作用，使线性结构转变为体型结构的混合凝聚体，从而增加原水泥硬化体的强度和韧性。同时，由于聚丙烯酰胺分散在水泥颗粒的连续相内，水泥颗粒因吸收聚丙烯酰胺的水分而水化，使具有长链结构的丝状膜分布在水泥硬化体中，产生纵横拉紧、结合成特高的网状结构，不仅可弥补原水泥硬化体中存在孔隙或微裂隙的缺陷，而且可被充填在水泥硬化体的连续或非连续孔道里，从而增加水泥硬化体的强度。

5. 干性堵漏材料

干性堵漏材料一般用压片机自动连续冲压成型，具有较高的强度，外表光洁规则，有多种尺寸规格，可堵塞不同类型的漏失通道。该堵漏材料是以水溶性树脂为主剂的复合材料，遇水能产生快速湿黏和交联热化等反应，使瞬时形成的堵漏体具有良好的黏弹性、韧性、抗水性及湿强度，实现对漏失通道的快速封堵。干性堵漏材料适用于中等裂隙以上的漏失，具有较好的湿强度、湿黏结性、耐久性，并可根据需要制成各种尺寸的片剂直接送入孔内。其在孔内水化固结，可减少凝结时间，简化堵漏工艺，成功率较高。且材料无毒、无污染，使用方便，具备一定的推广价值。

6. 三元刚性凝胶堵漏材料

三元刚性凝胶堵漏材料的核心成分是复合纤维凝胶与刚性堵漏材料的复合体。一般先完成复合纤维凝胶的生产和制备，再根据不同的漏失类型，进行刚性材料的复配。不同类型刚性材料的规格及要求见表 4-17。现场可根据漏失情况和裂缝发育程度，进行不同级别的配比混拌，以满足封堵漏层的需要。

表 4-17　不同类型刚性材料的规格及要求

名　称	目数范围（目）	对应孔径范围（mm）	备　注
水洗砂	20～100	0.15～0.85	巴家咀黄沙，不含土，保持 20～100 目各种粒度的颗粒都有。以目数为标准过筛，筛网方孔/圆孔均可
压裂砂	10～40	0.42～2.00	水洗砂，矿源处过筛，保持 10～40 目各种粒度的颗粒都有。以目数为标准过筛，筛网方孔/圆孔均可
米石（小号）	5～10	2.00～4.00	多种形状，以目数为标准过筛，筛网方孔/圆孔均可
米石（大号）	2～6	3.00～9.00	多种形状，以孔径为标准过筛，筛网为方孔
砾石（小石子）	<2	8.00～40.00	多种形状，以孔径为标准过筛，筛网为方孔

7. 凝胶堵漏材料在川渝普光构造的应用实例①

普光地区海相地层的漏层大部分为产层，当其他地层有破碎带时，也可能在破碎带地层发生漏失。普光地区产层以孔隙为主，部分产层存在裂缝；储层物性较好，其岩石骨架应力较低，承压也低，提高承压能力比较困难。承压堵漏技术还存在裸眼段长，对漏层的地质特点、缝洞孔喉尺寸了解不全面，地层岩石骨架承压能力低等难点。针对普光地区承压堵漏技术的难题，技术人员在桥塞堵漏材料中加入凝胶聚合物和胶结剂，形成了凝胶堵漏材料。现场应用表明，其起到了很好的承压堵漏效果。

（1）技术思路。

为满足封堵特殊复杂井漏的要求，凝胶堵漏材料需具备以下性能：良好的韧性、较强的变形能力。凝胶聚合物具有较好的韧性、变形能力，在压差作用下能挤入骨架材料形成的较小孔道内，压实充填后产生膨胀堵塞，提高堵漏效果。凝胶堵漏材料具有较强的胶结能力，胶结剂可以将凝胶聚合物、骨架材料、填充材料和地层很好地胶结在一起，提高井壁的承压能力，达到整体堵漏的效果。凝胶堵漏材料现场适应性强，可直接加入井浆中，与井浆配伍良好，能用于循环堵漏、挤注堵漏和长裸眼段承压堵漏。

（2）作用机理。

①架桥堵塞作用。凝胶聚合物与刚性骨架颗粒粒度分布范围广，对孔道的适应性强，在地层孔道中通过架桥、充填作用起到了较好的堵塞效果。

②膨胀堵塞作用。凝胶聚合物具有很高的弹性和韧性，在外力作用下能变形挤入骨架材料架桥形成的较小孔道内，经压实充填后产生膨胀堵塞，从而进一步提高堵漏效果。

③化学胶结作用。胶结剂能将桥堵材料与地层胶结成一个整体，增强井壁的抗破能力。

① 李旭东，郭建华，王依建，等. 凝胶承压堵漏技术在普光地区的应用 [J]. 钻井液与完井液，2008，25 (1)：53-56.

(3) 现场应用实例。

凝胶堵漏材料在普光气田四口井上进行了承压堵漏施工，成功率为100%。施工中存在以下难点：裸眼井段在2200m以上，多处发生过漏失，裂缝、孔隙漏失并存，且孔喉尺寸难确定；承压堵漏时有裂缝张开，压力越高裂缝开启程度越大，不同裂缝开启压力有差异。要求堵漏浆能进入不同的漏失通道，并同地层胶结成一个整体，形成高强度封堵层。

以该区块某井为例，该井完钻井深为6091m，钻至井深5782m发生漏失。此时钻井液密度为1.38g/cm^3，堵漏成功后继续钻至井深6061m处，进行动态承压试验。循环加重到1.50g/cm^{3}时发生漏失，配60m^{3}堵漏钻井液注入，未返浆。起钻至套管鞋静止，共漏失钻井液130m^3，降低密度至1.33g/cm^3，循环正常，继续钻至井深6091m处。固井作业要求井内钻井液密度为1.50g/cm^3，在28L/s排量下循环不漏失，故现场用凝胶承压堵漏材料对产层段进行承压堵漏作业。

下入光钻杆至井深6091m处，接方钻杆循环钻井液。配59m^{3}凝胶堵漏钻井液(19%桥塞堵漏材料+5%凝胶堵漏材料+1.2%胶结剂)。起钻至井深5698m处，注入51m^{3}堵漏钻井液，替浆47m^3。起钻至套管鞋(4126.49m)。关井，用单凡尔(9mL/s排量)缓慢憋压。分9次挤入46.2m^{3}钻井液，憋压9.0MPa，静止30min，稳压6MPa，静堵。下钻至井底循环加重钻井液。出口密度为1.47g/cm^3、入口密度为1.50g/cm^{3}时发生漏失，漏速为2.1m^3/h。根据原井眼在井深5781m、5811m、5927m、5961m处这几个漏层，分析凝胶承压试验发生漏失的速度(桥塞堵漏时钻井液失返)，发现起到了一定的堵漏效果。地层承压达到9MPa，未达到要求的11.9MPa，部分闭合裂缝未压开；将钻井液密度提到1.50g/cm^{3}循环时造成裂缝开启，出现漏失。因此可提高堵漏钻井液密度，增加大颗粒材料的量，针对5781m～5961m井段做重点封堵。钻井液的密度为1.50g/cm^3，配45m^{3}凝胶堵漏钻井液(40%桥塞堵漏材料+4%凝胶堵漏材料+1%胶结剂)。注入35m^{3}堵漏钻井液，替浆51m^3，起钻至套管鞋井深4126.49m处，分3次挤入22m^{3}钻井液，憋压3MPa，静止30min，压降至0.5MPa，符合固井施工要求。下光钻杆至井底循环钻井液，钻井液的密度为1.60g/cm^3，以28L/s的排量循环两周未发生漏失，用ϕ241.3mm牙轮钻头+ϕ139.7mm钻杆和带扶正器的钻具组合下钻通井，钻井液密度为1.35g/cm^3，未发生漏失。下入ϕ177.8mm套管，下套管和射孔固井正常。

4.1.5 可固化堵漏材料

1. 脲醛树脂浆液

脲醛树脂是由尿素与甲醛缩聚而成的氨基树脂，又称尿素甲醛树脂，其为白色粉末、无味、耐光性好，可作为化学堵漏材料，通过调节配比即可获得不同稠度和凝固时间的胶体。井下堵漏时如在其中添加固体堵漏材料，效果更佳。脲醛树脂是一种水溶性树脂，它在酸性条件下能迅速凝固成有一定机械强度的固结体，适合于钻孔护壁堵漏的注浆材料。由于合成脲醛树脂的性能可调，能人为控制固化时间，也是一种低毒的化学注浆材料。近年来，工程技术人员用脲醛树脂在钻孔护壁堵漏方面开展了生产工艺、性能改变、注浆工具等的研究，已生产出适合地质钻探用的粉末脲醛，其灌注工具也有了进一步改进，可达到快速堵漏的目的。

脲醛树脂的固化过程与催化剂的种类和用量有直接关系。常用的催化剂有盐酸、硫酸、草酸、氯化铵、三氯化铁等。试验表明：强酸的浓度增加，凝固时间缩短；若酸的浓度一定，随加量增加，凝固时间缩短。目前常用的是工业纯盐酸和硫酸，一般使用浓度为 3%～36%，用量为树脂液体的 1/10～1/5，初凝时间可控制在几秒至数十分钟。在使用时，应注意环境温度的影响，温度高则固化速度快，温度低则固化速度慢。在灌注时，一定要做地表试验，并考虑孔内的温度对固化时间的影响。

为了提高脲醛树脂的强度，增加韧性，在提高其物理力学性能方面，常采取在脲醛生产过程中加苯酚，或用苯酚-聚乙烯醇等改变反应生成物的化学结构，增大树脂的分子量和交联密度，进而提高材料的力学强度。目前，在合成脲醛树脂的同时加入苯酚，使羟甲基苯酚参与羟甲基脲的混合接枝与镶嵌，使树脂的机械强度和黏结力得到改善。表 4－18 列出了不同加量苯酚改性后树脂的物理机械性能。

表 4－18　苯酚改性后树脂的物理机械性能

苯酚加量（%）	盐　酸		物理机械性能	
	浓度（%）	加入量（%）	抗压强度（kg/cm^2）	抗冲击强度（kg・cm/cm）
0	20	12	87.3	2.2
11.8	20	12	185.5	3.5
17.5	20	12	277.0	3.5
20.8	20	12	243.9	3.6
22.0	20	12	289.8	3.88
23.8	20	12	243.8	3.4
38.2	20	12	71.4	3.1

2. 脲醛树脂水泥球

脲醛树脂水泥球是我国研制的一种堵漏材料。对于裂缝较大并伴有地下水活动的漏失层，用常规浆液堵漏往往会造成浆液稀释或被流水冲走，而脲醛树脂水泥球可解决上述地层的堵漏问题，实践证明效果良好。脲醛树脂水泥球是选用脲醛树脂胶粉，再加入早强水泥或普通水泥后与水配制而成。脲醛树脂水泥球具有较强的抗水稀释性能，与岩石黏结力强，且有可堵期可调、早期强度高的特点。特别是在地下水活动剧烈、漏失量较大的地层，只要选准漏失层位，一次就能将漏失层堵住，成功率高。配制脲醛树脂水泥球所用材料较其他浆液材料来源广、成本较低，故有良好的推广应用价值。

脲醛树脂水泥球的主体骨架材料可选用早强水泥或普通水泥。当采用早强水泥时，需加酒石酸来调节可堵期，配方见表 4－19。当采用普通水泥时，需加水玻璃来调节可堵期，配方见表 4－20。

表 4－19　早强水泥脲醛树脂水泥球配方

配　方				可堵期	养护强度（kg/cm²）					
早强水泥（g）	脲醛树脂（g）	水（mL）	酒石酸（g）		4h	6h	8h	10h	12h	24h
100	23	20	0	0:20—1:00	45	76	97	112	139	227
100	23	20	0.01	0:30—1:30	7～40	24～75	55～100	70～160	100～170	160～240
100	23	20	0.03	1:30—2:30	2～40	20～75	50～100	60～150	90～160	150～200
100	23	20	0.05	2:30—3:30	0～8	5～50	20～90	40～130	70～140	140～180
100	23	20	0.08	3:40—4:30	0～3	2～30	10～50	20～180	35～100	60～120
100	23	20	0.10	4:30—5:30	0～2	0～3	2～10	8～30	20～60	40～100

表 4－20　普通水泥脲醛树脂水泥球配方

配　方				可堵期	养护强度（kg/cm²）					
早强水泥（g）	脲醛树脂（g）	水（mL）	水玻璃（mL）		4h	6h	8h	10h	12h	24h
100	23	20	8	6:00—8:00	—	1～2	2～7	5～10	6～10	10～20
100	23	20	10	5:00—6:00	0～5	3～9	5～10	6～12	7～14	12～35
100	23	20	12	2:00—3:00	5～8	8～10	10～15	11～20	15～25	25～45
100	23	20	14	1:30—2:30	6～14	10～18	12～25	15～30	18～45	30～85
100	23	20	16	0:30—1:00	10～15	12～20	15～30	18～35	25～50	50～90

注：表 4－19、表 4－20 中所测得的可堵期为从搅拌混合物料开始为起始时间，直到压力表指示压力为50kg/cm²时为终止时间。

3. 水玻璃浆液

水玻璃作为一种注浆材料，具有价格低廉、货源较广、配制简便等优点，是目前大量使用的化学浆液。我国所用的水玻璃浆液类堵漏材料，大多使用的是水玻璃复合浆液，如水玻璃-水泥、水玻璃-氧化钙、水玻璃-铝酸钠、水玻璃-稀磷酸等。其中，以水玻璃-水泥复合浆液堵漏应用较多。水玻璃-水泥复合浆液具有以下特点：当水玻璃与水泥水化时会析出活性很强的氢氧化钙，可生成具有一定强度的硅酸钙胶体，使水泥浆急骤硬化，不但凝结时间快，还可在 30～120s 内根据要求任意调节；氢氧化钙析出的同时也可使水泥石的强度相应增大，固化后具有较高的抗压强度，且与井壁的胶结力较强；固化效率高，能够达到 100％固化，且固化后无收缩，可克服其他材料固化后收缩留有空隙的缺点；具有材料来源广、价格较低、无毒副作用、使用方便等优点。

4.1.6　水泥浆堵漏材料及防漏隔离液

1. 水泥浆堵漏材料

水泥浆堵漏材料是一种应对恶性漏失的混合型堵漏材料，由水泥、石膏、石灰等组成，需向其中加入一定比例的外加剂才能发挥出最佳的封堵效果。在各类材料的共同作用下，材料抗压能力可以得到显著增强，适用于漏失严重的情况；且不会因为水的作用弱化封堵效果。水泥浆泵可以把水泥浆堵漏材料送到井漏地层，在化学反应作用下，水泥浆逐渐稠化凝固并与井漏地层融合，进而封堵漏失层孔隙。采用水泥浆堵漏一般要求漏层位置比较清楚，主要用其处理张开值为 8mm 至 30cm 的自然横向裂缝及破碎石灰岩、砾石层的漏失。

与其他堵漏材料相比，水泥浆堵漏材料的承压能力显著，但阻滞性不足，容易被钻井液冲走。因此要求技术人员在使用该材料开展封堵工作时，将水泥浆泵送到井下漏层并维持足够的固化时间，借助材料的固化性能实现对漏失通道的有效封堵。

（1）水泥塞。

打水泥塞是水泥浆堵漏的一个重要步骤，水泥塞形成的好坏，直接关系到堵漏施工的成败。在裸眼中打水泥塞时，必须特别注意水泥塞周围地层的性质，其间应坚持做好以下几个方面的工作：施工前应对井漏情况有较全面的了解，确定漏层位置和漏层性质；根据井漏情况仔细计算水泥、水、添加剂剂量和钻井液顶替量，注意水泥的预计用量要多于实际需要量；在泵注水泥浆前，应尽可能多地打入前置隔离液；泵注水泥浆时操作要仔细，泵注完后上提钻具时速度要慢，以减少钻井液污染。

①水泥塞设计。

水泥塞设计与井漏情况密切相关，设计时要综合考虑水泥浆量、水泥浆流变性及稠化时间、水泥浆的抗压强度，以及注入工艺技术等因素。

（ⅰ）水泥浆量。

水泥浆量取决于水泥塞的长度和井眼直径的大小。堵漏时，一般要求 2/3 的水泥浆进入漏层，而 1/3 的水泥浆在井眼内形成水泥塞。对于单一漏层，要求的水泥塞长度不需太长，一般在 20～50m 即可，因此所需水泥浆量也相应较少；对于两个或多个漏层的情况（漏层位置必须清楚），水泥塞的长度就有可能较长，其包括整个漏层段的底界至顶界以上 20～50m 的长度。

确定打水泥塞作业的水泥浆量时，一般都将水泥塞顶部钻井液污染的部分扣除，不计作正式水泥塞体积；但在水泥用量上计入污染部分的附加量。

（ⅱ）水泥浆流变性和稠化时间。

现场需要使用具有较高胶凝强度的黏滞性水泥浆，以抑制对孔隙或裂缝的流失。但是水泥浆的流变性和稠化时间还必须根据漏层的深浅、井温和现场泵送条件加以调整。一般情况下，水泥浆的流变性以可泵性为原则，在整个施工过程中，要求水泥浆都必须保持良好的可泵性。水泥浆的稠化时间直接关系到施工安全，特别是处理深井井漏时，采用水泥浆堵漏应保证足够的稠化时间。这里介绍一种容易掌握且很适用的稠化时间，即水泥浆的稠化时间应等于水泥的泵送时间加 1h。

（ⅲ）水泥浆的抗压强度。

抗压强度指施加外力时的强度极限。堵漏时水泥浆在漏失通道中固结，受周向应力的作用，其所能承受的压力远远大于其测出的抗压强度。

②平衡堵漏法。

平衡堵漏法是把堵漏水泥浆经钻杆泵送至井内，顶替至钻杆内外水泥面相等时为止，然后慢慢上提钻具至安全位置，将井内 2/3 体积的水泥浆挤入漏层的方法。这种方法很简便，除水泥泵车外，不需其他专门设备。在处理有进无出的完全性漏失时，还可采用“沉降塞法”，即使水泥浆自动下降，2/3 体积的水泥浆进入漏层后达到平衡，无须关井挤替。

③降塞法。

降塞法是指水泥柱超过所替换钻井液的重量，使水泥塞在停泵后降到漏层，大约 1/6 到 1/3 的水泥浆留在井内，而其余 5/6 到 2/3 的水泥浆进入漏层时即达到平衡。此法在井径大于 312.4mm，钻井液密度高于 1.32g/cm^3 或注水泥少于 4260kg 的情况下不宜采用。

施工过程如下：若有可能，采用有进无出的方法钻穿整个漏层。起钻，测量钻井液静液面深度，下入用适当尺寸的钻杆制作的 61cm 长的水泥接头，将该接头底端焊死，下部四周有 4 个 25mm 宽、76mm 高的孔眼。根据井深、井温与漏失情况选择水泥浆配方，根据漏失严重程度，确定水泥用量。确定漏层位置。把钻杆和水泥接头下过漏层，以证实漏层是裸露的，必要时还可循环洗井，然后把水泥接头提到漏层顶部上方 61m 处。配制、注入足以平衡环空钻井液静压力的水泥浆，当水泥浆到达钻杆底端时，停泵 5min，使环空钻井液液面从开泵时的动液面恢复到静液面。配制水泥浆并以 26.5L/s 的泵量替入，钻杆内留 0.32m^3 水泥浆，此时钻杆内钻井液和水泥浆柱刚好与环空钻井液柱平衡。如果水泥浆量不足以平衡环空钻井液柱，必须把水泥浆替到钻井液加上水泥浆所能提供此种平衡的位置，然后等待 5min，再以 26.5L/s 的泵量连续完成顶替作业，钻杆内留 0.32m^3 水泥浆。在停 5min 后替钻井液时，不能停顿或切断任何管线。水泥塞的重量施于静止的钻井液柱，并依靠泵压来维持平衡；如果中断泵送，环空内的钻井液将降到水泥接头之下，再开泵时钻井液就会窜入水泥浆柱。起钻，当提钻时，环空内的钻井液液面下降，造成地层与井眼间的压力不平衡，可能引起钻井液或地层流体侵入水泥浆。为了防止这种情况，要从灌钻井液的管线仔细往环空内补充钻井液。补充钻井液量过大时，会迫使钻井液由环空穿过尚未凝固的水泥浆进入地层，因此，补充钻井液量必须等于钻杆体积置换量，每起 10 柱钻杆就要灌入相同体积量的钻井液。水泥堵漏候凝时间至少 8h。测液面，如果液面低于或高于原有静液面，不要试图去调节。

这种方法只能用于井漏严重到水泥浆靠自身重量就能进入漏层的情况，故施工中钻井液不应返出。如果施工过程中返出钻井液，注水泥后要把钻杆起至水泥塞顶部，注意在水泥塞中间不要留下钻井液柱。然后关防喷器，再把水泥浆仔细地挤入漏层。

在井内无法存留水泥塞时，可采用复合堵漏法。例如，可先注柴油膨润土浆等软堵剂作支撑材料，使随后注入的水泥浆滞留在漏层井眼周围。

④倾筒法。

倾筒法就是在一个倾卸筒里装上一定量的水泥浆，再用钢绳下入井内。在预计水泥塞层段下设置有一个固定桥塞，倾卸筒接触后打开；再上提倾卸筒，水泥浆就倾倒在桥塞上。如果漏层在井底时，则适用此法。

倾筒法一般只用于浅层打水泥塞，但在水泥浆中加入适量的缓凝剂后也可用于深井。

倾筒法的优点：水泥塞的深度容易控制，比较经济。

倾筒法的缺点：不适宜在深井打水泥塞；水泥浆量受到倾卸筒容积的限制；由于入井的水泥浆量有限，因此被钻井液污染的可能性更大。

倾筒法在实际中应用较少，一般仅应用于较特殊井漏的处理。

（2）挤水泥浆的方法。

对于完全漏失井，可采用“降塞法”使 2/3 的水泥浆进入漏层，而无须采取任何挤水泥浆的方法。对于部分漏失井，当水泥浆到达漏层后，仅有一小部分进入漏层，其余部分则需靠外界压力的作用才能被挤入漏层。根据不同情况，挤水泥浆的方式有以下三种：

①循环加压法。

循环加压法是在注完水泥浆后，将钻具起至水泥浆面以上进行循环，靠附加压力把水泥浆挤入漏层的方法。在井筒易压裂的情况下一般可采用这种方法，一般以 5～8MPa 泵压为宜。采用该方法时必须准确监测循环钻井液量的变化情况，再计算水泥浆进入漏层的量。此法比较安全，但水泥浆进入漏层的量不易掌控。

②关井挤压法。

关井挤压法是一种较原始的挤水泥浆的方法，它通过钻杆进行而不必使用封隔器。当把水泥浆替至钻杆底部以后，借助关闭防喷器或井口闸门产生压力，进而把水泥浆挤入漏失层。关井挤压法又分为直接加压法和间接加压法两种。

直接加压法：在注入水泥浆至预定位置后立即关井憋压，把水泥浆直接挤入漏层后立即起钻静候。此方法风险性较大，仅适用于水泥净浆。

间接加压：钻具起至安全井段（最好是水泥浆面）后，再关井挤水泥浆进入地层。此法安全，适用于多种水泥浆类型。

③封隔器挤水泥浆法。

封隔器挤水泥浆法是用钻杆把封隔器（可取回式或可钻式）放至挤水泥目的层顶部附近，再实施挤水泥浆作业。由于井内只有封隔器以下部位才承受挤水泥浆的压力，所以该方法比无封隔器挤水泥法优越。但是这种方法具有一定的风险，一般不在堵漏作业中采用。

（3）水泥浆堵漏应用实例。

①川渝地区一般水泥浆堵漏方法。

一般水泥浆堵漏法是应用最广的方法之一。该方法工艺简单、易于掌握，相对来说风险性较小，且实用范围广。该方法的施工要点可参照平衡堵漏法施工工艺。

川东钻探公司某井钻至井深 2277.50～2278.50m 时发生井漏，漏速为 28m^3/h，钻井液密度为 1.74g/cm^3，套管下至井深 2134.28m，测得静液面为 70.50m。该漏层为低压渗透性漏失，漏层压力为 38.4MPa。其堵漏施工步骤如下：下光钻杆至井深 2276.50m，用水泥泵车注入前隔离液，再注油井水泥浆 4.12m^3；在顶替钻井液 3.5m^3 时井口开始返出钻井液，顶替钻井液累计量达 15.09m^3 时，测得返出钻井液累计量为 10.20m^3，继续顶替钻井液至累计量为 20.02m^3，累计钻井液返出量为 13.80m^3，说明水泥浆进入漏层 0.52m^3；起钻至 2108.10m 采用正循环，实测挤进漏层 1.9m^3 水泥浆，此时水泥浆已接近初凝，24h 后探得塞面井深为 2252.70m，塞高为 25.80m；钻塞后未漏，恢复正常钻进。

②天东某井桥塞堵漏浆与水泥浆综合堵漏实况。

该井位于大天池含气构造东翼潜伏牵引背斜带，钻至井深 2695.42m 处，井浆密度为 1.20g/cm^{3}时发生井漏失返，5 次堵漏无效。该井井漏的特点是：漏层位置清楚，在井深 2695～2702m 处；漏层压力系数低，仅为 1.05；漏速大，属于有进无出；钻井工程要求对该裸眼井段进行“试压堵漏”，能承受钻井液密度为 1.55g/cm^{3}循环不漏时才允许钻开下部高压层，每百米需整体提高裸眼漏失段承压能力 0.5MPa；“试压堵漏”难度大、风险大、工艺复杂，稍有不慎将导致复杂事故出现。采用桥塞堵漏浆与水泥浆综合堵漏基本步骤如下：钻具下至井深 2694～2702m；注桥塞堵漏浆 51m^3，密度为 1.30g/cm^3，浓度为 10%，立压由 0MPa 上升至 6MPa，套压由 0MPa 上升至 10MPa，停泵后，立压降为 0MPa；注水泥浆 15m^3，平均密度为 1.85g/cm^3；替水 2m^3，替钻井液 18m^3（密度为 1.30g/cm^3，黏度为 35s），立压由 0MPa 上升至 4MPa，返出正常；起钻至井深 2247m 水泥浆面以上反灌钻井液 1.5m^3；关井正挤入密度为 1.30g/cm^{3}的井浆 7m^3，立压由 0MPa 上升 4.7MPa；开井起钻至套管鞋，正灌钻井液 1.5m^3，关井憋立压 6MPa 侯凝 24h；下钻在井深 2416m 探到水泥浆面，钻水泥塞至井深 2696m 处，关井试压为 7.5MPa 不降，下钻划眼至井底恢复正常钻进，直至钻达设计井深 4551m。

③坝南某井水泥浆堵漏应用情况。

坝南某井使用密度为 1.38g/cm^{3}的水基钻井液在嘉陵江组进行承压堵漏。现场使用水泥浆进行堵漏，承压堵漏成功，达到预定承压目标。

④蓬探某井水泥浆堵漏应用情况。

蓬探某井使用密度为 1.25g/cm^{3}的水基钻井液钻至灯影组时，发生井漏，漏速为 20m^3/h。现场使用水泥浆进行堵漏，堵漏一次成功，恢复钻进。

⑤自 201H1 某井水泥浆堵漏应用情况。

自 201H1 某井使用密度为 2.16g/cm^{3}的油基钻井液钻至龙马溪组时，发生井漏。前期使用 3 次桥塞堵漏浆进行堵漏均未成功，后使用水泥浆进行堵漏，堵漏成功，恢复钻进。

2. 水泥浆堵漏用防漏隔离液

(1) 防漏隔离液的作用。

水泥浆堵漏用防漏隔离液是一种具有防漏治漏功能的特殊隔离液，其中含有防漏堵漏材料，能够悬浮重晶石粉，且与水泥浆具有相容性。为了避免钻井液混入水泥浆中导致封堵质量不佳，在易漏失层可先使用防漏隔离液，这样更有助于堵漏成功。

(2) 防漏隔离液的应用。

在顺北某井应用防漏隔离液。该井采用密度为 1.25g/cm^{3}的钻井液钻至井深 5170m 处完成二开钻井，采用 ϕ273.1mm 技术套管固井。固井基础数据见表 4－21。

表 4—21　固井基础数据

钻头尺寸（mm）	井　深（m）	套管尺寸（mm）	套管下深（m）	分级箍位置（m）	2＃浮箍位置（m）	一级计划返高（m）
333.38	5170	273.1	5168.13	4301.59	5100.83	4140

采用密度为 1.40g/cm³的防漏隔离液作为前置隔离液，配方：100g 水＋7.82g 防漏隔离剂＋59g 重晶石粉＋7.96g 防漏隔离增强剂。防漏隔离液的流变性能见表 4—22，防漏隔离液与现场水泥浆相容性试验数据见表 4—23。

表 4—22　防漏隔离液的流变性能

条　件	指　标							
	流变读数						初切力（Pa）	终切力（Pa）
	600（rpm）	300（rpm）	200（rpm）	100（rpm）	6（rpm）	3（rpm）		
室　温	88	60	48	32	9	7	7	8
高温（≥85℃）	62	46	40	32	14	11	11	13

表 4—23　防漏隔离液与现场水泥浆相容性试验数据

水泥浆占比（%）	防漏隔离液占比（%）	测试温度（℃）	流变读数					
			600（rpm）	300（rpm）	200（rpm）	100（rpm）	6（rpm）	3（rpm）
100	0	85	133	73	51	29	2	1
95	5	85	149	88	64	39	7	5
75	25	85	153	100	77	51	11	9
50	50	85	128	86	68	48	11	9
25	75	85	83	59	50	40	13	10
5	95	85	60	45	40	32	14	11
0	100	85	62	46	40	32	14	11

水泥浆与防漏隔离液的污染试验如下：水泥浆∶防漏隔离液＝3∶7 时，混浆稠化时间大于 323min，无稠化迹象；水泥浆∶防漏隔离液＝7∶3 时，混浆稠化时间大于 343min，无稠化迹象；水泥浆∶防漏隔离液∶钻井液＝1∶1∶1 时，混浆稠化时间大于 400min，无稠化迹象；防漏隔离液对 2～3mm 缝板形成封堵，承压能力达 7MPa。

该井固井施工过程及泵替量见表 4—24。

表 4-24 施工过程及泵替量

序 号	工作内容		工作量 (m^3)	密度 (g/cm^3)	排量 (m^3/min)	累计替量 (m^3)
1	注入冲洗液		12.0	1.05	1.0	12.0
2	注入防漏隔离液		15.0	1.40	0.5	27.0
3	注入水泥浆	领浆	33.0	1.60	1.2	60.0
		尾浆	25.0	1.90	1.2	85.0
4	释放柔性塞		—	—	—	—
5	替入压塞液		4.0	1.05	1.0	89.0
6	顶替钻井液	替入加重浆	28.0	1.60	1.6~2.1	117.0
		替入开孔液	10.0	1.05	1.0	127.0
		替入钻井液	202.3	1.25	1.6~1.8	329.3

整个固井期间高架槽返出流速正常，作业结束后钻井液罐反计量钻井液共减少 $28m^3$。替密度为 $1.25g/cm^3$ 的井浆至 $136m^3$ 时，返出口流量明显增大（理论替井浆至 $134m^3$ 时防漏隔离液返至二叠系漏层），可能为防漏隔离液经过二叠系漏层时起到了一定的封堵效果。

4.1.7 油基钻井液堵漏材料

目前，国内应用最为广泛的堵漏材料基本上都是针对水基钻井液体系开发的，以桥塞堵漏材料为主。常规堵漏材料多为亲水疏油型，不宜用于油基钻井液堵漏。

在钻井过程中，油基钻井液比水基钻井液更易于漏失。其主要原因是油基钻井液不具有水基钻井液所含有的固相颗粒，没有足够粒度的颗粒用于有效的桥塞封堵住漏层。因此，在易漏地层钻井时容易发生漏失。油基钻井液体系的流变性在井下变化较大，易使当量循环密度增大到超过所钻地层压裂梯度的极限，导致地层张裂而产生较大漏失。

针对油基钻井液井漏问题，国内外相关专家开展了大量的理论和试验研究，发现约90%的钻井液漏失问题是由天然或诱导裂缝的延伸扩展引起的。而裂缝延伸压力较低则是导致油基钻井液严重漏失问题的根本原因。

油基钻井液现场堵漏多采用碳酸钙结合纤维，但堵漏时间长、堵漏成功率低。因此，技术人员开发了相适应的油基堵漏材料，如油基膨胀堵漏材料等。

1. 油基膨胀堵漏材料的特性

(1) 油基膨胀堵漏材料的主要成分为吸油膨胀性聚合物，能在矿物油、柴油中很好地膨胀，进而填充地层裂缝。

(2) 该聚合物属于特殊高分子材料，主要是利用亲油的单体作为聚合物的基本单元，经过适当交联后得到具有三维网络或微孔结构的交联聚合物。由于单体的亲油性，聚合物分子中存在大量的亲油基团，这些亲油基团与油品分子间相互作用推动了聚合物的吸油膨胀。

（3）具备良好的强度和弹性、较高的抗压强度和抗剪切能力，能在地层中变形充填裂缝。

2. 油基钻井液防漏治漏的机理

油基钻井液所选取的堵漏材料主要有刚性堵漏材料、微细复合堵漏材料、自锁橡胶堵漏材料等。刚性堵漏材料前期受地层压力会发生渗透滤失，当材料进入漏层后紧密结合并相互挤压，能够在空隙和微裂缝中形成稳定而强有力的封堵墙。封堵墙将进一步提高地层的承压能力。根据刚性架桥原理和 1/3 架桥原理，刚性堵漏材料首先在裂缝中稳定架桥，既可减小地层的漏失孔隙，又可形成封堵漏失地层的骨架。微细复合堵漏材料进入后，与刚性堵漏材料一起形成致密的网架结构，可提高地层的稳定性和封堵性，地层此时由漏失转变为滤失。自锁橡胶堵漏材料受到静液面压力和地层压力，收缩进入网架结构中，压力有所释放，由于弹性特性使得自锁橡胶堵漏材料膨胀，能够充分填充到网架结构中，使堵漏后形成的结构更加致密且不易滤失。不同的材料可有力地提高油基钻井液的随钻防漏治漏性能，起到强化封堵地层的作用，同时，有利于提升地层的承压能力。

3. 川渝地区油基钻井液常用的防漏治漏材料

川渝地区页岩气井三开段页岩发育，存在渗透性滤失和小裂缝漏失，同时渗透性滤失会造成缩径、卡钻等一系列井下复杂情况。针对上述问题，技术人员对适用于油基钻井液的堵漏材料开展了研究，并在油基钻井液体系中评价了堵漏性能，以有效解决油基钻井液的渗透性漏失和裂缝性漏失问题，降低油基钻井液的应用成本。

（1）油基堵漏材料的种类。

自锁橡胶（图 4－1）是一种吸油膨胀性很强且不可逆形变的高弹性聚合物材料，能够进入井下漏失层后在油环境下膨胀。由于该材料在分子链中引入耐温抗盐基团，因此在高温、高盐条件下具有很好的强度、韧性及热稳定性。其粒径根据现场需要可调，适用于各种条件下的大、小裂缝及孔洞的封堵；与各种油基钻井液配伍性好，具有良好的堵漏效果并能有效提高地层的承压能力。其性能特点包括：膨胀强度高，封堵能力强；具有良好的堵漏效果，适用于裂缝、孔洞型漏失；在封堵层能形成胶结强度高、韧性好的封堵固体；耐温抗盐性好，可在深井、超深井中使用。

图 4－1　自锁橡胶

刚性堵漏材料 WNDK（图 4－2）由一定比例的架桥粒子和碳酸钙组成，架桥粒子与地层的孔隙大小相匹配，能对地层孔隙进行有效封堵。刚性堵漏材料 WNDK 的性能特点包括：材料为刚性非球形颗粒状惰性物质，有可酸溶和不可酸溶两种；其可制成不同的粒径大小，适用于渗透性孔隙、微裂缝、裂缝性漏失，起到良好的堵漏效果；因其为惰性材料而具有良好的配伍性；无毒，环保。刚性堵漏材料 WNDK 的技术参数见表 4－25。

图 4－2　刚性堵漏材料 WNDK

表 4－25　刚性堵漏材料 WNDK 的技术参数

技术指标	不同型号的数值				
	WNDK-1	WNDK-2	WNDK-3	WNDK-4	WNDK-5
筛余量（0.45～2.00mm 物质质量分数）(%)	≥50	—	—	—	—
筛余量（0.28～0.90mm 物质质量分数）(%)	—	≥50	—	—	—
筛余量（0.18～0.45mm 物质质量分数）(%)	—	—	≥50	—	—
筛余量（0.15～0.28mm 物质质量分数）(%)	—	—	—	≥50	—
筛余量（2.00～8.00mm 物质质量分数）(%)	—	—	—	—	≥50

复合堵漏材料 FDJ（图 4－3）是采用亲水（油）的植物纤维经过化学处理，剪切、破碎而成的，纤维颗粒大小呈多级分布。纤维颗粒在正向压力的作用下进入渗透性地层孔隙和微裂缝，能起到良好的桥塞和封堵效果，可用于水基和油基钻井液体系，具有良好的配伍性。其性能特点包括：具有亲油亲水基团，可用于水（油）基钻井液体系堵漏材料；可制成粗、中、细不同粒径的堵漏材料或随钻堵漏材料，制得的随钻堵漏材料振动筛通过性好，适用于渗透性孔隙和微裂缝漏失；具有良好的配伍性；无毒，环保。

图 4－3　复合堵漏材料 FDJ

(2) 油基堵漏材料的性能特点。

虽然不同粒径的油基堵漏材料堵漏效果相当，但是也存在最佳粒径。油基堵漏材料加入油基钻井液后，对油基钻井液的性能影响不大，能增加油基钻井液的稳定性。油基堵漏材料为亲油型高分子材料，吸油后会发生膨胀，进而对裂缝地层进行填充，从而起到良好的堵漏效果。油基堵漏材料具有良好的抗压强度和足够的弹性，能够在地层中进行有效的变形并充填裂缝。油基堵漏材料在井底温度条件下老化一段时间后，仍然具有足够的抗压强度和一定的变形特性，防渗效果与老化前相比变化不大；且抗高温性能良好，可用于高温地层。

(3) 油基堵漏材料的性能评价。

①油基堵漏材料对流变性的影响。

在油基钻井液配方的基础上分别加入 5%的堵漏材料，与未加堵漏材料的配方进行对比，观察其流变性。油基堵漏材料流变性试验结果见表 4−26。配方 1 为不加堵漏材料时油基钻井液，即基浆；配方 2 为加入 5%自锁橡胶；配方 3 为加入 5%刚性堵漏材料；配方 4 为加入 5%复合堵漏材料。通过对比可以看出，加入堵漏材料后，油基钻井液流变性变化不大，同时电稳定性变化也不大，说明这三种堵漏材料配伍性良好。

表 4−26　油基堵漏材料流变性试验结果

配方		AV (s)	PV (s)	YP (Pa)	G′/G″ (Pa/Pa)	ES (V)
1	基　浆	57.0	51	6.0	2.5/7.0	548
2	基浆+5%自锁橡胶	59.0	52	7.0	2.5/7.0	562
3	基浆+5%刚性堵漏材料	57.5	51	6.5	2.5/7.5	552
4	基浆+5%复合堵漏材料	58.0	52	6.0	2.0/7.5	515

②油基堵漏材料的承压堵漏能力。

采用砂床渗透仪测试油基堵漏材料的承压堵漏能力，试验结果见表 4−27。由此可知，通过不同时间段的侵入，刚性堵漏材料和复合堵漏材料均具有较好的瞬时封堵效果，且形成较强的承压能力。尤其是复合堵漏材料，因其由不同粒径的植物纤维制得，堵漏效果更佳。而自锁橡胶因吸油膨胀需一定时间，故前期堵漏效果较弱。

表 4−27　采用砂床渗透仪测试油基堵漏材料的承压堵漏能力

配方	不同侵入时间下的漏失量（mL）					
	瞬时	10min	20min	30min	60min	180min
基　浆	23	27	30	32	30	30
基浆+5%自锁橡胶	20	23	24	24	24	24
基浆+5%刚性堵漏材料	15	16	17	17	17	17
基浆+5%复合堵漏材料	12	11	11	11	11	11

③堵漏材料的吸油膨胀性。

油基堵漏材料吸油膨胀性试验结果见表4－28。自锁橡胶静置16h后测定其膨胀率为164.85％，具有很好的膨胀封堵作用。刚性堵漏材料为惰性堵漏材料，无吸油情况，故基本不会发生膨胀，膨胀率仅为2.73％。复合堵漏材料由亲水亲油的植物纤维制得，具有一定的吸油膨胀能力，其膨胀率为36.91％。

表4－28　油基堵漏材料吸油膨胀性试验结果

堵漏材料类型	原始高度（mm）	最终高度（mm）	膨胀量（mm）	静置16h后膨胀率（％）
自锁橡胶	11.01	29.16	18.15	164.85
刚性堵漏材料	10.27	10.55	0.28	2.73
复合堵漏材料	10.73	14.69	3.96	36.91

（4）油基堵漏浆配方优选。

技术人员选取四川盆地页岩气区块页岩层开发过程中的油基钻井液作为基浆，采用自锁橡胶、刚性堵漏材料、复合堵漏材料作为主要的堵漏材料，优选出针对不同漏速的堵漏浆配方。该堵漏浆配方仅通过室内评价得出，现场堵漏施工时应根据地层、漏速、钻具组合等情况综合考虑。

针对漏速小于10m^3/h的情况，优选出的堵漏浆配方为：基浆＋5％自锁橡胶＋5％复合堵漏材料（细）＋3％WNDK-3＋3％WNDK-4。该堵漏浆承压堵漏试验结果见表4－29。试验完成后缝板中形成的堵漏泥饼致密且结实，随着压力增大，纤维状细小颗粒挤压进入架桥空隙及微裂缝，最终达到承压要求。

表4－29　漏速小于10m^3/h的堵漏浆承压堵漏试验结果

试验压力（MPa）	承压时间（min）	封堵漏失量（mL）	累积漏失量（mL）	现　象
1	5	44	44	线漏至滴漏
2	5	18	62	滴漏
3	5	12	74	滴漏至不漏
4	10	0	74	不漏
5	10	0	74	不漏
6	15	22	96	滴漏至不漏
7	15	12	108	滴漏至不漏
8	20	0	108	不漏
9	20	0	108	不漏

针对漏速为10～20m^3/h的情况，优选出的堵漏浆配方为：基浆＋7％自锁橡胶＋7％复合堵漏材料（细）＋4％WNDK-3＋4％WNDK-4。该堵漏浆承压堵漏试验结果见

表 4－30。试验完成后缝板中形成的堵漏泥饼致密且结实，随着压力增大，纤维状细小颗粒挤压进入架桥空隙及微裂缝，最终达到承压要求。

表 4－30　漏速 10～20m^3/h 的堵漏浆承压堵漏试验结果

试验压力（MPa）	承压时间（min）	封堵漏失量（mL）	累积漏失量（mL）	现　象
1	5	57	57	线漏至滴漏
2	5	36	93	线漏至滴漏
3	5	14	107	滴漏
4	10	0	107	不漏
5	10	12	119	滴漏至不漏
6	15	0	119	不漏
7	15	9	128	滴漏至不漏
8	20	0	128	不漏
9	20	0	128	不漏

针对漏速为 20～30m^3/h 的情况，优选出的堵漏浆配方为：基浆＋7％自锁橡胶＋4％复合堵漏材料（细）＋4％复合堵漏材料（中）＋2％WNDK-1＋3％WNDK-2＋3％WNDK-3。该堵漏浆承压堵漏试验结果见表 4－31。试验完成后缝板中形成的堵漏泥饼致密且结实，固相颗粒填充均匀，纤维状封堵严密，最终达到承压要求。试验后封板中堵漏墙致密结实，随着压力增大，不同粒径固相颗粒填充均匀，纤维封堵严密，最终达到承压要求。

表 4－31　漏速 20～30m^3/h 的堵漏浆承压堵漏试验结果

实验压力（MPa）	承压时间（min）	封堵漏失量（mL）	累积漏失量（mL）	现　象
1	5	52	52	线漏至滴漏
2	5	15	67	滴漏
3	5	16	83	滴漏至不漏
4	10	0	83	不漏
5	10	0	83	不漏
6	15	8	91	滴漏至不漏
7	15	0	91	不漏
8	20	0	91	不漏
9	20	0	91	不漏

针对失返性恶性漏失的情况，优选出的堵漏浆配方为：基浆＋9％自锁橡胶＋5％复合堵漏材料（中）＋7％复合堵漏材料（粗）＋4％WNDK-1＋4％WNDK-2＋3％WNDK-

3。该堵漏浆承压堵漏试验结果见表4－32。试验完成后缝板中形成的堵漏泥饼致密且结实，固相颗粒填充均匀，纤维状封堵严密，最终达到承压要求。试验后封板中堵漏墙致密结实，随着压力增大，不同粒径固相颗粒填充均匀，纤维封堵严密，最终达到承压要求。

表4－32 失返性恶性漏失的堵漏浆承压堵漏试验结果

实验压力（MPa）	承压时间（min）	封堵漏失量（mL）	累积漏失量（mL）	现 象
1	5	47	47	线漏至滴漏
2	5	12	59	滴漏
3	5	14	73	线漏至滴漏
4	10	0	73	不漏
5	10	0	73	不漏
6	15	8	81	滴漏至不漏
7	15	8	89	滴漏至不漏
8	20	0	89	不漏
9	20	0	89	不漏

4. 油基钻井液防漏治漏材料应用实例

（1）双探区块油基膨胀堵漏材料应用实例。

双探区块某井位于四川省广元市剑阁县，是一口部署在双鱼石至河湾场构造带秀钟潜伏构造高点的评价井。设计完钻井深为8034m，目的为评价双鱼石至河湾场构造二叠系栖霞组储层及其含油气性，兼探茅口组。该井用密度为2.00g/cm^{3}的矿物油基钻井液划眼至井深7695.85m时发生井漏，最大漏速为33m^3/h，最小漏速为7.2m^3/h，平均漏速为24.6m^3/h。现场配制堵漏浆（配方为基浆＋7％WNDK-1＋6％WNDK-2＋6％WNPDL-1＋6％WNPDL-2＋6％WNPDL-3，密度为1.95～2.00g/cm^3，浓度为31％）进行堵漏，堵漏后通井到底，循环未见漏失，成功恢复钻进。

（2）高泉区块油基膨胀堵漏材料应用实例。

高泉区块某井位于新疆维吾尔自治区乌苏市，距高泉1井西南8.46km、高泉2井南偏东6.34km处。该井为预探井，构造位置位于准噶尔盆地南缘冲断带四棵树凹陷高泉背斜，设计井深为7000m。该井用密度为2.20g/cm^3、黏度为103s的钻井液钻至井深5079m（层位：塔西河组）发生漏失，漏速为51.3m^3/h。现场配堵漏浆50m^3（配方为基浆＋6％TP-2＋5％LCY-2＋10％LCY-3，1％SOLTEX＋18％油基膨胀堵漏材料），堵漏后循环液面正常，无漏失，成功恢复钻进。

（3）长宁区块油基堵漏材料应用实例。

长宁区块某井采用无固相钻井液钻至井深2460.87m，替入密度为1.75g/cm^{3}的矿物油基钻井液，循环约20min后发现出口失返。分析井漏发生原因：地层压力系数较低，替油基钻井液后循环导致诱发性井漏，判断漏层位置为1955.00～2144.00m。以井浆为基础，采用自锁橡胶、复合堵漏材料、随钻堵漏材料和刚性堵漏复配［配方为基浆+5%自锁橡胶+5%复合堵漏材料（细）+3%WNDK-3+3%WNDK-4+7%随钻堵漏材料］，配制浓度为23%的堵漏浆进行堵漏施工作业，采用铣齿和光钻杆的组合，下钻至井深2147.00m，泵入浓度为23%、密度为1.63g/cm^{3}的桥塞堵漏浆18.0m^3，顶浆19.0m^3，起钻至井深1615.20m，关井正挤钻井液7.0m^3，关井憋压候堵。开井后，使用密度为1.63g/cm^{3}的矿物油基钻井液分段循环正常，排量为37L/s，未漏。随后双泵划眼下钻至井深2055.31m，未漏。关井憋压，排量为4.7～5.9L/s，套压为3.65～3.61MPa，稳压10min，套压无明显变化，堵漏成功。

（4）云安区块油基堵漏材料应用实例。

云安区块某井是一口评价井，位于重庆市梁平区。该井钻探目的是进一步评价大猫坪西区块生物礁发育情况、储层非均质性及含气性，设计井深为6971m，完钻层位为长兴组。该井完钻后，通井期间发生井漏，漏速为30m^3/h，漏失油基钻井液156.2m^3，地面配制油基堵漏浆（配方为基浆+6%ZR-31+5%LCY-1+6%LCY-2+9%WNDK-1+7%WNDK-2+3%FDJ-1）40m^3。最后泵入33.4m^{3}油基堵漏浆堵漏，堵漏后通井到底循环，液面正常无漏失，堵漏成功。

（5）蓬深区块油基膨胀堵漏材料应用实例。

蓬深区块某井是一口重点预探井，位于四川省射洪市，设计井深为7990m，设计完钻层位为灯二段。该井五开钻进茅口组至灯影组顶，用密度为2.11g/m^{3}的油基钻井液进行作业，裸眼长近1300m，钻进期间多次发生井漏，多次采用随堵、桥堵等手段堵漏效果均不理想。固井前承压堵漏难度较大，现场采取一袋式承压堵漏材料YSD及油基堵漏材料合并使用进行承压堵漏。1号堵漏浆配方为基浆+3%GT-MF+20%YSD+2%WNDK-1+5%LCY-1+2%LCY-2，总浓度为32%，有效注入30m^3。2号堵漏浆配方为基浆+5%GT-MF+4%NTBASE+5%LCY-1+5%LCY-2+4%WNDK-1+6%WNDK-2+8%WNDK-3，总浓度为37%，有效注入25m^3。用水泥泵正挤密度为2.10g/cm^{3}的油基钻井液59.0m^3，套压由0MPa增加至7.2MPa，关井候堵。套压由7.2MPa降低至4.1MPa，候堵24h，承压堵漏施工完成后筛除堵漏材料，循环未见漏失，承压堵漏一次成功。

4.1.8　其他堵漏材料

1. 酸溶性暂堵材料

将酸溶性暂堵材料按一定比例与清水配成浆液后用钻具泵入井内，在漏层和井筒间的压差作用下会快速滤失，在漏失通道中形成坚韧致密的滤饼进而堵塞通道。该材料最大的特点是其中含有大量的酸溶材料，生成的滤饼酸溶率在80%以上。该材料易于酸化解堵，适合产层堵漏，具有保护油气层的作用。

酸溶性暂堵材料由酸溶性主体材料、悬浮拉筋剂和助滤剂组成。酸溶性主体材料为粉状矿物，酸溶物含量>90%，是暂堵材料的填料，起堵塞作用。悬浮拉筋剂为软质纤维，在暂堵材料中起架桥及架托、悬浮主体材料的作用。助滤剂为可酸溶粉状矿物制品，在暂堵材料中起增大滤失量的作用。

用基准配方的酸溶性暂堵材料与水按 15：100 的比例配制浆液，高速搅拌 3min 后测定浆液的性能：

（1）堵漏浆的流变性。用酸溶性暂堵材料配成的堵漏浆必须保证可泵要求，故要具有优良的流变性。采用范氏黏度计测试其基本配方的流变参数：表观黏度为 5.5～6.5s，塑性黏度为 4～5s，切应力为 0.5～1.0Pa。

（2）滤失量。高滤失、快速滤失是该酸溶性暂堵材料的基本特性，性能测试可按 API 滤失量测试的方法进行。但由于材料滤失快，一般 2min 就滤失完，按 7.5min 的时间衡量就不合适。故试验将测定完成时间和对应的滤失量，换算为 1min 滤失量的办法来反映滤失量大小和滤失速率。

（3）滤饼的厚度及强度。堵漏浆在压差作用下形成滤饼，是酸溶性暂堵材料在漏层建立堵塞隔墙的必要条件，而滤饼强度又是衡量隔墙牢固性的重要指标之一。滤饼厚度可以在测试滤失量后直接测试，一般为 8～10mm。滤饼强度可采用两种方法测试：采用水泥稠凝测定仪测试；API 堵漏模拟装置测定其可以承受 2～4MPa 的压力，如果加入桥塞堵漏材料，承压可达 4MPa 以上。

（4）悬浮稳定性。悬浮稳定性是将 250mL 暂堵材料放入量筒中静置 1min 后，测定沉淀物的量再计算出的。要求不沉淀物的量应大于 90%，这是由于在现场应用时一直处于搅动状态，不易发生沉淀。

（5）滤饼酸溶率。按照 SY 5061—2020 的规定测试滤饼酸溶率，干燥滤饼（标准配方）的酸溶率应大于 80%。

2. 酸溶性固化材料

酸溶性固化材料是一种具有保护油气层功能的固化处理剂，它是由多种无机化合物按一定比例配成的混合物，这种混合物遇水即发生化学反应，生成一种均匀的触变凝胶，随后结晶成一种致密且坚硬的具有高抗压强度的多物相无机聚合物。其反应过程与普通油井水泥的水化作用类似，所形成的凝固体不仅具有较高的抗压强度，而且具有很高的酸溶率（其酸溶率在 95%以上）。酸溶性固化材料主要用于钻井堵漏，特别是产层井漏的处理，不但可以提高漏层的承压能力，开采时还可酸化解堵。另外，酸溶性固化材料 ASC-1 还可广泛应用于完井、修井等领域，是一种应用范围广、具有保护油气层功能的新型暂堵固化材料。酸溶性固化材料 ASC-1 是由酸溶性主体材料、凝固剂、结构剂、流性调节剂等多种无机化合物混合配制的淡黄色或白色粉末，与水按一定比例配成的浆液具有较好的流变性，稠化时间可根据需要加以调节，凝固后具有较高的抗压强度，且具有很高的酸溶率。

酸溶性固化材料的干粉密度约为 2.69g/cm^3，采用不同的水灰比可配制出不同密度的浆液。表 4－33 列出了水灰比为 0.60、0.50、0.45、0.40 的酸溶性固化材料浆液的性能。所有试验都是按美国石油协会（American Petroleum Institute，API）的标准及要求进行的。

表 4—33　酸溶性固化材料浆液的性能

性　能		水灰比			
		0.60	0.50	0.45	0.40
密度（g/cm³）		1.65	1.73	1.78	1.82
流变性	600（rpm）	73.00	110.00	221.00	298.00
	300（rpm）	38.00	59.00	119.00	219.00
	初切力（Pa）	0.50	2.00	2.00	6.00
	终切力（Pa）	1.00	3.00	5.00	9.00
	塑性黏度（s）	35.00	51.00	102.00	79.00
	静切力（Pa）	3.00	8.00	17.00	140.00
70℃时稠化时间（min）		195	170	165	165
70℃养护 24h 后的抗压强度（MPa）		5.20	7.70	8.50	9.60
酸溶率（%）		96	96	96	96

由表 4—33 可以看出，采用不同的水灰比可以满足不同条件下的施工要求，并都能保证足够的抗压强度和酸溶率。

3. 刚性堵漏材料

刚性堵漏材料 WNDK 是以刚性矿物颗粒为主料、聚合物为辅料，经混合加工制成的堵漏材料。其为棱角分明的非球形惰性颗粒，能提高在裂缝“喉道”处挂卡的能力，不与钻井液发生化学反应而影响钻井液性能；通过对井下漏点进行挂卡填充，形成致密屏蔽层，增强桥塞段的承压能力，提高井漏的堵漏成功率。

刚性堵漏材料 WNDK 为白色颗粒，具有很强的环保性能，常通过不同粒径复配后使用。不同粒径颗粒配比适用于不同漏失程度的堵漏作业。WNDK 适用于大部分水基钻井液体系和部分油基钻井液体系的堵漏，相比传统纤维类堵漏材料，其在井下高温作用下不会失效，主要在川渝地区易漏井段作为钻井液用堵漏材料使用。

4. 弹性石墨

弹性石墨是一种密度小、能被高度压缩、失去压力后又能回复的一种新型石墨材料。弹性石墨为表面略有凹凸的平滑体，有小孔穴，内部具有小空间，经过改性处理有很大的压缩率和回复率，呈现高弹性。当把弹性石墨泵入井底时，颗粒会由于发生弹性形变而借助压差压入空隙和裂缝之中，以提高地层的强度。因为弹性石墨的每个颗粒都有碳层，这就使有润滑性的颗粒能够在裂缝中迁移并坐定，随着弹性石墨的膨胀进而堵住裂缝并密封，从而防止钻井液的漏失。

弹性石墨由膨胀石墨和鳞片石墨组成，晶体有角、有棱、有面，有自由的角原子，对金属表面以及井壁有很强的附着力。因此在形成井壁保护膜的同时，能光滑井壁又能形成鳞片状膜，使钻杆与套管之间金属表面的滑动摩擦变成石墨鳞片之间的滑动摩擦，从而降低钻井液摩阻，也减少钻杆与套管表面的磨损。弹性石墨碳泵入井下后，其颗粒会在压差的作用下进入地层孔隙或微裂缝中发生弹性变形。室内测试表明，弹性石墨发生变形后，有助于增大地层强度，从而增大致使地层产生破裂的压力。每个弹性石墨颗粒中石墨体积占50%以上，使起润滑作用的颗粒更容易向裂缝中运移及充填。如果地层裂缝因压差的增大而扩大，因弹性石墨会发生膨胀，仍能保持井壁良好的密封性，阻止钻井液漏失，有利于降低钻井成本。

5. 膨胀堵漏材料

膨胀堵漏材料在压力作用下进入漏层，遇水或遇油产生膨胀，实现对漏失通道的全面封堵。特别在因裂缝、坍塌所诱发的漏失处理中，作用显著。吸油膨胀的堵漏材料是利用树脂类物质的溶胀性使其本身具有一定的膨胀性能，进而达到膨胀堵漏的目的。吸水材料可以选用聚丙烯酸钠聚合物或聚乙烯醇、聚丙烯酸等，如延迟膨胀凝胶堵漏材料。该堵漏材料以丙烯酰胺、甲基丙烯酸丁酯和2-丙烯酰胺基-2-甲基丙磺酸为单体，柔性纤维为强化材料，过硫酸铵为引发剂，通过与自制大分子交联剂BWL聚合反应，制备成一种颗粒状的延迟膨胀凝胶堵漏材料。其通过优选疏水材料，对聚合物吸水树脂颗粒表面进行化学改性，阻滞水分子进入聚合物分子结构中，延缓聚合物与水分子的作用，从而达到延迟膨胀的作用。在一定温度和水浸泡条件下，聚合物缓慢吸水溶胀，这样既可以保证有足够的时间用水基钻井液将该堵漏材料带进漏层深处，又能因聚合物颗粒吸水体积增大填充整个漏失通道，起到永久堵漏的作用。加入疏水单体后，聚合物的耐温、耐盐性以及聚合物吸水后的胶凝强度都能有显著提高，膨胀时间延长，不易溶解或降解，从而进一步提高堵漏效果。

6. 化学浆液与惰性材料护壁堵漏

随着我国化学工业的发展，作为地质钻探护壁堵漏用的化学浆液，在其类型、品种以及应用上都有了新的进展，按成分，浆液可分为无机类、有机高分子类，按性能可分为固化类、非固化类。常用的水玻璃就是无机类的代表，常用的脲醛树脂、丙烯酰胺是有机高分子类的代表。无机与高分子化合物复合使用，已成为化学浆液的发展趋向。

可固化的水基钻井液具有材料来源广、成本较低、固结性好、强度高的优点，是应用较为普遍的一种注浆材料。其缺点是在没有固化前易被水稀释，固化时间慢且难以控制等。我国自20世纪70年代以来，采用高分子化合物、合成树脂等化学浆液在地质钻探上进行护壁堵漏，取得了一定的成效。其主要优点是：凝结时间可调，可实现瞬间固化，渗透能力和流动性好，能通过专用的灌注器注入封堵部位，提高了成功率。应当指出是，此类化学浆液有一些成本偏高，且有一定的毒性，故在使用上受到限制，不便推广用于地质钻探；而一些高分子化合物（如聚丙烯酰胺、脲醛树脂等），则对地质钻探护壁堵漏有积极的作用，且具有推广价值。

钻井护壁堵漏中具有代表性的化学浆液和惰性材料包括脲醛树脂浆液、水玻璃浆液、聚丙烯酰胺浆液、脲醛树脂水泥球、干性堵漏材料和沥青材料。此外，还有许多品种的化学浆液，如铬木素浆液、木铵浆液、丙凝浆液、丙强浆液以及301聚酯浆液等，也可以用作钻井护壁堵漏浆使用。

7. 一袋式承压堵漏材料

针对钻具中带有定向仪器的井的防漏治漏工作，川渝地区的技术人员研制了一袋式承压堵漏材料 YSD。该材料具有以下特点：粒度较细，通过性强，是一种由刚性颗粒、有机材料、纤维等多种材料经高温合成的纤维颗粒材料，针对微裂缝及孔隙可采用合理粒度复配；抗温达到 150℃，堵塞承压能力高于 6MPa；钻井液的流变性影响小，不含任何聚合物成分，尤其适用于高密度钻井液；渗漏控制能力和承压封堵性能好，能有效改善井壁强度、提高地层承压能力和安全密度窗口，具有优良的防漏功效；现场配置方便；悬浮性好，无须加入大量随堵悬浮材料；可用于水基钻井液、油基钻井液及合成基钻井液体系；减少现场堵漏材料储备种类，推动堵漏技术规范化。

一袋式承压堵漏材料 YSD 作用机理如下：高强度刚性颗粒随钻头破岩时迅速嵌入井筒孔隙和微裂缝中，产生沿井眼切线方向的挤压力；无数已填充微裂缝沿切线方向的刚性颗粒同时挤压，在井壁形成“桶箍效应”，大大提高井眼承压能力和井壁稳定性；优选粒径的颗粒和特殊的填充介质，对先期刚性架桥颗粒形成的封堵塞进行二次填充封堵，彻底封堵渗滤通道，强化结构强度；井眼强化后，可扩大钻井安全密度窗口，有效避免井壁坍塌和井漏的发生；致密的网络封堵结构，可迅速阻止钻井液向地层深部渗入，降低滤失量，避免滤液对敏感性地层的伤害。

4.2　新型堵漏材料设计理念

过去，工程技术人员对复杂地层的钻井液防漏治漏仍然存在盲目性和不可预见性，出现了堵漏材料对漏失地层适应性差、抗温性能不佳、承压能力和驻留能力不足等问题，导致一次堵漏成功率低、堵漏方法难以复制。一些井漏事故至今仍未得到有效控制和消除。目前，新一代堵漏材料的发展方向有以下几个。

4.2.1　超分子堵漏材料

利用超分子科学原理研发用于水基钻井液的仿生随钻堵漏材料和用于油基钻井液的聚合物封堵漏材料，是一种新的设计理念。超分子被称为“超越分子概念的化学”，它在材料科学、信息科学、生命科学中均具有重要的理论意义和广阔的应用前景。

超分子堵漏材料的技术要求：堵漏材料加入循环浆后对钻井液性能基本无不良影响；堵漏材料具有随加随堵的特性；堵漏材料可以通过一定规格的筛布，不会影响螺杆等定向提速工具的使用；适应水基、油基钻井液对特殊性能指标的要求，比如抗盐、抗温、不影响电稳定性等。

针对以上要求，国内已研发了适用于水基钻井液的超分子仿生随钻堵漏材料和超分子高温高强度凝胶，以及适用于油基钻井液的超分子油基钻井液聚合物封堵材料。

（1）超分子仿生随钻堵漏材料。

超分子仿生随钻堵漏材料是一种富含强黏附基团的可变形聚合物/纤维复合凝胶，由于表面具有强黏附作用，在漏失通道内壁能通过非共价键作用形成强黏附封堵层，从而达到封堵的效果。

(2) 超分子高温高强度凝胶。

超分子高温高强度凝胶是一种集架桥（建立堵塞）、高失水（初始强度）、成胶固结（形成高强度）于一体的高承压和高酸溶率堵漏材料。堵漏材料浆液泵入井下遇到漏层，在压差作用下迅速失水，能很快形成具有一定初始强度的滤饼并封堵漏层，其初始承压强度可达到 4MPa；在地层高温作用下，所形成的滤饼逐渐凝固，其强度读值可达到 30kN 以上，使漏层的承压能力得到大幅度提高。堵塞物（滤饼）的酸溶率在 80%以上，有利于酸化解堵，可用于产层井漏的处理，以达到保护产层的目的。该产品适用于孔隙性和裂缝性漏层的处理。

(3) 超分子油基钻井液聚合物封堵材料。

超分子油基钻井液聚合物封堵材料是一种油溶性膨胀材料。油溶性膨胀材料由于遇油膨胀，同时具有一定的弹性，可以轻松挤入漏层裂缝、孔隙，可较好解决级配性问题。在漏层中，由于受裂缝的限制，膨胀后的封堵材料储备了大量的弹性能，从而增大与漏层内壁的压力和摩擦力，提高一次封堵成功率。另外，该材料具有随温度变化而表现出自胶结的特性，不仅有自身颗粒膨胀的特点，还能胶结成胶，协同扩大封堵能力，解决封堵地层孔缝对堵漏材料级配要求严格的问题。

4.2.2 智能凝胶

智能凝胶（图 4−4）是利用高分子交联技术制得的具有三维网络立体结构的功能性高分子凝胶，由三维网络结构的高分子化合物与溶剂组成，属可被溶剂渗透的特殊体系。用于钻井堵漏的智能凝胶，根据自适应性分为 ZND-1 和 ZND-2 两种。在深井、高压差、高温（70℃以上）、高强度情况下选用智能凝胶 ZND-1，推荐浓度为 0.8%～1.5%；在浅井、低压差、低温（70℃以内）、强度要求不大等情况下可选用智能凝胶 ZND-2，推荐浓度为 0.8%～1.2%。ZND-2 也可与水泥浆复合使用，形成水泥浆智能凝胶，适用于高压差、高强度的情况。

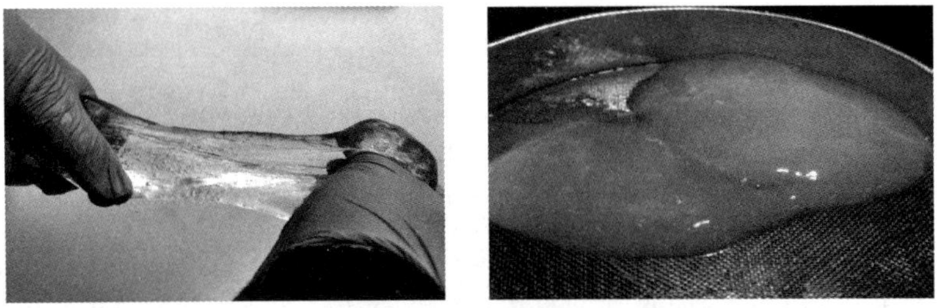

图 4−4　智能凝胶

智能凝胶堵漏的作用机理及特点：智能凝胶在低剪切速率（约 $7s^{-1}$）或静止状态下，能形成分子间交联连接，其黏度可达 3×10^4s；高速梯度下（约 $1000s^{-1}$）能剪切变稀，但仍具有较高的黏度（可达 50～100s)。其表现出良好的剪切稀释能力。

由智能凝胶配制的堵漏浆液是无固相流体，不存在对漏失层形状、孔隙发育程度或裂缝大小的匹配问题，其能自动根据漏失层压差大小，依次进入相应漏失层，一次性完成对多套漏层的封堵。施工时利用漏失压差或轻微憋压挤堵，人为让堵漏浆液深入漏失层，挤排并置换地层流体，同时继续向漏层深处流动一段距离。随着这一过程的进行，漏速慢慢降低，堵漏浆液中堵漏材料分子间物理交联形成的网状结构逐渐发育，黏度、切力、强度和弹性急剧增大，导致流动更慢，近似形成堵漏浆液栓塞。3～5h 后，该堵漏浆液栓塞在漏失层的黏度、切力、弹性和静结构很大，足以抵抗外来力（漏失压差等）的破坏。只要设计合理（进入漏层的堵漏液栓塞能形成足够的长度），堵漏浆液即使在某位置停下（即暂时堵住后），其黏度、结构力、强度等也足以抵抗循环压力和其他外来力的破坏。当推挤力超过堵漏浆液静切力、结构力，能破坏其强度时，堵漏浆液就会继续深入漏失层，并重新在更深的地层建立平衡、形成栓塞，最终成功堵住漏层。

智能凝胶浸入漏层后，自动停止流动，逐步充满裂缝、溶洞空间，形成能隔断地层内部流体与井筒流体的凝胶段塞。智能凝胶的隔离作用如图 4－5 所示。

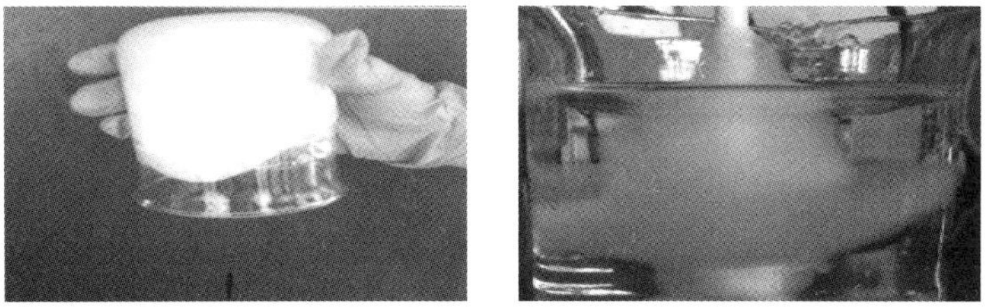

图 4－5　智能凝胶的隔离作用

4.2.3　合成纤维增效堵漏材料

恶性复杂井漏的快速处理需要有针对性和高效率的处理手段。在复杂井漏治理过程中，如何大幅度提高桥浆堵漏浆、水泥浆、化学凝胶和高失水堵漏浆等堵漏浆的封堵能力和地层承压能力，提升堵漏成功率，是工程技术人员面临的巨大挑战。通过研究和应用发现，有一种特殊化学纤维具有这种作用。合成纤维增效堵漏材料是一种人工合成的高分子纤维，在钻井液中呈惰性，对钻井液性能几乎没有影响，如图 4－6 所示。合成纤维增效堵漏材料具有较高的拉伸强度和弹性模量，在水基堵漏浆和油基堵漏浆中能高度分散，具有架桥、缠绕和拉筋的作用，能显著提高堵漏浆的封堵能力和承压能力。技术人员研究发现，添加 0.1%～0.3%的合成纤维能够大幅度提升桥浆堵漏浆和高失水堵漏浆等的封堵能力，裂缝的封堵提高了 1～3mm，承压能力提高了 3～5MPa。

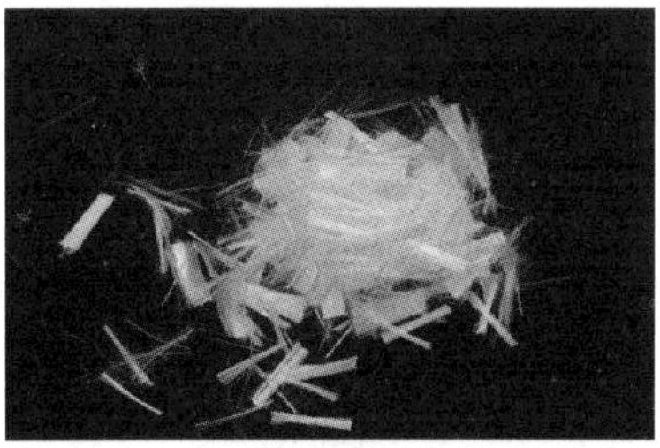

图 4－6　合成纤维增效堵漏材料

由某研究中心开发的合成纤维增效堵漏材料的技术参数见表 4－34。

表 4-34 合成纤维增效堵漏材料的技术参数

技术指标	数 值
熔点（℃）	≥240
断裂强度（cN/Dtex）	≥7
断裂伸长率（%）	≥5
纤维长度（mm）	6～9
纤维直径（μm）	30
线密度（%）	81.4～84.4
沸水收缩率（%）	6.5～8.1
含油率（%）	0.5～0.9
分散剂含量（%）	≥17

4.2.4 超分子堵漏材料

川庆钻探工程有限公司钻采工程技术研究院研制了遇水快速凝固治理恶性漏失的新材料，同时配套研究筛选的主溶剂、乳化剂、悬浮稳定剂、脱模剂、缓凝剂等关键性能调节剂，配成的堵漏浆遇水能膨胀占据漏失通道，凝结固化建立止流屏障。该材料与钻井液按 1∶1 混合，在 80℃、10MPa 条件下膨胀率为 75.5%～92.5%。配合堵漏施工工艺技术研制的密闭输送工具，储桶流量为 10L/m（可根据需要变换或增减流量）。该配套工具具备易钻，可丢弃，开启循环旁路、混合等功能。该新型堵漏材料在宁 217 井试用成功，承压能力由 1.56g/cm^3 上升至 1.80g/cm^3，承压能力提高了 6.3MPa。

针对长裸眼多压力系统井漏治理问题，集成架桥堵漏、软胶塞堵漏、固化堵漏优点，川庆钻探工程有限公司钻采工程技术研究院开展了“大压差多压力系统承压堵漏技术研究与应用”的项目。研究院主要研发的超分子堵漏材料 CQ-GXJQ 具有低密度、高强度、抗温三大特点。同时，研究院研制的具有强剪切稀释性的超分子堵漏材料 CQ-TDL，配制成的堵漏浆固化温度在 60～140℃可调，固化时间为 3～8h，室内承压能力在 10～20MPa 之间。两种新型堵漏材料在平探某井成功应用 3 井次，均一次性堵漏成功，地层承压能力提高了 12.2MPa。

4.2.5 弹性孔网堵漏材料

弹性孔网堵漏材料具有较好的压缩性和回弹性，对裂缝具有较好的适应性，堵漏效果好。弹性孔网堵漏材料可在井底压差作用下挤入不同开度地层裂缝（自适应性），在裂缝处形成一个过滤网，同时起骨架支撑的作用，变缝为孔，降低裂缝封堵层的渗透性，从而降低漏失速率。弹性孔网堵漏材料易于捕获其他类型堵漏材料，形成三维立体封堵隔墙（层），提高堵漏材料在裂缝中的滞留能力，提高堵漏成功率。填充材料在过滤网中不断堆积，封堵域较长，大量弹性孔网堵漏材料在封堵隔墙的协同作用下，承担外部载荷，提高封堵层的致密承压能力。

弹性孔网堵漏材料具有如下特点：压缩回弹性能较好，有利于在井底压差作用下发挥自转向性，进入不同开度的裂缝自适应堵漏；具有较高的抗拉强度，有利于抵抗井下多种应力耦合作用，形成较高强度且致密的承压封堵层，增强封堵层剪切强度；在一定温度老化后的质量保留率和抗拉强度保持率均较高，在 150℃条件下，其质量保留率和抗拉强度保持率均大于 85%。

技术人员使用弹性孔网堵漏材料在四川页岩气区块进行了现场试验，取得了较好的堵漏效果。

元坝区块某井位于四川省广元市苍溪县，目的层为下二叠统茅口组三段，是中石化部署在该区块的一口评价井。该井在钻至自流井组东岳庙段 2834.76m 时发现漏失，正常排量为 45L/s、漏速为 24m^3/h，后排量降低至 20L/s、漏速为 16m^3/h，期间漏失钻井液 38m^3。现场随即开始堵漏，配堵漏浆 30m^3（配方：10%高弹快速堵漏材料+1%核桃壳+1%随钻堵漏材料），泵入 20m^3；替入井浆 40m^3，堵漏浆进入井底。起钻 10 柱至井深 3533m，逐步提高排量至 43L/s 循环，未见漏失，堵漏成功。

威远区块某井位于四川省内江市威远县，是中石化部署的一口水平开发井。该井在井深 4985.71m（最大漏速为 52.2m^3/h）、5197.5m（最大漏速为 12m^3/h）及 5492m（最大漏速为 12m^3/h）处发生多次漏失，完钻后仍然发生了两次漏失。因此，下套管前进行了承压堵漏，采用高弹性快速堵漏材料+高弹性孔网堵漏材料配制堵漏浆 24m^3，进行承压堵漏，共挤入堵漏浆 9.69m^3，最高套压为 5.2MPa，套压稳定在 4.7MPa 不降，计算井底当量密度由 2.14g/cm^3提高到 2.27g/cm^3以上；下钻到底循环，排量逐步提高至 28L/s 循环不漏，承压堵漏一次成功。

第 5 章　国内外防漏治漏效果评价装置及评价方法

编者查阅了大量国内外文献，至今未发现真实模拟不同地层的防漏治漏效果评价装置及评价方法的标准。同时，与漏层状况接近的有关堵漏评价手段及评价仪器尚不完备，地层模型单一，如孔板、缝板、填充床、钢珠、玻璃珠等作为简单的漏层滤失介质模型，不能真实地展现严重漏失地层的漏失程度，因而不能真实地评价封堵效果，堵漏浆配方依据不充分，阻碍了堵漏研究工作的深入开展。近年来，国内加大力度开发评价不同地层堵漏效果的仪器，以及用于评价不同堵漏材料及钻井液、水泥浆及其他钻完井流体的防漏治漏效果的仪器，帮助提高堵漏成功率。

早期的 API 堵漏试验装置具有加热和加压的功能，压力最高达 7MPa（可选定恒定压差，也可以按一定速率增加或降低压力）。API 堵漏试验装置具备几种简单模拟漏层的模块：横向断层分析结构及试验方法、纵向剖切分析试验结构及试验方法、渗透性模拟漏层扰动试验结构及试验方法。这类装置的评价方法，为堵漏材料的优选和堵漏浆的合理配制提供了科学依据。

近年来，我国陆续研制了新的钻井堵漏模拟试验装置，如 DL－1 型堵漏试验装置、高保真模拟地层钻井堵漏评价试验装置、CLDL－Ⅱ型油基钻井液堵漏效果评价装置等，能够更好地模拟井下漏层的真实状态，为进一步研究堵漏机理创造良好条件。

5.1　国外防漏治漏效果评价装置

5.1.1　苏联楔形缝水泥石模拟试验装置及合成树脂封堵性能评价装置

1. 楔形缝水泥石模拟试验装置

苏联某油气田早期在钻至侏罗纪碳酸盐沉积层时几乎都要发生井漏，尤其是在背斜构造顶部，高陡构造带及断层地带等裂隙最发育的岩层，漏失更为严重。同时因接近或进入产层，钻井液密度一般高于地层压力，往往会压裂地层，使原有裂缝扩张形成新的裂缝，进而导致井漏。针对这种现象，技术人员提出一种合理的假设，即形成的裂缝和断口尺寸越小，钻井液中所含惰性填料进入这种缝隙后，将在离井筒一定距离的狭窄处形成栅栏，进而堵塞漏失通道。根据这一假设，技术人员采用水泥石作为漏层滤失介质模型，用以研究评价惰性堵漏材料的堵塞效果。楔形缝水泥石模拟试验装置如图 5－1 所示。

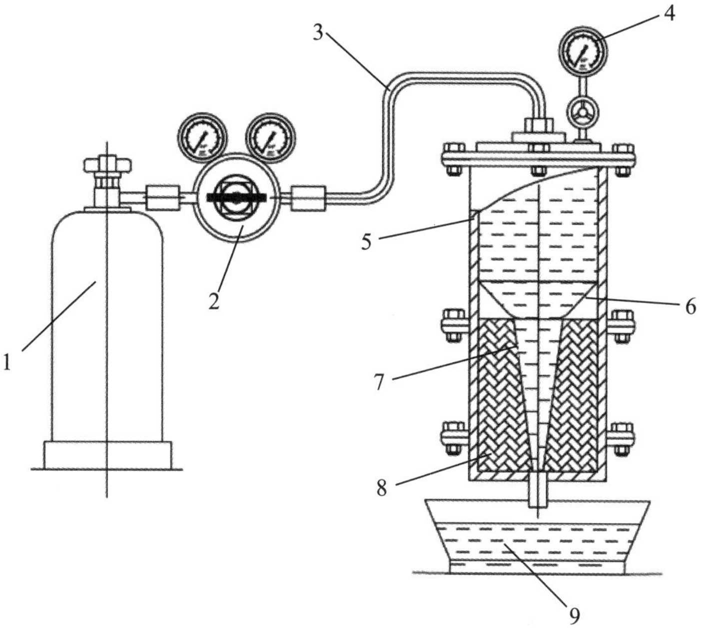

1—气源；2—调压阀；3—气管线；4—压力表；5—本体；
6—漏斗；7—楔形缝；8—水泥石；9—滤液收集容器

图 5－1　楔形缝水泥石模拟试验装置结构示意图

（1）装置结构。

装置的立体部分为一个直径为 140mm、高为 550mm 的圆筒，圆筒内安放高 250mm、带有楔形缝的水泥石，楔形缝上部安放漏斗。本体上部法兰有两个管接头，一个接压力表，一个通过管线和调压阀与装有压缩空气的气瓶连接。圆筒下部法兰有一个小孔，便于钻井液流入滤液收集容器。

（2）漏层滤失介质模型。

该装置中漏层滤失介质模型的楔形缝张开值一般在 1～11mm 之间，试验压力可达到 6.9MPa 以上。试验时将堵漏材料按试验配方混合成堵漏浆，再将 3～4L 配制好的堵漏浆灌入装置，接通气源即可。通过形成“桥塞”承受的压力大小，可以判断堵漏浆的封堵能力。

2. 合成树脂封堵性能评价装置

苏联地质勘探技术研究所研制了一台探索合成树脂堵漏效果的装置，如图 5－2 所示。该装置漏层滤失介质模型可模拟孔隙和裂缝，采用直径 70～73mm、长 50mm 的天然岩石和人造石（即可选用砂岩、页岩、石灰岩和水泥石）进行试验，将渗透性差的砂岩和页岩制成了宽 1.3～5mm 的人工裂缝，各种漏层模型的渗透率在 0.003～4.935μm^2 范围。

（1）装置结构。

岩心夹持器，内装岩心或水泥石以模拟地层滤失介质；计量箱，以供给岩心夹持器堵漏浆；提供地层压力和水流的气瓶；提供液体挤压岩心夹持器内胀圈供压的气瓶；装有压缩空气的气瓶，分配装置（调压器、阀门、监测仪表和管道，系统的工作压力可达 10MPa）。

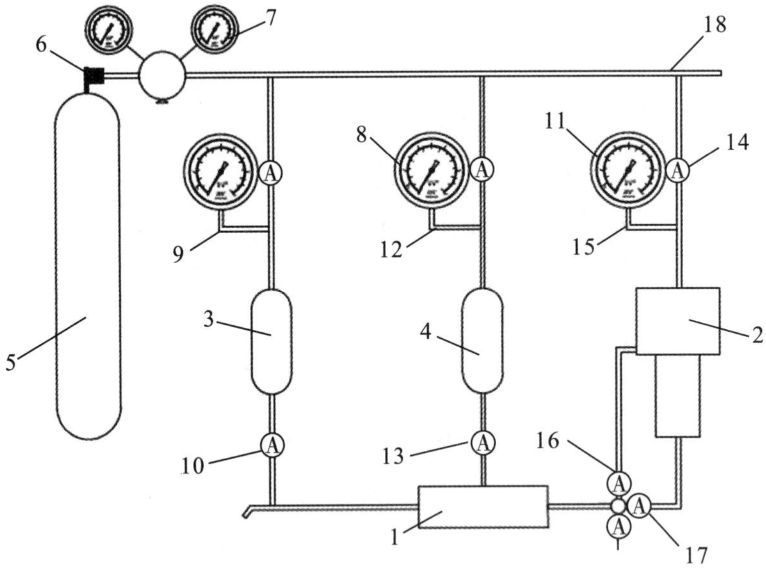

1—岩心夹持器；2—计量箱；3—提供地层压力和水流的气瓶；4—提供液体挤压岩心夹持器内胀圈的气瓶；5—气瓶；6—阀门；7—调压器；8—压力表；9—管道；10—阀门；11—压力表；12—管道；13—阀门；14—阀门；15—管道；16—阀门；17—阀门；18—管道

图 5-2 合成树脂堵塞性能试验装置结构示意图

（2）操作方法。

试验时借助气瓶向装置的空气系统提供压力。打开阀门接通气瓶，供给预定的最大值的压力（此压力由压力表测量），再关闭阀门。通过上述操作，岩心夹持器内就创造了符合井下情况的条件。然后，打开阀门开始注堵漏浆。在增大压缩空气排量的情况下，压力能够稳定一定时间，即表明堵漏浆已开始渗入岩心。

5.1.2 加拿大大理石填充床及裂缝板模拟试验装置

（1）装置结构。

加拿大全国能源有限公司提出以大理石作为漏层滤失介质模型模拟各种状态、尺寸的孔隙性地层构造的试验台架，如图 5-3 所示。该装置结构比较简单：高压管直径为 101.6mm，长为 355.6mm，其下端是直径由 101.6mm 逐渐缩小到 76.2mm 的异径管节，能托住直径为 76.2mm 的圆形裂缝板；而圆形裂缝板支撑着模拟孔隙性地层的填充床。往由支架支撑着的高压管内装满钻井液，可在高压下通过管线供气，供气压力可高达 6.9MPa。管线还包含排泄阀。钻井液通过填充床后收集于支座上的储槽内。

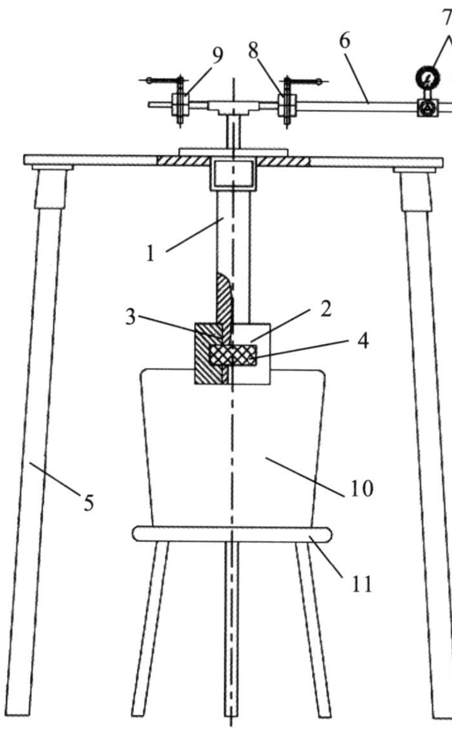

1—高压管；2—异径管节；3—圆板；4—填充床；5—支架；6—管线；
7—压力表；8—进气阀；9—排泄阀；10—储槽；11—支座

图 5-3　大理石填充床及裂缝板模拟试验装置结构示意图

（2）操作方法。

①大理石填充床试验：大理石粒径分别为 3mm、10.5mm、15mm、22mm，填充床高 50.8mm。将四种粒径的大理石填充到填充床，可以模拟砾石岩层（渗透性地层）试验惰性填料的封堵能力。

②裂缝试验：以厚 6.35mm 的钢板制成直径为 76.2mm 的圆板，板上切有 4～6 道平行的缝，缝口宽度有 0.8mm、1.6mm、3.2mm、6.4mm 和 12.7mm 五种规格。同一块圆板上的缝口宽度应相同，主要用于试验堵漏材料形成的封堵隔墙的承压能力。

③楔形缝试验：将上述五种规格的圆板叠放，使缝口宽度自下而上呈 90°增大，形成深 31mm、顶部宽 12.7mm、底部宽 0.8mm 的楔形缝。目的是试验堵漏浆的封堵性能。

5.1.3　美国石油协会（API）静态堵漏试验仪

（1）装置结构。

美国早期研究的评价堵漏效果的试验仪主要由本体、球阀、试验槽及填充床等组成，如图 5-4 所示。

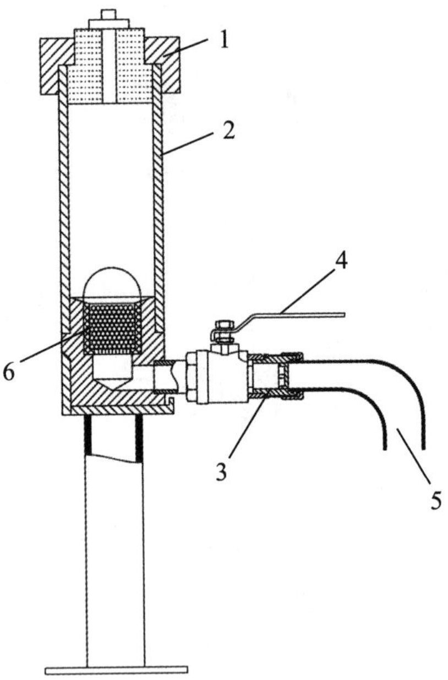

1—带密封圈的顶盖；2—本体；3—试验槽（内含缝隙板）；4—球阀；5—漏失通道；6—填充床

图 5-4　静态堵漏试验仪结构示意图

静态堵漏试验仪缝隙板厚 6.4mm，直径为 47.5mm，缝隙长 35mm，缝宽有 1～5mm 五种规格，可以评价裂缝性地层，如图 5-5 所示。

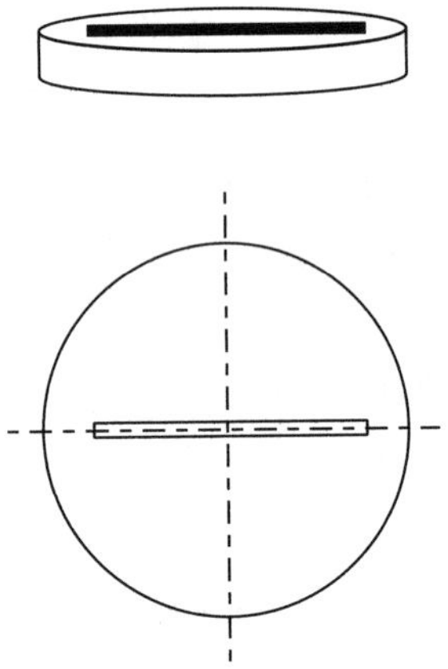

图 5-5　静态堵漏试验仪缝隙板

（2）试验原理

首先关上阀门，将填充床或不锈钢缝隙板组合放到规定的位置，然后向液筒内注入预制好的堵漏浆，拧紧压盖，加压，打开球阀，测定漏失量。在压力作用下堵漏浆被挤入漏层模型内，如果材料颗粒合适，即能形成堵塞，继续加压至装置额定压力，可以检测“桥塞”的承压能力；如果颗粒不合适，堵漏浆则被全部挤出漏失通道。早期评价堵漏材料时常采用此方法。

5.1.4 美国砂床试验仪

为模拟孔隙漏失，美国 EDTI 公司研制了砂床试验仪，如图 5－6 所示。该试验仪以 20～40 目的石英砂作为漏层滤失介质，以模拟接近于井下的实际情况。

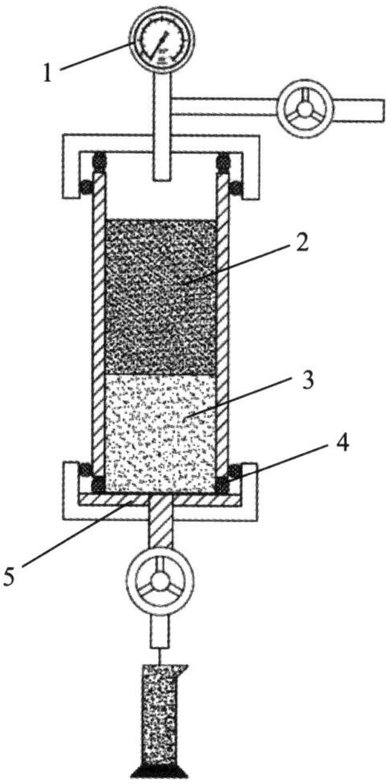

1—压力表；2—钻井液；3—滤砂床；4—橡胶支座；5—观察板

图 5－6　美国砂床试验仪结构示意图

试验仪外筒是耐压玻璃，便于观察钻井液的试验状况。但由于工作压力只有 0.69MPa，而且不能加温，故只能在室温、低压情况下观察钻井液的侵入情况，不能反映钻井过程中钻井液在井下工作的真实状态。

5.1.5 日本泵循环式堵漏材料效果评价装置

20 世纪 80 年代，日本科研人员研制了泵循环式堵漏材料效果评价装置。该装置由循环压力升压装置、钻井液循环装置、井筒模型、测试装置、滤液收集装置、漏层滤失介质模型等组成，设计工作压力为 1.96MPa。日本泵循环式堵漏材料效果评价装置如图 5－7 所示。

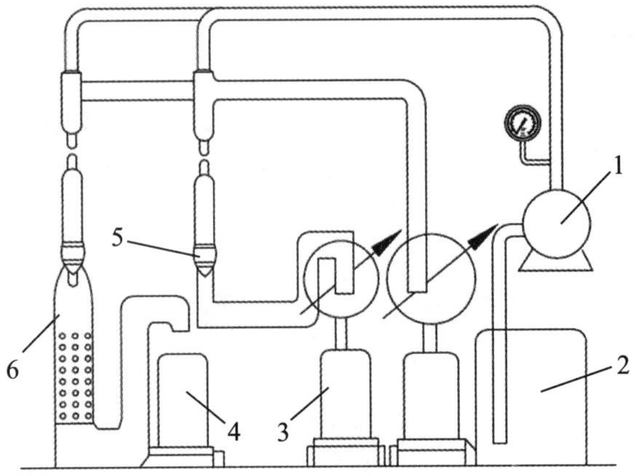

1—循环压力升压装置；2—钻井液循环装置；3—井筒模型；4—测试装置；
5—滤液收集装置；6—漏层滤失介质模型

图 5—7　日本泵循环式堵漏材料效果评价装置结构示意图

钻井液循环装置由 250L 铁质泥浆罐和泵组成，采用泵循环钻井液。循环压力升压装置配备 1～5 根内径为 16mm、长度为 5500mm 的气管组成的循环通道，利用钻井液流过循环装置时的流动阻力升压到需要压力，最高压力可达 834kPa。井筒模型是由两根同心无缝钢管组成，外管外径为 99.5mm、内径为 60.5mm、长度为 1100mm，下端敞开，从内管泵送钻井液，经过与外管环空循环到循环升压装置；内管上端与旋转接头连接，并通过抗压软管与泵连接。漏层滤失介质模型是内径为 85mm、外径为 110mm、长度为 1000mm 的壳体，透明的聚丙烯管内填充玻璃小球，用液压式千斤顶压入截止阀下部，用密封圈保持密封，在一定压力下，计量流出漏层模型的液体（即漏失量），据此观察堵漏效果。测试装置通过 30L 和 50L 的计量罐测定循环量和漏失量，并以负荷度传送器自动记录计量，再以流变仪、压力变送器和应变仪器测定循环压力和井底压力，以示波器作记录仪。阀门是升降式的，关闭时，钻井液在井筒模型内循环，开启时，漏层模型漏失试验开始，因此也称为漏失开始阀。

5.1.6　便携式高压可视液侵度测试仪

便携式高压可视液侵度测试仪（High Pressure Invasion Tester，HPIT）是测试钻井液或堵漏浆侵入地层深度的一种仪器。该仪器结合了传统钻井液侵入度测试仪以及高压堵漏材料测试仪的优点，无须任何外界能源（气源、电源等）辅助加压，弥补了同类型测试仪在油气田现场实时监测的技术空白。该仪器可单人操作，随时随地对堵漏材料及钻井液侵入度进行测试。该仪器能模拟测试钻井液在多种渗透率地层中的侵入度，也可测试堵漏材料在直径为 5～15mm 的钢珠弹子床上的堵漏效果，还可模拟堵漏浆对砂床的封堵效果。

HPIT 测试仪兼具 QD-2 型堵漏材料试验装置和 FA 型无渗透钻井液滤失仪的功能。该仪器的漏层滤失介质模型采用不同直径的钢珠弹子床和 20～40 目的砂床模拟地层孔隙型漏失，以不同尺寸的缝板模拟地层裂缝。该仪器采用剪切液体加压模式，不使用高压气源。仪器底座采用吸盘固定。试验过程中，操作人员能够通过可视化观察窗观察堵漏浆形成封堵隔墙的过程。HPIT 测试仪的主要结构有底座、可视化观察窗（图 5−8）、支持筒、滑筒、压力表等。HPIT 测试仪的主要优点体现在方便快捷，能够对堵漏浆进行直观快速的评价。

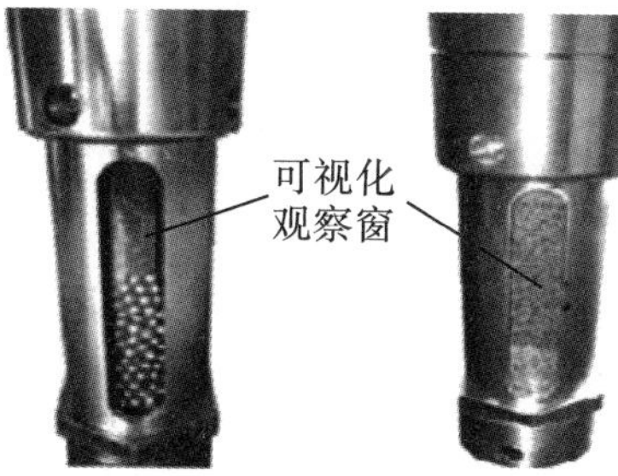

图 5−8　可视化观察窗

HPIT 测试仪的特点如下：可以评价多种堵漏浆封堵效果和钻井液侵入度；试验压力可达 8MPa；无须外接电源和气源；单人即可操作；可视化窗口便于观察；仪器轻便，易携带。

5.2　国内防漏治漏效果评价装置

国内研制防漏治漏效果评价装置的工作起步较晚，最初是利用常温的中压失水仪，经过一定压力和时间作用后形成滤饼，仅测量滤饼的承压能力。在参照国外相关资料并经过长时间摸索后，利用改进后的高温高压失水仪将底部打通，通过调整孔径大小来确定漏失地层的漏失程度，在一定孔径下一定时间内，通过测量堵漏浆漏失量来评价封堵效果（漏失量越少、封堵效果越好）。这种方法一直沿用至今。目前国内在研究堵漏材料、堵漏工艺的同时，已研制成功一系列评价堵漏材料和堵漏浆封堵效果的评价装置。

为了更进一步预防和处理井漏，需要对相关的防漏治漏机理、堵漏材料配方以及堵漏浆的堵漏性能进行试验研究，以便尽快确定堵漏施工方案。本书收集了部分国内不同规格型号的防漏治漏效果评价装置以及堵漏效果评价装置创新设计思路，以进一步深入探讨堵漏效果的评价方法。

5.2.1　QD-1 模拟循环井漏装置

20 世纪 80 年代后期，为了较真实直观地模拟井下漏失情况，测试桥堵材料的封堵能力，四川石油管理局川南矿区设计了 QD-1 模拟循环井漏装置，它包括井筒、活动钻具、泥浆泵、循环管线、加压装置、模拟漏失通道（包括不同形状的矩形直缝、楔形缝、圆柱形缝及颗粒物渗透滤筒）、计量装置等。

（1）装置结构及试验原理。

在装置的下端有两个模拟漏层，可放入试验所需的模拟漏失通道。试验时，往井筒内注入钻井液，将钻杆下入所需位置，注入堵漏浆后关闭井口；从加压器处加压，将堵漏材料挤入漏层。在整个试验过程中，钻具可根据需要上下移动或由齿轮带动钻具旋转，能较真实地模拟堵漏施工的过程。QD-1 模拟循环井漏装置如图 5－9 所示。

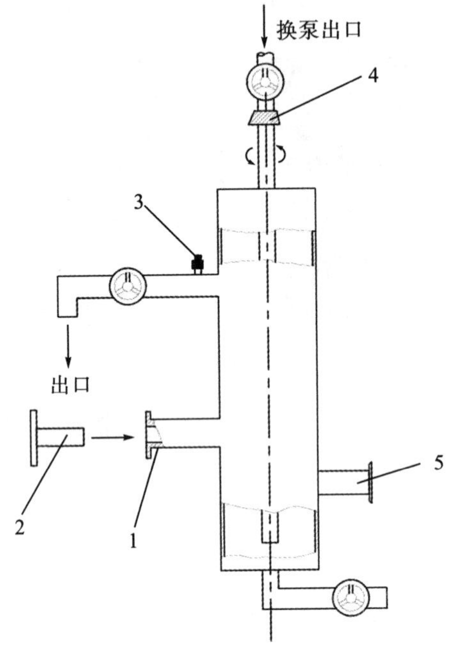

1—漏层Ⅰ；2—试验筒；3—加压装置；4—齿轮；5—漏层Ⅱ

图 5－9　QD-1 模拟循环井漏装置结构示意图

（2）操作方法。

①装置运转使用前要检查泥浆泵与试验架的转动、连接、传动部分是否有脱销、滑扣、润滑不好等情况，电机的电路连接是否正常。

②按试验需要控制闸门试合电闸。要注意泵压表的变化，防止在管线被堵和阀门未开的情况下强行合闸。

③将基浆性能调好，测出基浆的排量后，停泵加入堵漏材料，用搅棒大致搅匀；开泵循环 20min，使堵漏材料充分搅匀，再测其排量。

④停泵，按试验要求装上堵漏模具。

⑤开泵试验，以堵漏浆开始漏出漏层模具时为初始时间，漏层不再漏出钻井液为终止时间，两者的时间差为堵住时间。如果试验进行了 20min 还未堵住，应测其漏速变化。

⑥漏层被堵住后，进行抗压试验。

⑦凡能封堵的配方和模具，在测出抗压强度后，应进行重复试验，再进行强化抗压试验。

⑧压力卸零后将模具拆下，仔细观察模具的封堵情况。

⑨试验完毕后，立即清洗仪器。

5.2.2　DLY-160 型堵漏模拟试验装置

20 世纪 90 年代后期，四川石油管理局钻采工艺研究院针对深井漏失的特殊情况，研制了 DLY-160 型堵漏模拟试验装置。该装置能较为真实地模拟井下裂缝性地层的地质情况。

（1）装置结构。

DLY-160 型堵漏模拟试验装置主要由夹持器和控制箱两部分组成，通过高压管线将这两部分和压力源连接在一起。夹持器由加热套、温度传感器、回压阀等组成。控制箱由温度传感器、压力调节器、压力调节器、压力表、围压气瓶、预压气瓶、堵剂气瓶、阀门等组成。DLY-160 型堵漏模拟试验装置如图 5－10 所示。

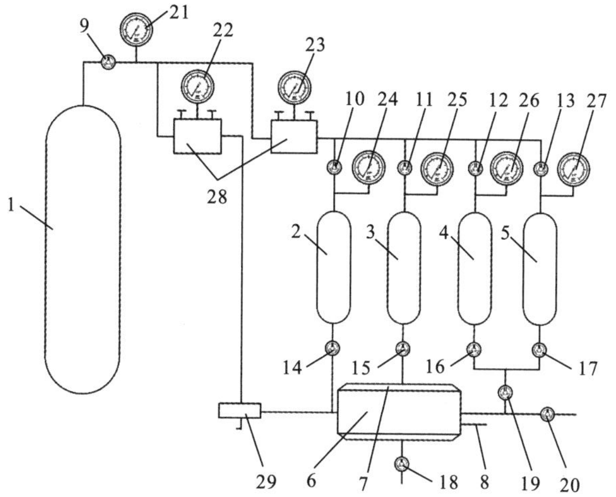

1—气源；2—预压气瓶；3—围压气瓶；4—堵剂气瓶；5—堵剂气瓶；6—夹持器；7—加热套；8—温度传感器；9～20—控制阀；21～27—压力表；28—压力调节器；29—回压阀

图 5－10　DLY-160 型堵漏模拟试验装置结构示意图

（2）试验原理。

试验时先将岩心装入夹持器，以压力源作动力，让预压气瓶中的矿化水充满岩心，升温至试验所需温度以模拟漏层状况。然后调节回压阀，观察回压阀压力表，使其读数与岩心内的压力相等。此时，在挤试验浆液时，回压阀可使岩心内的压力保持稳定；浆液挤入裂缝后，可测定其漏速，也可升高压力检验堵塞隔墙的承压能力，还可反挤堵漏材料检查堵塞效果。待降温、卸压后，卸开夹持器可直接观察其堵塞状况。

5.2.3　ZDS-2 型综合堵漏试验装置

为进一步探索漏失、堵塞机理，研究堵漏材料，地矿部探矿工艺研究所研制了 ZDS-2 型综合堵漏试验装置，这是国内较早研制的模拟钻井漏失的堵漏效果评价装置。

（1）装置结构及试验原理。

ZDS-2 型综合堵漏试验装置由井筒模拟系统、漏失层模拟系统、井架提升系统、调压系统、背压系统、冲洗液循环系统及微机检测系统等七部分组成。ZDS-2 型综合堵漏试验装置如图 5－11 所示。

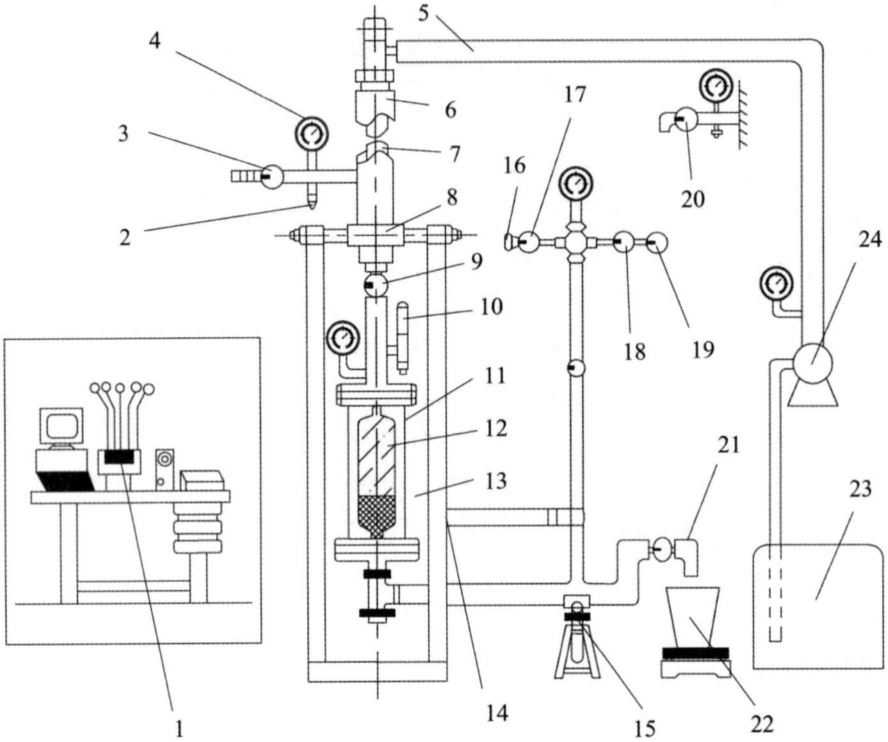

1—微机监测系统；2—压力传感器；3—调压阀；4—压力表；5—进水管；6—井筒外管；7—井筒内管；8—支架；9—漏失开始阀；10—安全阀；11—防护罩；12—透明井筒；13—砂床；14—连接架；15—升降器；16—调节阀；17—进气阀；18—进水阀；19—出水阀；20—背压闸锅；21—漏水阀；22—荷重传感器；23—水源箱；24—泵

图 5－11　ZDS-2 型综合堵漏试验装置结构示意图

①井筒模拟系统。

井筒模拟系统主要模拟钻井液漏失状态，它由两个同心的无缝钢管组成。井筒外管是 ϕ89mm 套管，内管是 ϕ50mm 钻杆，从内管泵送钻井液，钻井液通过分水接头，经过外管与内管的环状空间，再以循环升压系统调节返出量的大小，可分别流进储水池或漏层。内管的上部与外管用密封接头连接，再与水龙头相连，并用高压胶管与水泵接通。井筒下端接闸阀，这个闸阀叫作漏失开始阀，当闸阀关闭，钻井液不进入漏失层，井筒全返出，称为不漏失；当闸阀全打开，钻井液全部进入漏层，称为全漏失。用该闸阀和其他阀门配合，可以调节钻井液漏失和返出量的大小，以及不同井段的压差。

②漏失层模拟系统。

漏失层模拟系统是 ZDS-2 型综合堵漏试验装置的核心部分，设计要求既要透明(便于观察)，又要有较高的抗压强度。它由透明有机玻璃管和带有窗口的钢管外套组成。有机玻璃管外径为 95mm，内径为 65mm，长度为 500mm。开窗的钢管由无缝钢管制作而成，两头用法兰连接。在有机玻璃管内，可分别装玻璃球、大理石块、钢粒砂床及透明的锥形缝隙板，用于检测渗漏量和漏失量等参数。在砂床或缝隙板上部，安装一环状支承取样环，如图5－12所示。支承取样环的主要作用：可以限制在试验时锥形缝隙板不浮；支承透明井筒内部放的透明衬套；可以取出漏失试验中的封堵样品，便于分析观察封堵状态。为了确保安全，在模拟漏失层的上方可安装一个特制的安全阀。

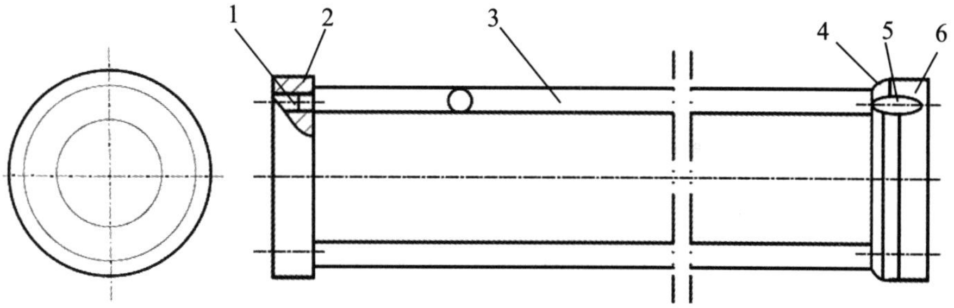

1—螺帽；2—下环；3—支撑杆；4—垫杯；5—腰垫；6—上环

图5－12　支承取样环

③井架提升系统。

井架是由角铁构成的，上部安装可变换不同角度的夹持器，用以支撑和固定井筒。由于横向夹持器角度可以在0°～90°范围内变换，因此可以做垂直、水平、斜交裂缝漏失试验。在水龙头的上部安装滑轮、提引绳和正反螺丝微调装置，可方便提升和装卸井筒。

④调压系统。

原有的ZDS-1型综合堵漏试验装置曾采用长管道、多阀门系统调压，由于占地面积大，操作复杂且很不方便。ZDS-2型综合堵漏试验装置已改成采用一个闸阀的设计，具有体积小、操作灵活方便的特点。调压系统由压力表、传感器、闸阀及水管组成。为了调节不同漏失井段压力和压差，要将回压闸阀、漏失开始阀及漏失层下部阀门进行统筹调配使用。

⑤背压系统。

为了模拟地层压力（下称背压）在涌水状态下对漏失地层的影响，装置利用了两种压力源。一是以自来水作压力源，一般自来水压力为0.31MPa；二是水气混合加压，它由氮气瓶做压源（14MPa）和贮气罐相连，再与自来水管相通，可以达到增大背压的目的。若采用4L的贮气罐，背压可提高到0.5MPa。随着贮气罐容量的增加，背压还可以提高。背压系统由自来水压源、气源、气罐、闸阀、球阀、压力表及压力传感器组成。

⑥冲洗液循环系统。

冲洗液循环系统由进水管、出水管、泥浆泵组成。循环系统设有大小贮水池各一个（分别为600L和120L），及测定漏失量的自动秤和量桶等，并设有排水系统，可配制各种堵漏材料和携带液。

⑦微机检测系统。

微机检测系统可对ZDS-2型综合堵漏试验装置的井筒、漏失层上下部位、背压系统的压力及漏失量等，在动态、静态条件下进行相关参数测定。目前装置配有4个压力传感器和1个荷重传感器，可自动测定、显示和记录相关参数。本系统由XC-PC新潮计算机、打印机、Y6D-1型六线动态电阻应变仪、DY-5型电源供给器和用BASIC语言、汇编语言编成的具有多种功能的测试软件等组成。

（2）装置特点。

ZDS-2型综合堵漏试验装置是一种多功能综合试验装置，可做多种试验。

①堵漏机理的观察试验。

由于在井内的堵漏过程是无法直接观察到的，所以我们对各种堵漏材料的堵塞机理和过程并不十分清楚。在该装置上可通过透明的模拟漏失井筒直接观察到堵塞漏失通道的全部过程，为技术人员进一步研究堵漏机理提供感性认识。

②漏失层模型与堵漏材料有效粒径的关系试验。

通过该试验，技术人员可以了解漏失通道形状、堵漏材料有效粒径和“架桥”三者间的关系，为堵漏材料复配时提供最佳颗粒搭配依据。

③不同类型的堵漏材料试验。

该装置可检验惰性桥堵材料、高失水堵漏材料、化学堵漏材料等的封堵效果。

④堵漏工艺的模拟试验。

堵漏工艺的模拟试验包括钻具的下放位置、钻具转动和静止时堵漏效果的比较等。

除上述四种试验以外，装置还可进行模拟井漏、井涌及漏涌并存时的试验。

5.2.4 QD-81型堵漏材料评价装置

国内早期普遍采用QD-81型堵漏材料评价装置，如图5－13所示。该装置可用于评价重新建立循环所添加的各种堵漏材料或堵漏浆，通过使用不同粒径的钢珠或不同尺寸的缝板所建的漏层滤失介质模型（即相对近似模拟各种不同地层），分析评价堵漏的效率及测定封堵形成前后漏失的液体体积。

图5－13　QD-81型堵漏材料评价装置

（1）装置结构。

QD-81型堵漏材料评价装置主要由气源接头、连通阀杆、螺盖、本体、弹子床、底座等组成，如图5－17所示。

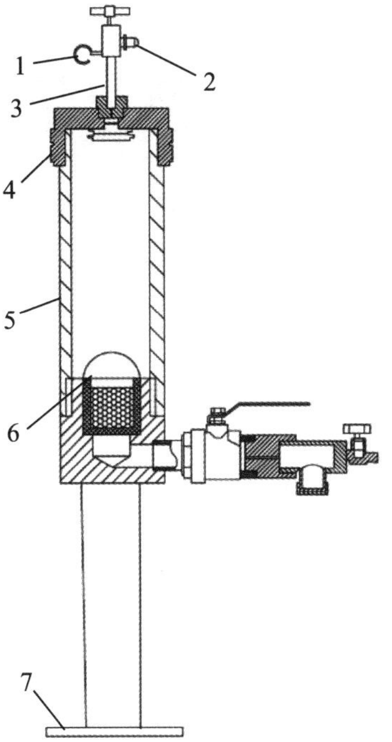

1—插销；2—气源接头；3—连通阀杆；4—螺盖；5—本体；6—弹子床；7—底座

图 5－14　QD-81 型堵漏材料评价装置结构示意图

（2）试验原理。

QD-81 型堵漏材料评价装置评价流程如图 5－15 所示。

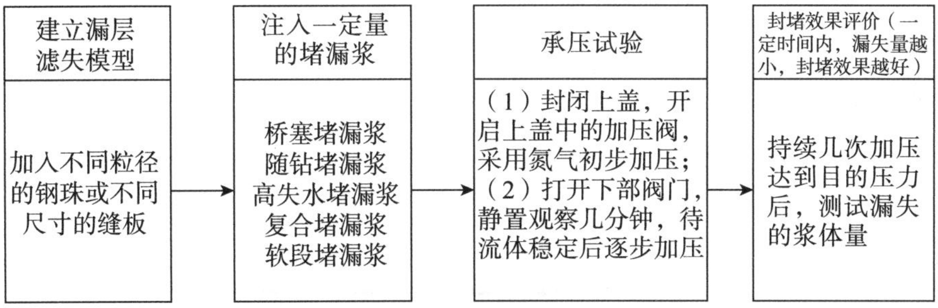

图 5－15　QD-81 型堵漏材料评价装置评价流程

QD-81 型堵漏材料评价装置的弹子床填满钢珠后建立的漏层滤失介质模型如图 5－16 所示、不同尺寸的缝板如图 5－17 所示，不同尺寸的孔板模拟地层孔隙如图 5－18 所示。

图 5－16　填满钢珠后的弹子床作为漏层滤失介质模型

图 5-17　不同尺寸的缝板

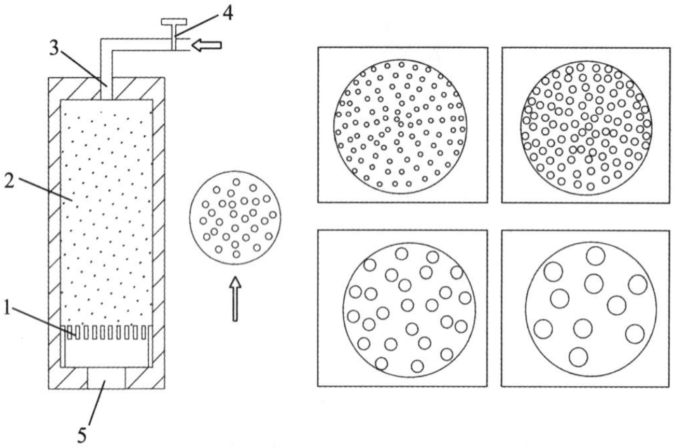

1—金属孔板；2—堵漏浆；3—气源入口；4—气源阀门；5—滤液出口

图 5-18　不同尺寸的孔板模拟地层孔隙示意图

5.2.5　无渗透钻井液滤失仪

无渗透钻井液滤失仪配有一个透明可视的筒体，底座安装有一个不加滤纸的滤网。首先在滤网上面填充 350mL 一定粒径的不同目数及岩性的砂粒，然后倒入浆体，盖上筒盖，加压到 0.69MPa 后考察浆体对孔隙的封堵能力。无渗透钻井液滤失仪如图 5-19 所示。

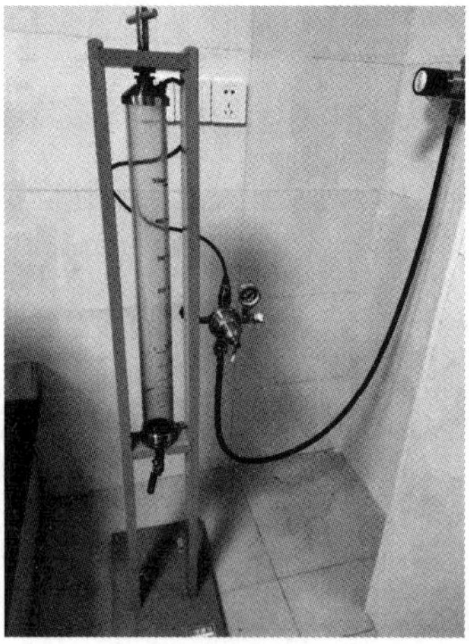

图 5-19　无渗透钻井液滤失仪

无渗透钻井液滤失仪由支架、筒盖、筒体、底盖、压力调节器和量筒等组成，如图 5—20所示。

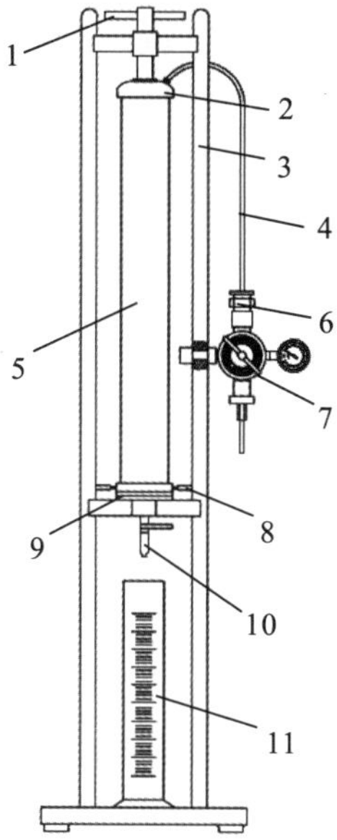

1—手柄；2—桶盖；3—支架；4—输气管；5—筒体；6—输气阀芯；
7—压力调节器；8—销；9—底盖；10—排出管；11—量筒

图 5—20　无渗透钻井液滤失仪结构示意图

5.2.6　中压失水仪堵漏效果评价

中压失水仪主要通过测试堵漏浆的滤液漏失量进而评价堵漏浆的堵漏效果，如图 5—21 所示。中压失水仪的操作方法与测试钻井液滤失量的操作方法相同，早期常用来评价钻井液的防漏封堵效果。

图 5—21　中压失水仪

5.2.7　BDY-1 便携式堵漏仪

BDY-1 便携式堵漏仪由中原石油勘探局钻井四公司研制，如图 5—22 所示。其试验原理与美国石油协会早期的堵漏装置相似。首先选定模拟漏层滤失介质（不同尺寸的孔、缝、裂缝），然后在不同压力梯度的作用下，将堵漏浆注入模拟漏层滤失介质模型，通过回收堵漏浆的多少和封堵时间的长短，评价封堵效果。

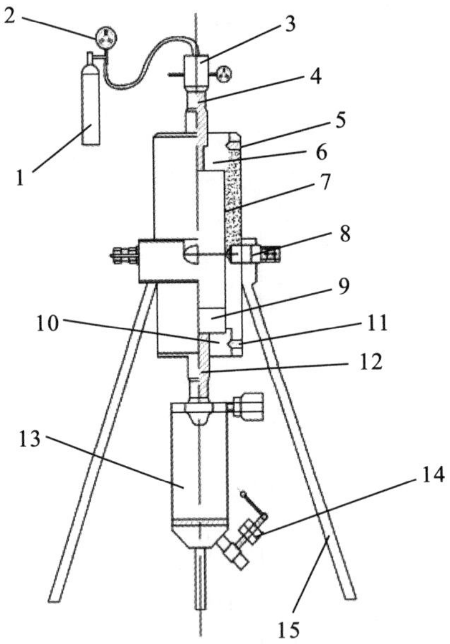

1—氮气瓶；2—调压装置；3—加压接头；4—上联通阀杆；5—浆杯上盖嵌装螺丝；6—高压浆杯上盖；7—高压浆杯；8—悬臂；9—模拟滑层；10—高压浆杯下盖；11—浆杯下盖嵌装螺丝；12—下连通阀杆；13—缓冲收液桶；14—收液桶阀门；15—支架

图 5－22　BDY-1 便携式堵漏仪结构示意图

5.2.8　DLM-01 堵漏材料试验装置

DLM-01 堵漏材料试验装置可对堵漏材料的优选起指导作用，其通过组合式模块作为漏层滤失介质模型，模拟各种孔隙型漏失、裂缝型漏失及其他漏层状态。

（1）装置结构。

DLM-01 堵漏材料试验装置如图 5－23 所示。

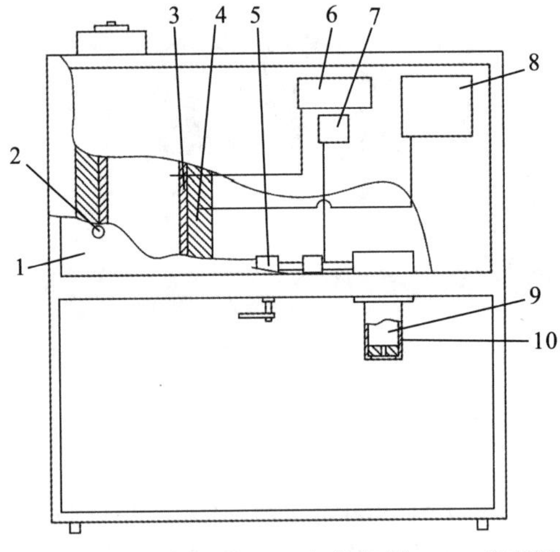

1—气源；2—控制阀门；3—试验容器；4—加热组件；5—球形阀；6—压力显示器；7—时间显示器；8—控温组件；9—测试组件；10—试验模块

图 5－23　DLM-01 堵漏材料试验装置结构示意图

（2）装置特点。

DLM-01 堵漏材料试验装置除具备 API 堵漏仪全部功能外，还增加了以下功能：试验后可以直接观察堵漏材料在横向断面、纵向剖面的组分分布情况及堵漏效果；楔形模块可以有效模拟诱导裂缝和纵向裂缝；渗漏试验中的防扰动设计可防止堵漏浆对砂床的冲刷；堵漏试验中有数显计时功能；该装置可加压至 7MPa，升温至 150℃；可观察、判断堵漏材料的真实封堵情况与理论设计模型的吻合程度，用于指导堵漏配方的改进与优化。

5.2.9　DL 系列堵漏试验装置

DL-1 型和 DL-2 型堵漏试验装置是模拟地层渗透性井漏的特点而研制的。

1. DL-1 型堵漏试验装置

西南石油大学与长庆石油勘探局共同研制了 DL-1 型堵漏试验装置，如图 5－24 所示。研究人员可借助该装置，在一定压差和剪切速率下开展不同类型、不同尺寸和形状的堵漏材料在人造或天然岩心上的静、动态漏失试验，也可按需要开展其他试验。该试验装置的原理是使用离心泵循环堵漏浆，再用氮气对岩心施加围压、驱压和回压以模拟井壁所受的挤压和静压差作用。

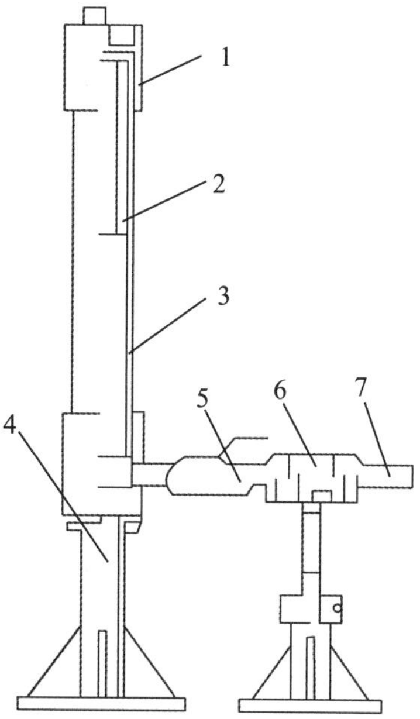

1—上接头；2—内筒；3—外筒；4—支座；5—球阀；6—试验筒；7—出口

图 5－24　DL-1 型堵漏试验装置结构示意图

（1）装置特点。

①漏层滤失介质模型采用直径为 2～15mm 的钢球及不同规格石英砂模拟渗透性地层，调节粒径即可得到与地层相近的渗透率。通过有机玻璃制成的填充床能直接观察堵漏浆的渗透深度及堵塞情况。

②用水泥制成各种规格的试验模块，漏失通道长 100mm，可避免漏失通道短导致试验中出现“封门”现象。模块与地层漏失介质较接近，更具有相似地层的漏失特性。

③用钢制收集器，另加 20kg 稳定板，可有效地防止堵漏浆泄漏时产生的冲击力破坏收集器。

④仪器上装有安全阀。

2. DL-2 型堵漏试验装置

DL-2 型堵漏试验装置在 DL-1 型的基础上，增加了堵漏压力反排装置，即可检测封堵成功后反向破坏封堵所需的压力。DL-2 型堵漏试验装置如图 5－25 所示。

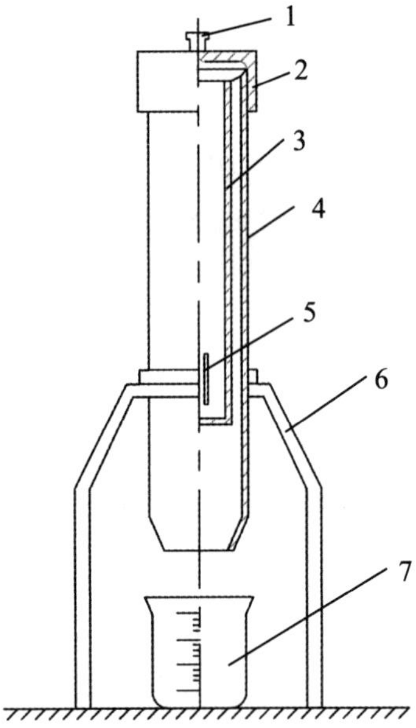

1—气源接头；2—上盖；3—内筒；4—外筒；5—裂缝；6—支架；7—滤液收集容器

图 5－25　DL-2 型堵漏试验装置结构示意图

3. DL-2H 智能型堵漏仪

DL-2H 智能型堵漏仪在 DL-2 型堵漏试验装置的基础上增加了自动采集和自动控制系统。为进一步模拟深井、高温井井漏，该仪器设计温度为 120℃，压力大于 10MPa。为保证操作人员安全，避免接触仪器高温和高压部件。仪器能自动记录试验数据、测试数据，为优化堵漏配方提供有力支持。

DL-2H 智能型堵漏仪由记录系统、变频系统、取样系统、测试系统、加热系统和人机界面等组成，通过 PCL 指令各系统工作，如图 5-26 所示。DL-2H 智能型堵漏仪如图 5－27 所示。

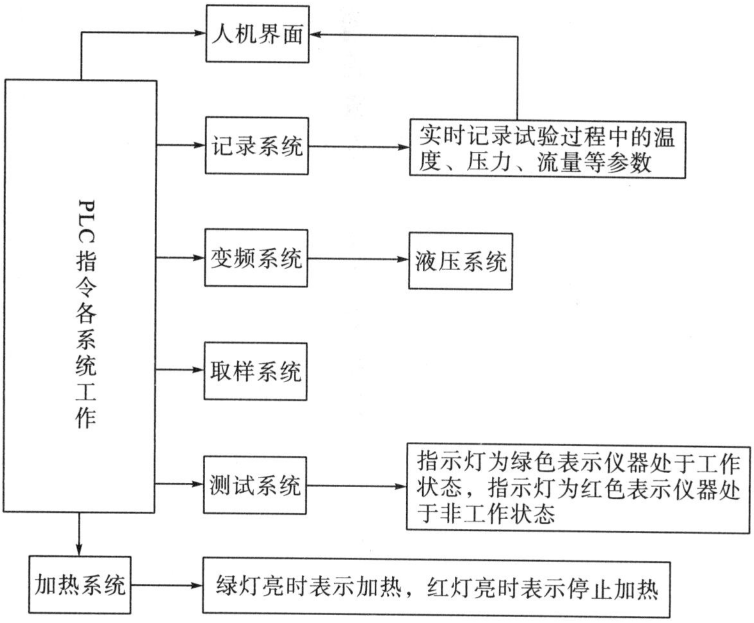

图 5－26　DL-2H 智能型堵漏仪自动系统流程

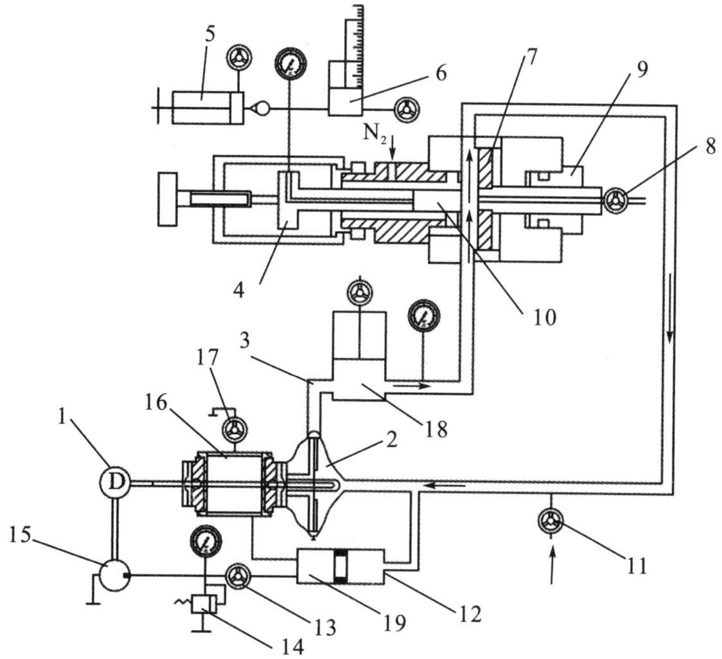

1—直流调速电机；2—离心泵；3—活塞式容器；4—岩心夹持器；5—反驱液缸；6—活塞式量筒；7—方板活塞；8—截止阀；9—调节螺母；10—岩心；11—球形截止阀；12—平衡液缸；13—二通阀；14—溢流阀；15—油泵；16—滑动轴承；17—截止阀；18—钻井液；19—液压油

图 5－27　DL-2H 智能型堵漏仪结构示意图

5.2.10　高保真模拟地层钻井堵漏评价试验系统

高保真模拟地层钻井堵漏评价试验系统由中国地质大学（武汉）设计研制，主要由加压系统、堵漏液容器、高保真漏层模拟器、环压加压系统（即加温、控制系统）等组成。高保真漏层模拟器包括模拟漏层、耐高温高压胶筒、夹持器、堵头和加热器。模拟漏层填充在对开岩心筒中，对开岩心筒外套有耐高温高压胶筒，耐高温高压胶筒外安装有夹持器，夹持器外套有加热器，填充有模拟漏层的对开岩心筒上下两端均设有堵头。

（1）装置结构。

高保真模拟地层钻井堵漏评价试验系统装置结构、模拟器剖面图、对开岩心剖视图分别如图5－28、图5－29、图5－30所示。

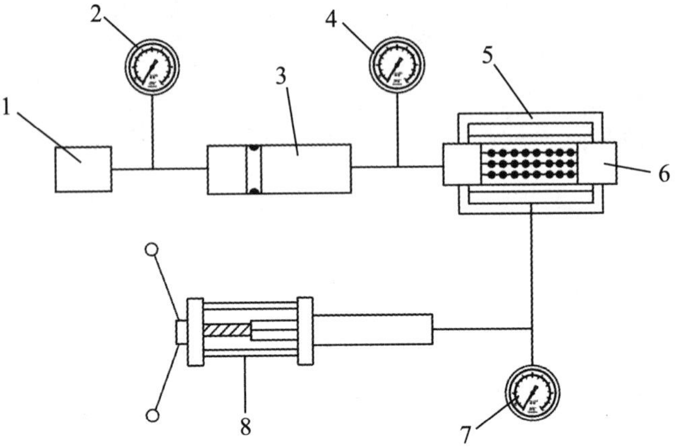

1—柱塞泵；2—压力表；3—堵漏液容器；4—压力表；5—高保真漏层模拟器；6—液体出液口；7—压力表；8—液压泵

图5－28　装置结构示意图

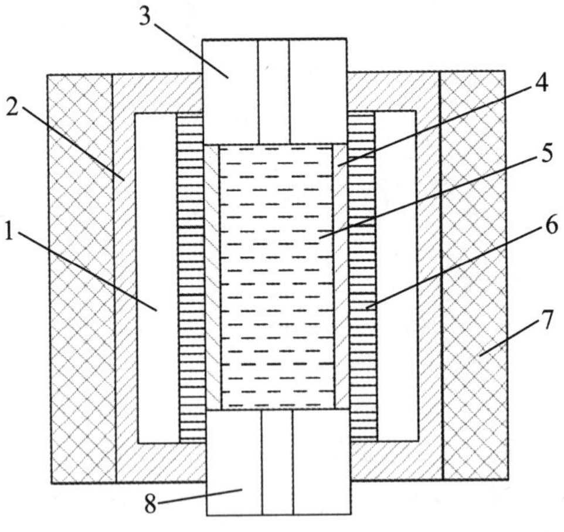

1—环形空间；2—夹持器；3—上堵头；4—模拟漏层；5—对开岩心筒；6—耐高温高压胶筒；7—加热器；8—下堵头

图5－29　模拟器剖面图

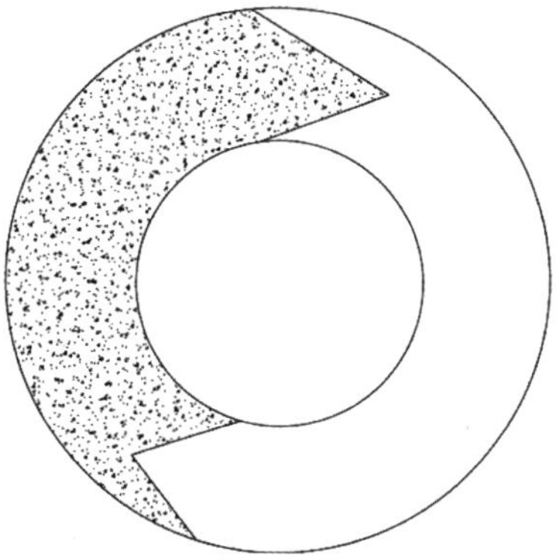

图 5-30　对开岩心剖视图

（2）试验原理。

高保真模拟地层钻井堵漏评价试验系统对裂缝的缝宽进行了调节，充分考虑了由于缝宽的变化引起漏失量变化这一因素，可较好地模拟地层漏失岩石物理、化学及力学性质，井底压差，钻井液中加入的堵漏材料的性质、尺寸及加入的堵漏材料与地层的相互作用。

（3）装置特点。

①高保真模拟地层钻井堵漏评价试验系统中的对开岩心筒可反复使用，操作简便，经济性好。

②高保真模拟地层钻井堵漏评价试验系统使用的是耐高温高压胶筒，工作时套在插接式对开岩心筒外部，且两端与堵头连接，起到模拟地层的作用。装置可在环空中施加压力，压力可通过对开岩心筒传递到模拟地层，检测挤入地层的堵漏材料的反排情况。

③高保真模拟地层钻井堵漏评价试验系统是高保真模拟漏失地层的高温高压模拟试验装置，不仅能进行针对常规漏层滤失模块（人造裂缝块、圆孔模型、梯形裂缝等）的堵漏试验，而且能进行模拟真实漏层特征的试验。

④高保真模拟地层钻井堵漏评价试验系统的研制为堵漏材料的优化、堵漏浆性能的评价及堵漏工艺方案的确定提供了一种科学、有效的评价方法，为相关的科研和生产提供科学的依据。

5.2.11　JHB-2 高温高压动静态堵漏试验仪

JHB-2 高温高压动静态堵漏试验仪由西南石油大学研制，可模拟地层温度、压力、钻井液上返速度等，以有效地筛选堵漏材料、钻完井液，如图 5-31 所示。

（1）装置特点。

JHB-2 高温高压动静态堵漏试验仪能模拟静态和动态堵漏效果，实现非凝固性堵漏材料和水泥浆的互换。人造缝板的宽度和长度、漏床中钢珠的大小、填砂床中砂子的密度都可以根据实际需要调节。

（2）装置结构。

JHB-2 高温高压动静态堵漏试验仪由回压压力表、回压传感器、回压泄压阀、回压调压阀、加压调压阀、工作压力表、工作压力传感器、钻井液罐 I 加压阀、工作压力泄压阀、快速接头、钻井液罐Ⅰ、钻井液罐Ⅱ、排污阀、返排加压阀、钻井液罐Ⅱ加压阀、连接接头、缝板夹持器、回压阀、排污阀、收集桶加压阀、磁力驱动泵和数据采集板等组成。

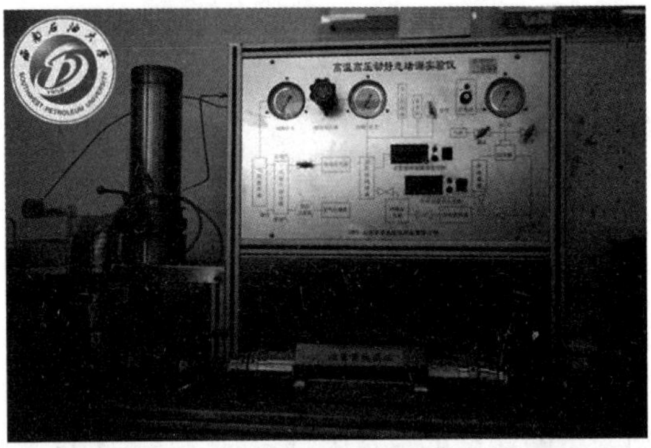

图 5−31　JHB-2 高温高压动静态堵漏试验仪

5.2.12　堵漏浆管流试验装置

堵漏浆管流试验装置通过径向流物理模型来评价随钻堵漏体系与常规桥接堵漏体系的封堵效果，一是可模拟测定不同压力下各种裂隙的漏失量，二是可测定各种渗透地层的漏失量及材料渗透深度，三是可评价各种堵漏材料的封堵效果。

（1）装置结构。

堵漏浆管流试验装置如图 5−32 所示。

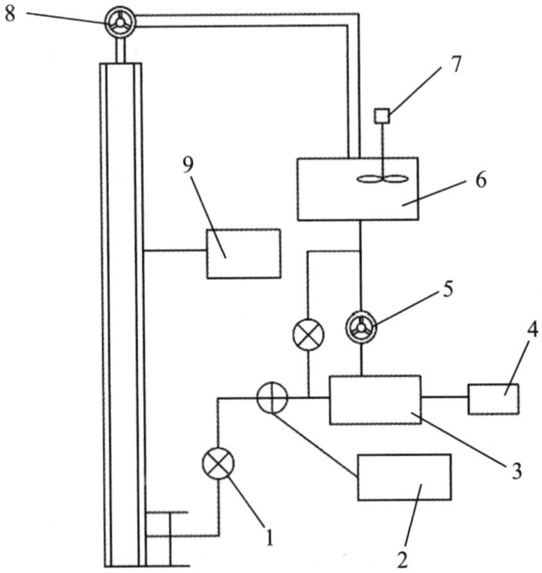

1—阀门；2—流量显示仪；3—螺杆泵；4—电机；5—单向阀；
6—钻井液循环箱；7—搅拌器；8—阀门；9—计算机

图 5−32　堵漏浆管流试验装置结构示意图

①缝隙板、砂床的组合可模拟钻孔漏失状态。

②压力源（升压装置）可模拟不同孔隙深度的液柱压力及泵压。

③两种缝隙板（平面和锥形缝薄板）可模拟裂缝和渗透性地层。

④砂床可用于估测地层渗透量和材料渗透深度。

（2）试验原理。

在渗流过程中，平面上任意一点的渗流速度和压力是两个坐标轴（*X* 和 *Y*）的函数。渗流速度和压力等运动要素不随时间而改变，按照模拟条件的要求，在径向流模型上进行恒定速度的注水试验，在出口端记录流体的产液量和时间以及模型两端的压差，再以平面径向流公式处理实验数据，求得地层渗透率。

随钻过程中，堵漏材料与钻井液需要形成最佳的协同效应。堵漏材料在进入漏失通道后能产生滞流、堆积架桥、连接、填充加固等作用，从而在漏失井壁中快速形成封堵率高、填充加固能力强的封堵带，达到堵漏的目的。堵漏原理如图 5－33 所示。

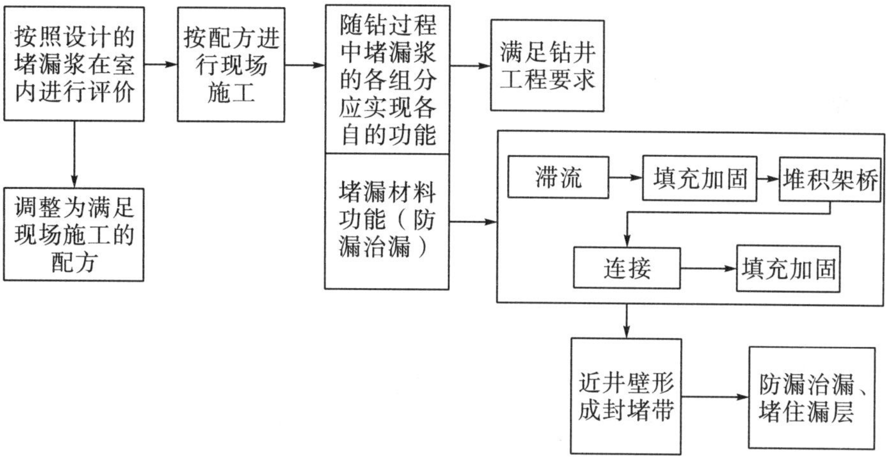

图 5－33　堵漏原理

5.2.13　JLX-2 动态堵漏试验仪

JLX-2 动态堵漏试验仪由长江大学研究开发，可用于评价各种堵漏添加剂，优选堵漏配方，研究各种裂缝性漏失以及渗透性漏失的动态堵漏机理。

（1）装置结构。

JLX-2 动态堵漏试验仪如图 5－34 所示。

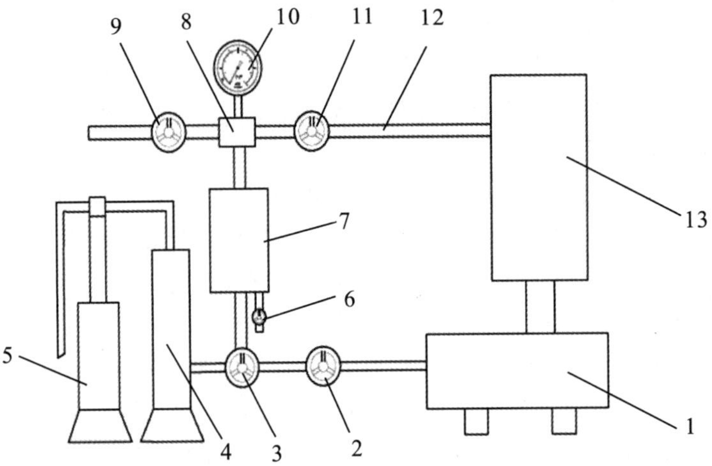

1—螺杆泵；2—入口球阀；3—三通；4—容器；5—增压装置；6—滤渣出口阀；7—漏失总成；8—四通；9—放空球阀；10—压力表；11—回流球阀；12—回流管；13—液池

图 5-34　JLX-2 动态堵漏试验仪结构示意图

（2）装置特点。

JLX-2 动态堵漏试验仪可模拟堵漏浆堵漏的全过程，也可用于评价各种堵漏添加剂，并对堵漏浆配方进行优选。此外，该试验仪还可对各种裂缝性漏失及渗透性漏失进行评价，研究动态状况下的堵漏机理。同时可用于研究沥青封堵裂缝形成封堵隔墙及稳定井壁的机理。

5.2.14　HTD18984 钻井液封堵性能评价仪

HTD18984 钻井液封堵性能评价仪（图 5-35）可以检测井下静态条件下堵漏浆的漏失量，结构如图 5-36 所示。该评价仪可直观描述封堵效果。其最高工作温度为 260℃，最大工作压力为 27.5MPa，浆体容量为 500mL。

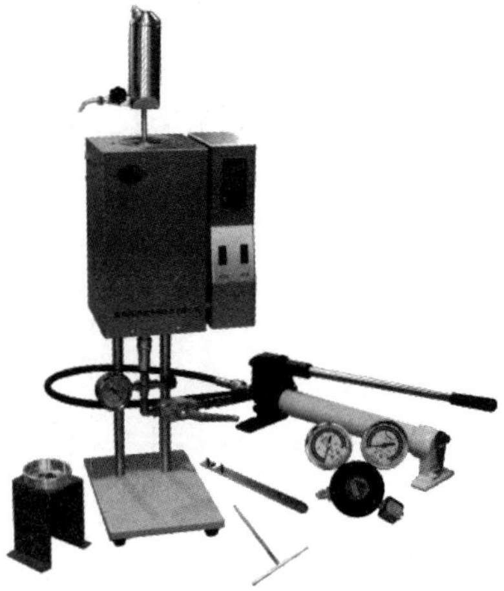

图 5-35　HTD18984 钻井液封堵性能评价仪

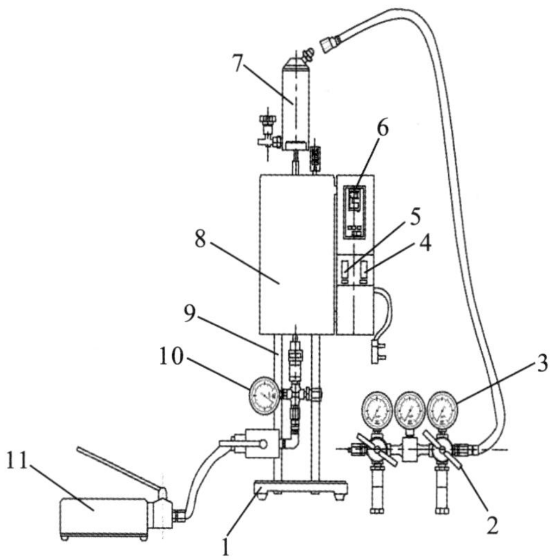

1—底座；2—调压阀；3—压力表；4—电源开关；5—加热开关；6—温控器；
7—回压接收器；8—加热套；9—立柱；10—压力表；11—液压泵

图 5－36　HTD18984 钻井液封堵性能评价仪结构示意图

5.3　新型防漏治漏效果评价装置的设计理念

堵漏作业的成功取决于能正确选择适合漏层特征的堵漏浆，包括堵漏材料、粒度级配（粒度分布）、堵漏浆浓度等。因此，研制能正确评价堵漏材料及堵漏浆的封堵承压效果的装置势在必行。

室内试验得出的配方，对现场操作具有一定的指导意义。由于地层形态多变，特别是在堵漏过程中，堵漏材料的颗粒尺寸与漏失地层的裂缝尺寸及漏失程度的匹配度，以及形成封堵隔墙后的承压能力大小等均是影响堵漏效果的重要因素。防漏治漏效果评价装置的设计应满足如下基本要求：

（1）能评价由堵漏材料或配制成的复合堵漏浆的封堵能力；

（2）能评价由不同尺寸、形状的堵漏材料混合后形成的堵漏浆的封堵能力，分析不同粒径、不同硬度、不同长纤维及延展性等组分的作用；

（3）能用于评价封堵率、承压能力；

（4）能用于评价酸溶率。

针对室内评价堵漏效果的装置，要求能模拟井下漏层的实际状态，漏层滤失介质模型应接近地层的实际岩性及渗透率，能评价动态条件下封堵隔墙的承压能力。

5.3.1　新型防漏治漏效果评价装置的设计思路

新型防漏治漏效果评价装置需能有效评价堵漏效果及主要参数，能测量出各因素对堵漏效果的影响程度。

新型防漏治漏效果评价装置的设计思路如下：

（1）堵漏效果评价装置的设计。设计的堵漏装置应能对温度、压力进行动态监测，能更好地模拟地层岩心的渗透情况。

（2）堵漏浆体系的配制及性能评价。根据优选出的处理剂、外掺料按照一定比例配制堵漏浆，测量其封堵启动压力及一段时间后的承压能力。

（3）对凝胶固体材料的堵漏效果应有相应的评价方法。

（4）通过新型堵漏模拟评价仪来评价堵漏浆是否精准进入漏层并高效堵漏。

（5）提高装置的智能化，全面增强装置分析、处理各类数据的能力，进而提供合理的堵漏方案。

5.3.2 部分防漏治漏效果评价装置介绍

1. JHB-2 高温高压动态失水与动态堵漏仪

（1）装置特点。

JHB-2 高温高压动态失水与动态堵漏仪由西南石油大学研制，如图 5－37 所示。其通过温度控制系统，采用电脑储存与采集技术，可准确记录温度、压力、失重和气窜曲线等相关信息；能开展水泥浆在井下凝固状态时，油、气、水窜入水泥内对固井质量的影响研究。

图 5－37 JHB-2 高温高压动态失水与动态堵漏仪

（2）操作方法。

①试验用堵漏浆的配制。

②静态狭缝试验（钢珠或填砂床）。

③动态狭缝试验：选择开口尺寸较小的缝板与套筒（或钢珠漏床或填砂床），封堵成功后再根据需要选择开口尺寸较大的缝板（或钢珠直径较大者或填砂床颗粒较大者）重复试验。若封堵成功，可测返排压力和最大承压能力。

2. 可固化堵漏浆综合性能评价装置

因研究桥接复合堵漏工艺的需要，青岛海通达专用仪器有限公司与相关油气田公司共同研制了可固化堵漏浆综合性能评价装置，如图 5－38 所示。

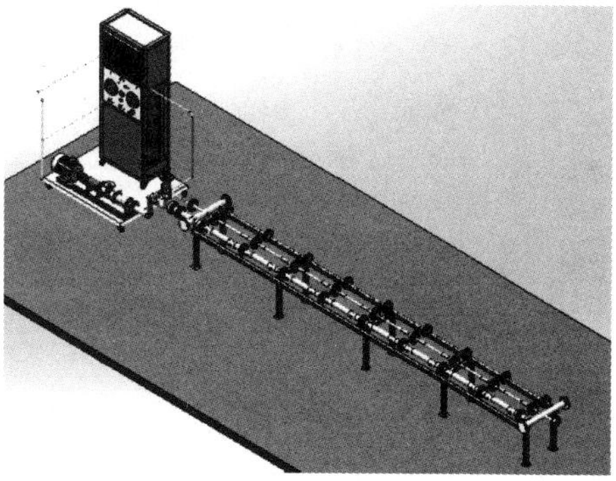

图 5－38　可固化堵漏浆综合性能评价装置示意图

该装置能模拟钻井液在漏失通道内的正反向承压情况，评价固化块的承压能力和抗温能力。

（1）性能指标分析。

①堵漏浆试验装置能正反向承压，两端均可输入压力。

②管路系统耐高温、高压，安全稳定。自动控制系统具有自动控温、自动控压、数据采集、数据显示、数据分析、数据传输过程控制等功能。

③堵漏浆管路最大承压为 7MPa，最高温度为 180℃。

④所有测试单元的漏层模型全部采用一次性漏层模型。

⑤测试单元均采用模块化设计。

⑥能提供稳定的压力源与加热源。

⑦具备可靠的安全措施。

⑧仪器便于清洗、拆卸、移动。

⑨适用于各种环境。

（2）装置结构。

可固化堵漏浆综合性能评价装置由主控系统、动力系统、可视漏失单元（图 5－39）、正反向承压单元（图 5－40）、径向对称分体漏失单元（图 5－41）五个部分组成。

装置采用高分辨率的传感器及仪表，可实时上传压力数据，并按照一定速率提高压力。压力图表及实时数据可在个人移动终端上显示。

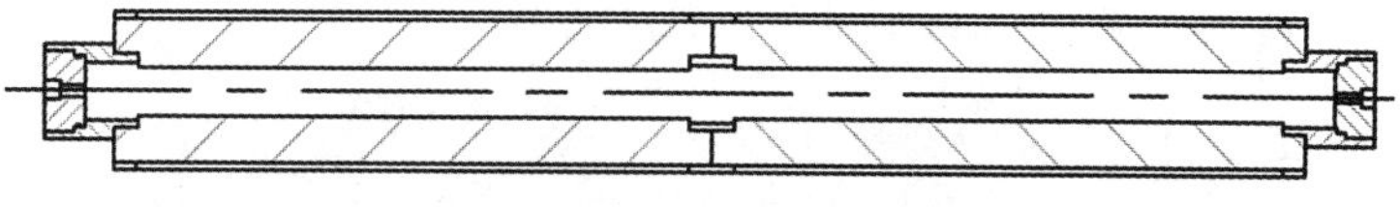

图 5－39　可视漏失单元

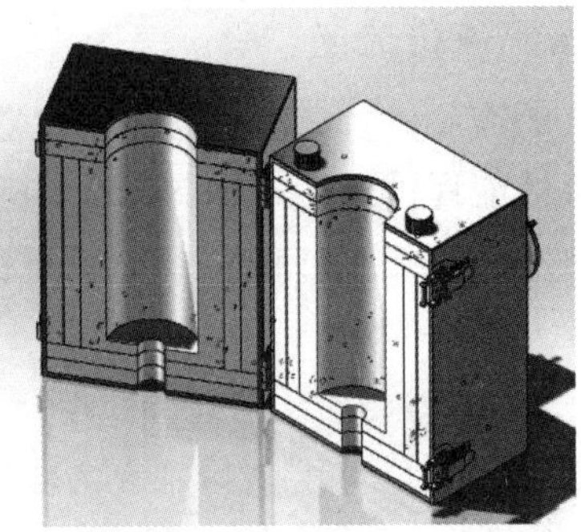

图 5−40　正反向承压单元

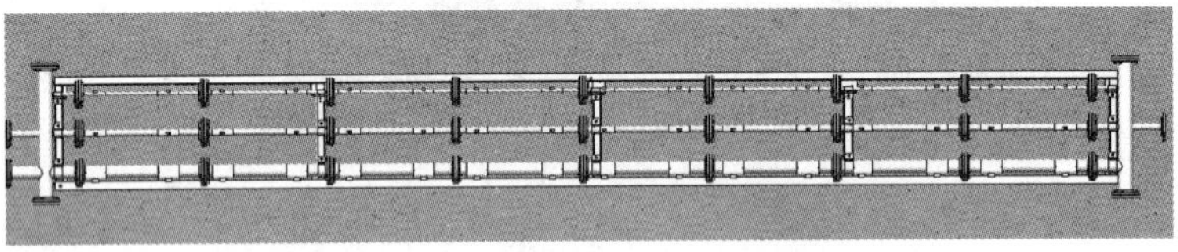

图 5−41　径向对称分体漏失单元

3. CDL-Ⅱ高温高压动静态堵漏试验仪

CDL-Ⅱ高温高压动静态堵漏试验仪是川庆钻探工程有限公司钻采工程技术研究院堵漏工作室用于评价堵漏效果的配套仪器，如图 5−42 所示。该试验仪通过模拟漏失地层的温度和堵漏时的压差、建立模拟不同漏失地层的物理模块，能最大限度地模拟钻井工程中的漏失状况（即堵漏仿真系统）。通过堵漏仿真系统，研究人员可以完成对堵漏材料结构、配比、耐温、耐压等性能的评价，还可以研究不同堵漏材料对各种漏失地层的封堵效果，为钻井工作中的预防漏失以及正确处理钻井工程中的漏失事故提供更为完整、有效的科学依据。

图 5−42　CDL-Ⅱ高温高压动静态堵漏试验仪

该试验仪由驱替模块、储液模块、压力控制模块、温度控制模块、回压加压系统、物理模型、数据采集系统等组成，结构如图 5−43 所示。

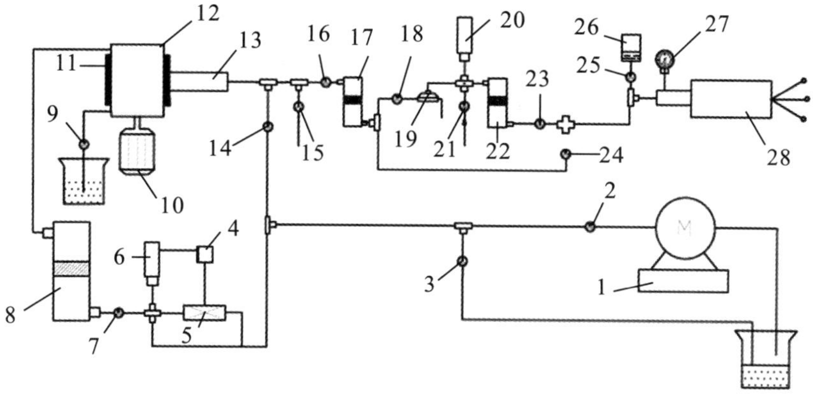

1—柱塞泵；2—电磁阀；3—正驱阀；4—压力数显表；5—压力传感器；6—活塞容器；7—放液阀；8—电加热器；9—电机；10—釜体；11—夹持器；12—反驱阀；13—出液 1；14—出液 3；15—缓冲容器；16—出液 2；17—回压阀；18—加气阀；19—回压缓冲容器；20—回压控制阀；21—补液阀；22—压力传感器；23—吸液阀；24—液杯；25—助力泵泄压阀；25—精密压力表；26—机械助力泵；27—增压阀；28—排液阀

图 5－43　CDL-Ⅱ高温高压动静态堵漏试验仪结构示意图

4．CLDL-Ⅱ型油基钻井液堵漏评价仪

CLDL-Ⅱ型油基钻井液堵漏评价仪由湖北创联科技有限公司设计研制，是针对油基钻井液的特点而设计的一种堵漏评价装置。该评价仪具有体积小、便于清洗、易操作等特点；能够模拟井下实际情况，确保评价的真实性。

（1）装置结构。

CLDL-Ⅱ型油基钻井液堵漏评价仪主要由气驱液泵、活塞式釜体、电磁阀、岩芯夹持器、压力传感器等组成，如图 5－44 所示。

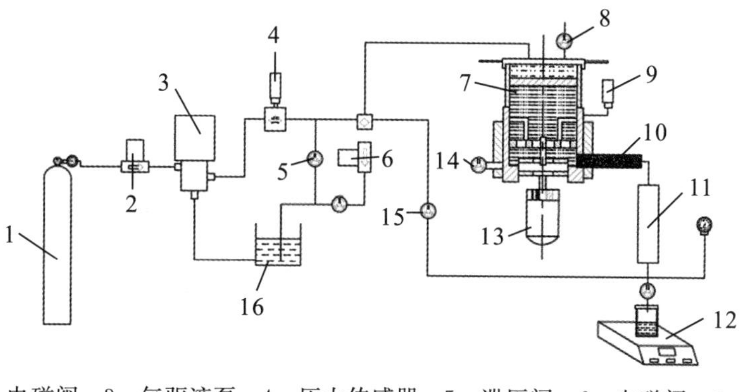

1—气源；2—电磁阀；3—气驱液泵；4—压力传感器；5—泄压阀；6—电磁阀；7—活塞式釜体；8—放空阀；9—压力传感器；10—岩芯夹持器；11—缓冲容器；12—电子天平；13—电机；14—放液阀；15—补液阀；16—储液容器

图 5－44　CLDL-Ⅱ型油基钻井液堵漏评价仪结构示意图

（2）试验原理。

要测试某种泥浆材料的堵漏效果，可将地层仿真模型放入夹持器，然后在动态循环釜体和活塞容器中放入泥浆材料，通过温控仪控制电加热器加温至模拟地层的温度，加温过程中动态循环系统以一定的转速搅拌泥浆。待温度达到设定值后，打开相应的阀门，通过计算机控制加压泵工作，对活塞容器和釜体中的泥浆加压。带压的泥浆通过仿真模型形成堵漏层，漏失的泥浆经过回压系统，排出回压系统中的清水，通过称量清水的体积从而得知漏失泥浆的体积。最后，通过分析对比不同材料的试验记录，即可筛选出堵漏效果好的泥浆。

5．多功能高温高压动态堵漏试验仪

多功能高温高压动态堵漏试验仪由湖北创联科技有限公司设计研发，如图 5－45 所示。该试验仪通过模拟钻井过程中不同漏失地层的温度、压力，以及流体的流态，最大限度地模拟钻井工程中漏失地层的井眼条件，以评价各种堵漏配方的堵漏效果。该试验仪通过特制的多测点夹持器及堵漏模块，可监测堵漏时各个测压点的压力变化情况，从而判断堵漏浆侵入深度及承压能力，以评价不同堵漏配方的堵漏效果，为钻井工程处理漏失事故提供完整、有效的理论依据。此外，该试验仪还可以模拟随钻堵漏工况、停钻堵漏工况，为钻井工程中的堵漏作业提供一套科学的评价手段。

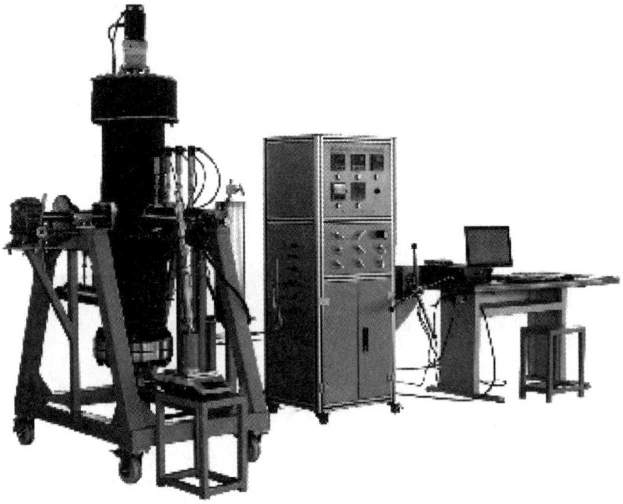

图 5－45　多功能高温高压动态堵漏试验仪

（1）装置结构。

多功能高温高压动态堵漏试验仪由恒温控制系统（带冷却系统）、测试压力控制系统、上覆压力加载系统、回压控制系统、测试釜体（图 5－46）、物理模型、机械执行机构、测量模块、安全控制系统、电气控制及数据采集与分析软件、管路系统等组成。

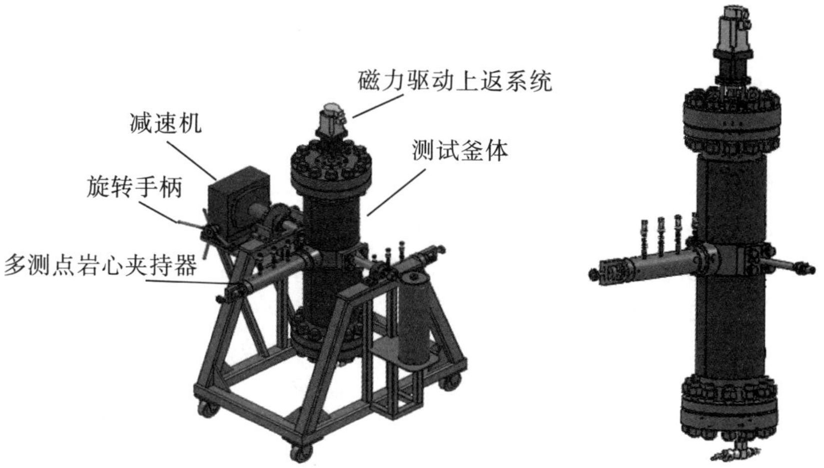

图 5−46　测试釜体效果图

（2）试验原理。

多功能高温高压动态堵漏试验仪采用磁力循环系统驱动钻井液在钻杆和井筒环空中循环，通过增压系统和温度控制系统加压和加温以实现对钻井过程中井眼条件的仿真模拟（井筒仿真系统）。同时，该仿真系统可模拟不同井斜，斜率可调节范围为 0°～90°；在井筒仿真系统侧壁可安装不同形态的漏失模块，对钻井液堵漏效果进行评价。该试验仪能够满足油气田钻井随钻堵漏室内仿真模拟评价的需要，也能被用于其他堵漏领域。

（3）主要技术参数。

①最高测试压力：35MPa。

②最大漏失量：200mL/min。

③围压压力：≤40MPa。

④工作温度：室温至 200℃，控温精度±1℃。

⑤模拟上返速度：0.1～1.2m/s。

⑥模拟井筒最大容积：10L。

⑦地层仿真系统模拟井斜率调节范围：0°～90°。

⑧模拟漏失地层类型：裂缝型漏失地层、渗透型漏失地层、破碎型漏失地层和岩心缝块。

A. 裂缝型漏失地层：配备多测点金属缝板（规格为 ϕ38mm×360mm）6 套，即 1～0.5mm、2～1mm、3～1mm、3～2mm、4～2mm、5～3mm 规格各 1 套，也可按要求定制。

B. 渗透型漏失地层：配备填砂管（规格为 ϕ38mm×360mm）及填砂器 1 套。

C. 破碎型漏失地层：配备 2mm、3mm、4mm 多孔模块各 1 套（规格为 ϕ38mm×360mm）。

D. 岩心缝块：配备岩心缝块（规格为 ϕ38mm×360mm）5 块。

⑨多测点夹持器规格：5 测点，ϕ38mm×500mm。

(4) 装置特点。

①可模拟地层高温(200℃以内)、高压(30MPa)环境和地层漏失情况,测量堵漏钻井液在高温、高压环境下的动态堵漏效果,评价不同堵漏钻井液配方的堵漏效果,对堵漏材料的配比进行优化;

②仿真模拟随钻堵漏过程时,环空中的钻井液的上返流态和上返速度可调;

③井筒仿真系统角度可调整(0°~90°);

④地层仿真系统内部配备磁力驱动的钻井液上返模拟系统,通过调节外部电机的转速,即可模拟不同的上返速度(0.1~1.2m/s);

⑤配备的四种漏失模型(裂缝型、渗透型、破碎型以及岩心缝块)可以测试堵漏浆侵入深度及压力的变化情况,研究堵漏浆的封堵机理;

⑥钻井液上返模拟系统采用磁力驱动,变动密封为静密封,密封可靠,能够保证系统同时达到压力上限(35MPa)和温度上限(200℃);

⑦具有自校准功能,能够实现温度、压力的一键式校准;

⑧通过连续测量,可绘制温度、压力、漏失量曲线,自动计算堵漏浆的封堵压力和封堵深度;

⑨配备有自动围压泵,可以模拟地层上覆压力,系统可根据试验需要自动调整上覆压力;

⑩配有可编程压力控制器及自动泄压装置,可实现自动增压、恒压、泄压,整个控压系统由软件自动控制;

⑪可以评价堵漏浆正向承压与防返吐能力;

⑫井筒仿真系统的加热和冷却系统为一体化设计,加热和冷却功能由控制系统自动控制;

⑬专用堵漏仿真测试软件可记录模拟堵漏试验时的漏失时间、漏失量、封堵压力,全方位评价研究堵漏剂各组分配比的堵漏效果,确定合理的施工工艺,为生产提供科学的依据;

⑭仪器具有超温、超压报警功能,当出现超温、超压可自动停止运行或切断电源;

⑮漏失模块出口设计有缓冲中间容器,可以防止当堵漏失败时高温堵漏浆喷溅伤人。

6. 一次性漏层砂床模型的研发思路

(1) 技术背景。

由于漏失机理、漏失通道形态不同,处理井漏所需的堵漏材料也会存在差异。在正确判断漏层压力、漏失通道开口尺寸及漏失形态的基础上,有针对性地选择合适的堵漏材料,是堵漏能否成功的重要因素。由于堵漏过程在井下是不可见的,为提高堵漏的可行性与封堵效果,必须通过堵漏评价装置模拟井下环境和漏失通道,以此来验证堵漏材料和堵漏浆的堵漏效果,为堵漏方案的改进与优化提供科学的依据。

目前,堵漏评价装置虽然均具有较好的加温、加压等模拟井底环境的能力,但大多只能通过缝板宽度、钢珠大小、岩心渗透率、漏层砂床渗透等不同模型对漏失通道进行模拟,而孔板、缝板模具品种单一,因此通道不能完全或较为接近地模拟地层真实漏失状况，不能为堵漏材料的尺寸、粒度级配及混合堵漏浆方案的合理改进与优化提供足够可靠的依据。

（2）一次性漏层砂床模型如图 5-47 所示。

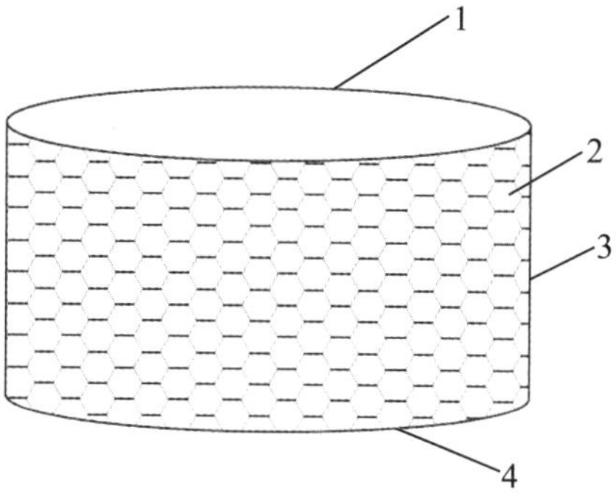

1—ABS 盖子；2—同目数石英砂；3—ABS 模具；4—可熔底座

图 5-47　一次性漏层砂床模型示意图

（3）一次性漏层砂床模型的优点。

①大颗粒的漏层砂床模型连通性好、无断流，可表示孔洞、裂缝性地层，可模拟漏速较大的地层情况。

②漏层砂床模型经机械化加工一次成型，同批次、同规格的漏速误差可控制在 10%以内。

③漏层砂床模型可根据不同堵漏评价装置的内筒尺寸进行定制，以适应不同的堵漏评价装置（例如，堵漏评价装置 QD-81 的漏层模型直径和高度应与弹子床内部一致，即直径为 67mm，高度为 80mm。无渗透钻井液滤失仪 FA 的漏层模型直径应与筒体内径一致，即直径为 48mm。由于该仪器未规定漏层模型高度，且根据试验数据，不同高度对漏层模型的漏速影响较大，因此建议与其他有规定的漏层模型高度一致，建议高度为 80mm）。

④可选择不同规格的漏层砂床模型，尽量与现场漏速保持一致。

⑤可通过漏层砂床模型观察、分析堵漏材料或堵漏浆的漏失速率的变化。

⑥不同规格的漏层砂床模型可用于评价各类堵漏材料或堵漏浆的封堵效果，一般将漏层砂床模型的初始漏速视为地层漏速。

⑦试验结束后，一次性漏层砂床模型可从各个方向剖开，以详细评价、分析堵漏材料封堵漏失通道的状态。

⑧可按用户提出的参数制作漏层砂床模型，也可与任意型号的堵漏评价装置的内筒相匹配，应用范围较广。

⑨漏层砂床模型具有操作简单的特点，可直接放入多种堵漏评价装置本体，且能有效减少试验误差。

（4）一次性漏层砂床模型的制作及测试过程。

①刚性材料装入模型的要求：同一种规格的漏层砂床模型采用同一目数的石英砂、铝砂、陶粒、砂砾等刚性材料，装入特殊材质制成的模中，需保证模中的孔隙度基本一致。

②漏层砂床模型的外壳：模为圆柱体，直径应与不同堵漏评价装置的内筒直径相匹配，确保其能够放入堵漏评价装置的内筒中，且基本与内筒紧密贴合。

③漏层砂床模型外壳的材质：外壳上部和周边选用具有一定抗冲击性、耐热性、透明可视的 ABS 塑料制成，底部采用 90%左右的碳数为 18～30 的直链烷烃类材料制得。熔点为 60℃左右。

④漏层砂床漏速的测试：在堵漏评价装置中加入漏层砂床，取掉模上部盖子，将堵漏评价装置加热至 70℃以保证底部材料熔化。沿堵漏评价装置的内筒缓慢倒入基浆，注意避免基浆倒入的冲击力改变漏层砂床已有形态。在一定压力下测试基浆在该漏层砂床的漏速。相同目数刚性材料、相同质量和相同高度的漏层砂床模型，同批次漏层砂床模型测试的初始漏速应基本一致；该漏速与现场地层漏速应尽量保持一致。

7. 新型智能化堵漏效果评价装置

现阶段井漏处理成功率较低，其中一个原因是已有防漏治漏评价方法不能真实模拟裂缝性地层的漏失工况。为推进高规格堵漏实验室的建设（堵漏材料和堵漏浆评价实验室），研发更接近地层的多种井漏复杂的模拟装置，需要全面评价堵漏材料的效果，一种新型智能化堵漏效果评价装置应运而生。

（1）装置结构。

新型智能化堵漏效果评价装置结构如图 5－48 所示。

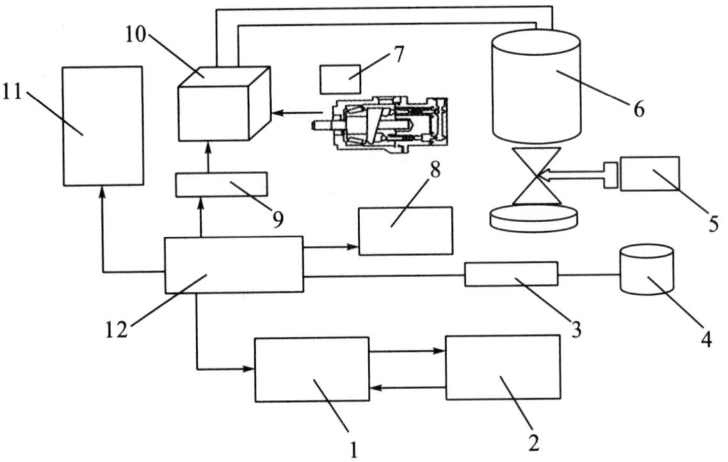

1—记录系统；2—人机界面；3—测试系统；4—计量罐；5—球阀；6—井筒模式；7—循环泵；8—变频系统液压系统；9—循环系统；10—堵漏浆配制罐；11—温控系统；12—PLC 控制系统

图 5－48　新型智能化堵漏效果评价装置结构示意图

（2）装置特点。

①新型智能化堵漏效果评价装置（图 5－49）外观简洁、美观，具有随时增加检测内容、检测项目的功能，且试制、中期小样、后期扩容都非常方便。

图 5−49　新型智能化堵漏效果评价装置

②温度控制器可以控制温度，实现和计算机的交互。

③触摸屏和记录系统用于显示及调整温度、压力等参数，可实现人机交互。系统在测试中能采集温度、压力、流量、漏失量及承压强度等数据。

④可视化操作界面能直观显示该装置的工作状态，通过触摸屏可实现直接操作，不同颜色的指示灯可表示各系统的工作状态。电磁阀的开闭状态也通过不同颜色的指示灯来表示。

⑤PLC 控制器是仪器的“大脑”。仪器的控制、数据采集、人机交互均通过控制器来接收和发送指令。PLC 控制器控制硬件模块，通过指令控制变频器频率，使电机以相应转速驱动液压系统。

⑥堵漏试验装置的防护装置，主要由防护系统和防护罩等构成，试验中对操作人员及环境起安全防护的作用。

5.4　防漏治漏效果评价方法

研制的室内防漏、堵漏实验评价仪（装置），主要用于分析和评价防漏治漏材料的封堵、承压效果。评价仪（装置）的设计原理是尽可能模拟地层的真实动态，以测试结果及分析数据为现场应用提供有价值的依据。编者调查了国内外评价堵漏效果的数十种仪器，至今未查找到持有申报仪器标准的堵漏评价仪（装置）。因此，建议科研院所加强对堵漏效果评价装置及评价方法的研究，以制定相关标准。

堵漏工艺技术的室内效果评价是预测其现场应用成功与否的必要手段。在室内效果评价中，漏层滤失介质模型及其技术指标是核心。目前，针对不同的堵漏工艺技术，室内效果评价方法中采用的漏层滤失介质模型及技术指标种类较多。除国家标准和行业标准外，各油气田、区域甚至企业也研发了许多相关模型，并提出了对应的技术指标。表5－1中列出了目前川渝油气区采用的堵漏工艺技术、漏层滤失介质模型和技术指标。

表5－1　川渝油气区采用的堵漏工艺技术漏层滤失介质模型和技术指标

分　类	工艺技术	漏层滤失介质模型	技术指标
常规井漏堵漏工艺	随钻堵漏	滤纸	泥饼厚度、滤失量
		岩心、孔板（小孔径）	泥饼厚度、承压能力、漏失量
		砂床（细颗粒）	侵入深度、承压能力、漏失量
	桥塞堵漏	孔板（大孔径）	泥饼厚度、承压能力、漏失量
		缝板	承压能力、漏失量
		砂床（粗颗粒）、钢珠床、楔形模块（水泥或金属）	侵入深度、承压能力、漏失量
	高失水堵漏	孔板（大孔径）	滤失时间、泥饼厚度、承压能力、滤失量
		砂床（粗颗粒）、钢珠床、楔形模块（水泥或金属）	滤失时间、侵入深度、承压能力、滤失量
	复合纤维堵漏	滤纸	泥饼厚度、滤失量
		岩心、孔板	泥饼厚度、承压能力、漏失量
		缝板	承压能力、漏失量
		砂床、钢珠床、楔形模块（水泥或金属）	侵入深度、承压能力、漏失量
	软段塞堵漏	孔板（大孔径）	泥饼厚度、承压能力、漏失量
		砂床（粗颗粒）、钢珠床、楔形模块（水泥或金属）	侵入深度、承压能力、漏失量
恶性井漏堵漏工艺	凝胶堵漏浆	孔板（大孔径）	泥饼厚度、承压能力、漏失量
		砂床（粗颗粒）、钢珠床、楔形模块（水泥或金属）	侵入深度、承压能力、漏失量
	树脂堵漏浆	砂床（粗颗粒）	稠化时间、抗压强度
	水泥堵漏浆	砂床（粗颗粒）	稠化时间、抗压强度
特色堵漏工艺	气体钻井作业、精细控压钻井作业、低密度泡沫钻井作业		

编者结合实际情况，分析梳理表5－1的内容后发现存在以下问题：

（1）漏层滤失介质模型中，岩心孔隙、孔板孔洞、砂床颗粒、缝板缝宽、钢珠床钢珠、楔形模块缝宽等大小，与井下渗透率或漏失速度尚未一一对应；建议应对应并统一标准。

（2）因评价堵漏效果的仪器不同，技术参数尚无统一标准；建议统一。

（3）目前，同一堵漏工艺可采用多种漏层滤失介质模型进行堵漏效果评价；建议优选 1～2 种漏层滤失介质模型进行统一评价。

第 6 章　川渝地区特色防漏治漏技术

川渝地区的防漏治漏技术经过初期探索和长期的经验积累逐渐发展完善，技术人员针对川渝地区长段低压地层、长段破碎地层、大裂缝、大洞穴、大倾角裂缝及多压力系统等复杂恶性漏失地层开展了大量的技术攻关，逐渐形成并完善了适合不同层位和不同漏失性质的特色防漏治漏钻井技术，如气体钻井、欠平衡钻井和精细控压钻井等。这些技术的应用大大缓解了川渝地区复杂井漏的发生，在高难度、高风险和环境敏感地区的勘探开发中发挥了重要作用。

6.1　气体钻井防漏治漏技术

气体钻井技术以解决井下漏失、提高机械钻速、保护和发现油气层这三大优势而备受人们青睐。目前，国外已成功采用气体型流体作为循环介质来解决严重漏失、钻井速度低等钻井技术难题。国内已在川渝地区、胜利油田、长庆油田运用气体型流体的钻井方式成功地解决了常规堵漏方法无法解决的井漏问题。2002 年，四川石油管理局、长城钻井公司指派相关技术人员，首次利用气基流体空气和气体型流体充气、泡沫等流体有效地解决了伊朗 TABNAK 油田长段复杂井漏，充分证明气体钻井技术能够有效避免井下漏失。近年来，川渝潜在性漏失地区采用气体型流体的钻井技术有效解决了常规堵漏工艺技术无法解决的恶性井下漏失，取得了显著的经济效益。

在石油勘探开发过程中，部分潜在性漏失地层存在多套压力体系共存、漏失层段多、漏失井段长、漏层连续不断等情况，很难准确判断出这样的复杂地层的漏层位置，如果采用常规水基或油基钻井液钻进，往往会出现“有进无出”的失返性漏失。潜在性漏失地层指地层岩石破碎、缝洞发育较好、地层压力异常等易发生井漏且不易堵漏治漏的地层。已发生恶性漏失井，在同一构造的相邻井区也很容易发生恶性漏失，如果采用气体钻井技术，有可能避免地层漏失，缩短钻井周期，降低钻井成本。

在采用水基钻井液的常规钻井作业中，由于所使用的水基钻井液密度较大，井内压力普遍大于地层压力，容易因正压差过大造成地层漏失。采用气体型流体作为钻井循环流体，其井筒内压力一般都低于地层压力，钻井流体就不容易漏失到地层中。此外，气基流体的气源比较容易获得且成本较低，如果钻遇漏失层段，可采取气体钻井技术提高机械钻速，以快速通过漏层的方式防止漏失。

6.1.1　川渝地区潜在性漏失地层的漏失情况分析

川东北地区和川西地区山前构造带由于受到剧烈的造山运动影响，广泛存在高陡构造带，断层、裂缝、溶洞异常发育的潜在性漏失地层，自表层到储层经常出现严重井漏、恶性井漏。温泉井构造、普光构造、河包场构造、老君山构造、广安构造等属潜在性漏失区域，采用常规水基钻井液容易发生漏失，甚至出现恶性井漏导致井眼报废，这严重制约了川渝地区油气田勘探开发进程。利用气体型流体钻井技术作为新型的防漏治漏钻井技术，不仅可以避免井漏发生，而且可以提高钻井时效和钻井速度，降低钻井成本，取得良好的效果。

普光气田是目前发现的国内最大的天然气田，探明储量为 $4122\times10^9\,m^3$。其地质构造为陆相、海相交互和海相沉积，上部地层表现为可钻性差，漏层不断，甚至常发生恶性井漏。为了预防井漏，提高钻井速度，缩短建井周期，加快开发进程，近年在该构造上采用的气基流体空气钻井技术取得明显效果。如普光 D-1 井、普光 6-3 井、普光 A-2 井、普光 101 井、普光 B-2 井等井的机械钻速大幅提高，同时避免了井漏的发生。

1. 川东地区

川东地区属于潜在性漏失区域，地层压力系统复杂、规律性差，井内高低压力系统并存，压力相差较大，钻井过程中井漏频繁。

据资料统计，该地区一般性井漏占 50%以上，漏速从小漏到失返；严重井漏占 20%～30%，钻进中常发生蹩钻现象，采用常规堵漏工艺技术，需要多次堵漏才能恢复正常钻进；恶性井漏占 10%～20%，此类井漏的损失占总损失的 50%以上，而且很难封堵。井漏的深度从表层到地下 3000 米，漏层的地层压力梯度大多数低于静水柱压力。若井漏、井斜、地层垮塌发生在同一井眼，工程施工的难度是难上加难。仅 1996 年至 2000 年期间，因井漏损失的时间就占所有复杂损失时间的 45.57%。该地区井漏易发生且又难以处理，给钻井施工带来了极大困难。

2. 川西地区

川西地区恶性井漏发生的频率较川东地区低，但川西马井构造、邛西构造、大邑构造、平落坝构造的漏失较严重。

以马井地区井漏为例。对马井地区已完成钻井的 48 口井进行资料分析，发现其中发生漏失的井有 20 口，占已完钻井的 41.7%；在发生漏失的井中，4 口井漏失较轻，占已完钻井的 8.3%；发生严重漏失的井有 16 口，占已完钻井的 33.3%。在这样的潜在性漏失区域采用气体型流体钻井技术可以达到防止漏失的目的，还可以缩短建井周期，降低钻井综合成本。

6.1.2　气体型流体钻井技术有利于解决井漏难题

常规堵漏工艺技术虽然有很多解决地层漏失的方法，但在处理恶性井漏时，往往效果不佳。而气体型流体钻井技术除了可提高钻速，及时发现和保护油气藏外，还可以解决常规钻井技术很难解决的重大井漏问题。

（1）遇降低钻井液密度无法解决恶性井漏时，可采用气体型流体钻井技术。

在常规钻井时，由于所使用的水基钻井液密度较大，导致井内压力普遍高于地层压力，造成的压差会引起地层漏失。而在气体型流体钻井技术中，由于所使用的钻井介质是气体，其密度很低，不容易造成漏失。

常规水基钻井液中密度最小的就是清水，为 $1.0g/cm^3$。但当发生大漏（漏速≥$60m^3/h$），采用清水强钻仍无法安全钻进时，容易造成卡钻等井下复杂事故，造成钻井成本增加。

对于地层压力系数低于1的油气井，在钻井作业时使用常规水基钻井液不能建立井筒循环，不仅钻井效率低，而且井下安全性差，作业成本高。对于钻井时发生大段恶性漏失的井，即使采用常规的堵漏技术，也很难达到预期的堵漏效果。对于这样的地层，如果采用气体型流体钻井技术，能有效防漏治漏，减少因漏失带来的时间损失。

（2）遇常规桥浆堵漏无法解决恶性漏失时，可采用气体型流体钻井技术。

长段复杂井漏由于地层破碎、承压能力低、漏失层段多、漏失井段长、漏失通道对压力非常敏感等，给堵漏及钻井工程带来了很大的困难。由于在漏失通道中没有明显的“喉道”，若采用桥浆堵漏工艺技术，堵漏材料难以在漏失通道中形成稳定的“架桥”。加之漏失通道对压力极为敏感，采用桥浆堵漏技术关井挤压时，除了漏失通道开口尺寸会发生变化，还容易诱发形成新的漏失通道。即便形成暂时堵塞，在后续钻井作业中受井筒压力波动的影响，堵塞物易从漏失通道中“吐”出来，造成重复漏失。

（3）遇常规水泥浆堵漏无法解决恶性漏失时，可采用气体型流体钻井技术。

当漏失层段多且各漏失层段的漏失吸收系数不同时，使用水泥浆堵漏有可能出现以下情况：施工中大部分堵漏水泥浆进入较大开口的漏失通道（地层裂缝），进入较小开口漏失通道中的堵漏水泥浆量相对较少，甚至有的小漏失通道中可能没有堵漏水泥浆进入。若表层套管下入深度较浅，堵漏施工时的关井挤压受到限制，难以从根本上提高漏失井段的承压能力。因此，对于长段低压井漏，采用单一的常规钻井及堵漏的方法，难以达到快速钻穿长段复杂地层的目的，应用气体型流体钻井技术等多种防漏治漏措施，能够有效解决长段低压破碎性地层的井漏复杂情况。

6.1.3 气体钻井技术防漏治漏的早期实践

20世纪60年代中期到70年代初期，工程技术人员就在四川地区进行了气体钻井试验，他们利用气基流体空气、天然气钻井以避免出现井下漏失的情况。

1998年，工程技术人员在四川西南地区利用气基流体柴油机尾气、天然气作为修井作业的循环流体，形成了一套柴油机尾气、天然气修井作业工艺技术。

2002年，工程技术人员在伊朗钻井项目中，利用气体钻井技术解决了地层严重漏失的难题，在防漏治漏技术上积累了丰富的经验。

2003年以后，工程技术人员在川渝地区的普光构造、正坝构造、老君构造、广安构造、清溪构造、龙岗构造、威远构造、河包场构造、包浅构造、七里北构造等采用气体型流体钻井，有效避免了漏失的发生。如在正坝1井、大天9井、核桃1井、矿2井、威寒1井、七北101井等进行的气体钻井防漏失应用试验，为使用气体型流体作为循环介质钻井解决井下漏失积累了丰富的经验。技术人员在现场应用的基础上，总结出了一套气体钻井技术的防漏治漏方法、应采取的安全措施、气体钻井的地面工艺技术流程及气体钻井的作业方法。

根据相关数据，我们发现气体型流体钻井与常规水基钻井液钻井相比，能有效防止井漏发生，减少处理井漏的时间，让钻井效率得到有效提高。

6.1.4　气体钻井技术防漏治漏应用实例

1. 伊朗钻井项目

中石油长城钻井公司与伊朗签订了“TABNAK 区块 19+2 钻井合同”，要求钻井周期控制在 100 天以内。为此，中石油长城钻井公司经过反复分析和论证，首先确定采用气体钻井技术解决防漏治漏以及钻速低的难题，其次尽可能完善气体钻井装备。2002 年，中石油长城钻井公司购买了气体排量为 600m^3/min 的空气钻井设备，抽调了四川省、新疆维吾尔自治区两套 175m^3/min 的空气钻井设备，在国内现有的气体钻井工艺技术理论基础上将气体型流体钻井设备规模化，以满足伊朗项目的需要。中石油长城钻井公司通过对设备的配套组合，提升工艺技术，成功克服了大井段严重井漏、高压地层出水与井漏同时存在、储层裂缝性漏失和伤害等钻井技术难题，保证了气井的产能，为气体钻井技术防漏治漏的应用积累了丰富的经验。

（1）施工概况。

伊朗项目的空气钻井设备具有 300m^3/min 的供气能力，因此能够满足 444.5mm 井眼空气钻井的需要。伊朗 TABNAK 区块气体钻井一般在三开 444.5mm 井眼采用气基流体空气钻井，四开 311.2mm 井眼采用气体型流体空气泡沫钻井。作业区采用气体型流体钻井，主要以安全钻井、避免漏失、提高钻速为目的。从实践中总结出：444.5mm 井眼空气钻井通常需要的供气量约为 180m^3/min，311.2mm 井眼空气钻井需要的供气量约为 120m^3/min。

实际需要的供气量与井深和机械钻速有关，机械钻速越高供气需求量相应越大。因此，在应用中可采用不同排量的空气钻井设备。

（2）施工案例。

660.4mm 井眼空气钻井井段一般为 150～750m，采用空气泡沫钻井技术，钻井参数：钻压为 40～100kN，转速为 70rpm，泵压为 1～7.5MPa，扭矩为 3.15kN·m，空气排量为 40～60m^3/min，基液排量为 8L/s，机械钻速为 6～9m/h。顺利下套管至固井井深，该井段空气钻井总进尺为 600～800m。

444.5mm 井眼空气钻井井段一般为 750～950m，钻井参数：钻压为 50～100kN，转速为 70rpm，泵压为 2.35～3.15MPa，空气排量为 240m^3/min。快速钻至井深 956m 时结束，顺利下套管至固井井深。该井段空气钻井进尺在 150m 左右，平均钻速为 10～13m/h。

311.2mm 井眼纯空气钻井井段一般为 950～1800m，钻井参数：钻压为 70～100kN，转速为 60～70rpm，泵压为 1.4～3.5MPa，空气排量为 140m^3/min。当地层出水后结束空气钻井，改为空气泡沫钻井。纯空气钻井总进尺在 800m 左右，平均钻速为

11～17m/h。

311.2mm 井眼空气泡沫钻井井段一般为 1700～2400m，钻井参数：钻压为 50～120kN，转速为 60～70rpm，泵压为 4～8MPa，空气排量为 40～60m³/min。进尺在 700m 左右，钻速为 6～8m/h。

2. 川渝地区气体钻井技术防漏治漏实例

（1）正坝 1 井等 5 口井。

从正坝 1 井、核桃 1 井、大天 9 井、矿 2 井、威寒 1 井等采用气体钻井技术防止井下漏失的实例来看，气体钻井技术能够有效避免井下漏失的发生，达到常规水基钻井液钻井技术无法达到的防漏效果。我们对同一口井的不同漏层采用气体钻井技术和常规钻井、堵漏技术进行对比，发现在防漏、提速和降低成本方面气体钻井技术具有显著优势，见表 6－1。

表 6－1　气体钻井技术与常规钻井、堵漏技术对比

名　称	井眼直径（mm）	钻井方式	钻进井段（m）	进　尺（m）	钻井耗时（d）	日进尺（m/d）
正坝 1 井	311.2	常规钻井	30.00～138.46	108.46	13	8.34
	311.2	空气钻井	138.46～518.00	379.54	5	75.91
核桃 1 井	660.4	常规钻井	0.00～18.25	18.25	9	2.03
	444.5	空气钻井	18.25～76.80	58.55	3	19.52
大天 9 井	444.5	清水强钻	0.00～29.88	29.88	3	9.96
	311.2	空气/泡沫钻井	29.88～311.27	281.39	4	70.77
矿 2 井	311.2	常规堵漏	1319.00～1522.00	203.00	50	4.06
	311.2	微泡充气	1423.68～1901.00	477.32	14	34.09
威寒 1 井	311.2	常规堵漏	30.11～115.00	84.89	16	5.30
	311.2	充空气	115.00～485.50	370.05	7	52.93
	215.9	空气/充空气	512.00～2068.00	1547.00	23	67.26

（2）凉东 003-2 井。

凉东 003-2 井是川东北高陡构造带的一口滚动勘探开发井，位于西河口构造何家湾高点北端轴部。与其相邻的凉东 10 井，在 20～1300m 井段发生严重井漏，以桥浆堵漏 6 次，消耗桥浆 157m³；以水泥浆堵漏 9 次，消耗水泥 199t。而凉东 003-2 井采用的是空气流体和泡沫流体钻井，虽然在钻井过程中发生了 3 次窜漏，但均堵漏成功。对比凉东 10 井的钻井过程，凉东 003-2 井采用空气及泡沫流体钻井能有效防漏治漏，减少了漏失发生的次数。

（3）七北 101 井。

七北 101 井采用泡沫、空气、氮气三种气体钻井方式。七北 101 井气体钻井总进尺为 2709m，占设计井深的 55％。钻井过程中未发生井漏、断钻具、垮塌等井下复杂情况，机械钻速有所提高，且井径规则。钻井周期短，其间未发生漏失，充分证明气体钻井技术在避免井漏方面有非常明显的优势。

（4）2018—2020 年的防漏治漏。

2018—2020 年，川渝地区以下区块应用了气体钻井技术。

长宁、昭通页岩气井表层治漏：川渝页岩气井表层裂缝溶洞发育，75％的井发生过井漏，单井漏失多达 $1.8\times10^4m^3$（如长宁某平台），常规钻井面临工艺、水源、环保三大问题。工艺问题：常规钻井堵漏难度大，耗时长。水源问题：部分平台井生产用水补充困难，清水强钻难以有效实施。环保方面：饮用水源分散、发达，在环境敏感区平台井，常规钻井难以实施。如长宁某井表层井漏，导致钻井液窜至邻近河道，如图 6－1 所示。

图 6－1　长宁某井表层井漏，导致钻井液窜至邻近河道

长宁区块表层常规钻井部分井井漏情况统计见表 6－2。

表 6－2　长宁区块表层常规钻井部分井井漏情况统计

井　号	井　深（m）	层　位	工　况	井漏类型	钻井液体系	损失时间（d）	漏失量（m^3）
宁 209H23-4	251/363/413/437	须家河组	钻进	裂缝、溶洞	清水	15.31	12200.00
宁 209H23-6	234/290/398/548	须家河组	钻进	裂缝、溶洞	清水	12.00	15000.00
宁 209H16-6	206/327/527/670	须家河组—嘉五段	钻进	裂缝	清水	5.17	17400.00
宁 209H11-5	198	嘉五段	下套管	流沙层、裂缝	清水	10.94	3125.40

2018 年以来，长宁、昭通页岩气井表层开展气体钻井治漏 83 井次，累计进尺 22790.44m，使用气体钻井技术后，单井平均用水量较清水钻井技术节约 70％以上，如图 6－2 所示。同时，大幅降低了因井漏复杂、拉水等停工时间损失（包括环保停工），如图 6－3 所示。长宁、昭通页岩气井表层气体钻井治漏应用统计见表 6－3。

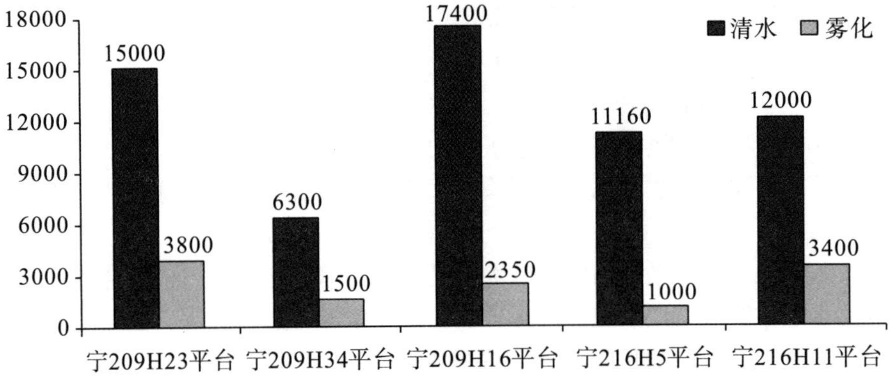

图 6−2　清水钻井与气体钻井漏失量分析对比（单位：m^3）

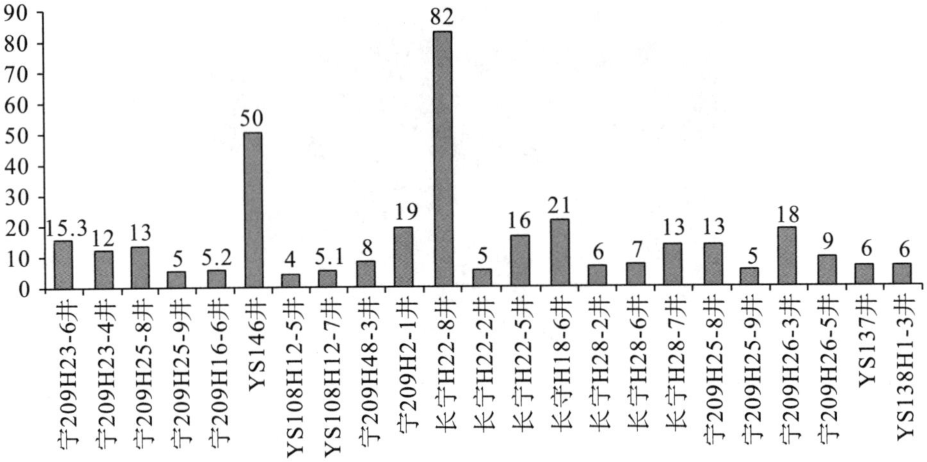

图 6−3　常规钻井因井漏复杂、拉水等停工时间统计（单位：d）

表 6—3　长宁、昭通页岩气井表层气体钻井治漏应用统计

井　号	井眼直径 (mm)	地　层	介　质	井段 始　深 (m)	井段 终　深 (m)	进　尺 (m)	纯钻时间 (h)	机械钻速 (m/h)	行程时间 (d)	行程钻速 (m/d)	结束原因
宁 209H4-6	406.40	须家河组—嘉陵江组	空气雾化	504.00	821.00	317.00	42.00	7.55	3.13	101.28	钻至固井井深
宁 209H16-1	406.40	须家河组—嘉陵江组	空气雾化	81.00	865.00	784.00	143.50	5.46	9.88	79.35	钻至固井井深
YS130	406.40	须家河组—嘉陵江组	空气雾化	44.20	783.00	738.80	98.50	7.50	6.95	106.30	钻至固井井深
宁 225	660.40	须家河组	空气雾化	22.00	57.00	35.00	5.50	6.36	1.96	17.86	钻至固井井深
	444.50	嘉陵江组	空气雾化	59.00	683.00	624.00	91.00	6.86	6.33	98.58	钻至固井井深
宁 209H34-1	444.50	须家河组—嘉陵江组	空气雾化	410.00	710.00	300.00	35.00	8.57	2.10	142.86	钻至固井井深
宁 209H23-1	444.50	须家河组—嘉陵江组	空气雾化	300.00	726.00	426.00	74.67	5.71	4.71	90.45	钻至固井井深
YS147	660.40	第四系—雷口坡组	空气雾化	15.20	52.00	36.80	11.00	3.35	13.14	2.80	钻至固井井深
	406.40	雷口坡组—嘉陵江组	空气雾化	52.00	715.00	663.00	60.00	11.50	6.77	97.93	钻至固井井深
YS118H1-3	660.40	嘉陵江组	空气雾化	20.00	50.25	30.25	5.00	6.05	0.21	144.05	钻至固井井深
	444.50	嘉陵江组	空气雾化	50.25	658.00	607.75	58.50	10.39	4.12	147.51	钻至固井井深
宁 233	660.40	自流井组—须家河组	雾化	0	133.00	133.00	42.00	3.17	3.08	43.18	钻至固井井深
	444.50	须家河组—嘉陵江组	雾化	133.00	818.00	685.00	173.50	3.95	10.44	65.61	钻至固井井深

相国寺储气库井表层治漏：相国寺构造须家河组至嘉陵江组井段井漏严重，常出现井漏失返现象。2018 年至今采用气体钻井治漏 4 井次，除相储 18 井二开因地层产水替浆外，其余均顺利钻达设计层段，同比邻井节约钻井液近万立方米，相国寺储气库井表层气体钻井治漏应用统计见表 6－4。

表 6－4 相国寺储气库井表层气体钻井治漏应用统计

井号	井眼直径（mm）	地层	介质	井段		进尺（m）	纯钻时间（h）	机械钻速（m/h）	行程时间（d）	行程钻速（m/d）	结束原因
				始深（m）	终深（m）						
相储5井	444.5	须家河组—嘉陵江组	空气雾化	50.00	716.00	666.00	231.10	2.88	13.29	50.11	钻至固井井深
相储21井	660.4	须家河组—嘉陵江组	充气/雾化	49.70	342.88	293.18	184.90	1.59	12.96	22.62	接甲方通知，暂停气体钻井
				350.66	495.00	144.34	181.00	0.80	10.71	13.48	钻至固井井深
相储18井	660.4	须家河组	雾化	0	162.00	162.00	48.33	3.35	4.79	33.82	钻至固井井深
	444.5	须家河组	雾化	186.30	208.74	22.44	3.50	6.41	0.75	29.92	地层产水，接甲方通知替浆

下川东探井上部地层治漏：楼探 1 井表层、蓥北 1 井二开采用气体钻井治漏、提速。其中楼探 1 井表层出水，采用雾化钻井虽钻至固井井深，但牙轮钻头钻时慢，未达到提速要求。蓥北 1 井采用充气钻井在梁山组钻遇煤层时垮塌，被迫结束气体钻井。下川东探井上部地层气体钻井治漏应用统计见表 6－5。

表 6－5 下川东探井上部地层气体钻井治漏应用统计

井号	井眼直径（mm）	地层	介质	井段		进尺（m）	纯钻时间（h）	机械钻速（m/h）	行程时间（d）	行程钻速（m/d）	结束原因
				始深（m）	终深（m）						
楼探1井	660.4	须家河组—雷口坡组	空气/空气雾化	41.33	524.00	482.67	389.25	1.24	26.30	18.35	钻至固井井深
蓥北1井	333.4	飞三段—梁山组	充氮气钻井液、充氮气清水	492.00	1634.16	1142.16	386.85	2.95	77.28	14.78	钻遇煤层时垮塌，结束气体钻井

6.1.5 气体钻井技术防漏治漏的注意事项

（1）由于泡沫钻井所需的气体排量比纯气体钻井所需的气量小，在气量不足的情况下，也可以考虑使用气体型流体或泡沫流体，以保持较低的液柱压力。

（2）在低压漏层与出水层共存的复杂情况下，或是气体钻井携砂困难，应及时将空气钻井转化为泡沫钻井，以确保井下安全。

（3）钻井过程中需要根据地质条件和工程要求选择合适的气体类型。采用气体钻井时，可能出现因地层出水造成携砂困难、钻具泥包等问题，容易导致卡钻事故的发生，威胁施工安全。因此，遇到该类情况时，应及时将气基流体转为气体型流体（如泡沫流体）。

（4）当遇地层大量出水而采用空气或泡沫流体钻井时，应充分考虑是否会出现卡钻问题。针对此情况，可考虑采用充气流体钻井进行堵水作业，满足空气或泡沫流体钻井条件后再恢复空气或泡沫流体钻井。

（5）对于大尺寸井眼，当气体设备不足时可以采用空气或泡沫流体钻井工艺技术。在井眼尺寸相同的条件下，泡沫流体钻井的空气需求量是纯气体/雾化钻井气量的三分之一左右，这样可以减少设备的投入。当地层出水量大于 $50m^3/h$ 且地面无法处理地层水时，可以考虑利用充气钻井工艺技术来解决井漏和地层出水的钻井难题，但地层必须具备一定的承压能力，否则不可进行充气钻井作业。在 100m 井深范围内的大尺寸井眼，采用气体钻井技术可以适当减小气量，通过控制钻压和钻速适当减少井内的钻屑，从而保持井眼畅通，实现气体钻井。

（6）在钻遇含天然气的井段或进入产层时，要注意避免井下燃爆的发生，需要将纯空气、充空气流体转换为不会引起燃爆的天然气、氮气、柴油机尾气，或使用混合气体钻井。

6.1.6　对气体钻井技术防漏治漏的认识

（1）井漏是制约钻探速度的一个主要因素，气体型流体钻井技术是减少井漏发生的一种有效措施，不但钻速快，还可以节约大量的钻井液，减少因漏失对环境造成的影响。尤其是在潜在性漏失层段，应该首先考虑使用气体钻井技术来防止出现井下漏失。

（2）从大量实例可以看出，气体钻井技术能有效解决井下漏失，以及其他常规堵漏技术无法解决的井下漏失难题。

（3）当出现用常规堵漏技术无法解决的恶性漏失时，可以将常规钻井方式改为气体钻井方式，水基钻井液改为气体型流体。

（4）与常规水基钻井液随钻堵漏方法相比，气体钻井技术的治漏效果十分明显，可提高钻井时效，减少处理井漏的时间，节约钻井工程作业成本。

（5）对于长段复杂井漏，可根据井下情况选择气基流体（空气、天然气、氮气、柴油机尾气、混合气体和雾化液等）或气体型流体（充气、泡沫流体）等作为钻井循环流体来提高钻井时效。

（6）在钻遇严重漏失地层或具备气体钻井作业条件时，应主动应用气体钻井技术。

（7）近年来，川渝地区使用空气、氮气钻井解决潜在恶性漏失的工艺技术日趋成熟。

（8）继续发展气体型流体钻井工艺技术，有利于加快我国油气勘探和开发的进程。

6.2 欠平衡钻井防漏治漏技术

欠平衡钻井是相对于常规过平衡钻井而言的，它有意将钻井循环介质的密度降低，以有效保护储层、提高钻井速度。

欠平衡钻井系统包括循环介质注入设备、井口旋转密封设备、节流控压装置、油气液分离处理装置、数据采集装置和燃烧装置。欠平衡钻井系统如图 6−4 所示。

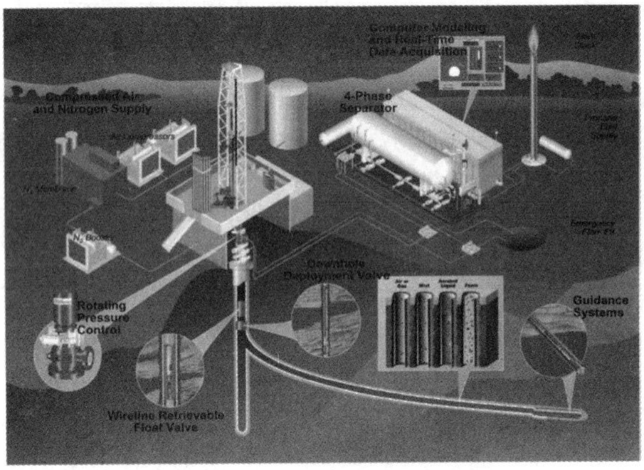

图 6−4　欠平衡钻井系统示意图

6.2.1　欠平衡钻井的循环介质及分类

欠平衡钻井的循环介质可以是液相钻井液，也可以是轻质材料钻井液、气体和气液两相流体。液相钻井液包括清水、油基钻井液、分散钻井液、钙处理钻井液、盐水钻井液、钾基钻井液和不分散聚合物钻井液等。轻质材料钻井液是在地面向液相钻井液中加入轻质材料（如空心玻璃微珠或塑料微珠等），从而达到降低钻井液密度的目的。气液两相流体循环介质是气体和液体的混合物，根据气相和液相的相对体积分数又分为雾化液、泡沫和充气钻井液。如果钻井液中液相体积分数<2.5%，液相以非连续液滴形式存在于连续的气相中，则形成雾化液；如果钻井液中液相体积分数较高（2.5%～45.0%），液相以一种连续的网状结构将气相圈闭，就形成了稳定泡沫；当钻井液中液相体积分数超过 45%，形成充气钻井液，此时气体会形成独立的气泡，气液两相以不同的速度运动。不同的循环介质具有不同的密度范围（见表 6−6），适合于不同地层压力当量密度的地层形成欠平衡状态。

表 6−6　不同循环介质的密度范围

分　类	当量密度（g/cm^3）
干气	0.0012～0.0120
雾化液	0.0120～0.0360

续表

分　类	当量密度（g/cm³）
泡沫	0.0360～0.4800，有回压时更高
充气液	0.4800～0.9000
轻质材料（空心玻璃微珠或塑料微珠等）	＞0.7000
液体（清水、油基钻井液、常规钻井液）	0.8400 以上

欠平衡钻井按循环介质分为液相钻井、干气钻井（空气、氮气、天然气）、充气钻井、泡沫钻井、雾化钻井和轻质材料钻井。

（1）液相钻井。

目前，液相钻井应用较多，其工艺技术已日趋成熟。它适用于地层压力较高，可以用液相钻井液实现欠平衡状态的情况。液相钻井使用欠平衡设备较少、成本较低，其配套装备主要有旋转防喷器、欠平衡专用节流管汇、油水分离系统、液气分离器、数据采集系统等。

液相钻井地面流程如图 6－5 所示。

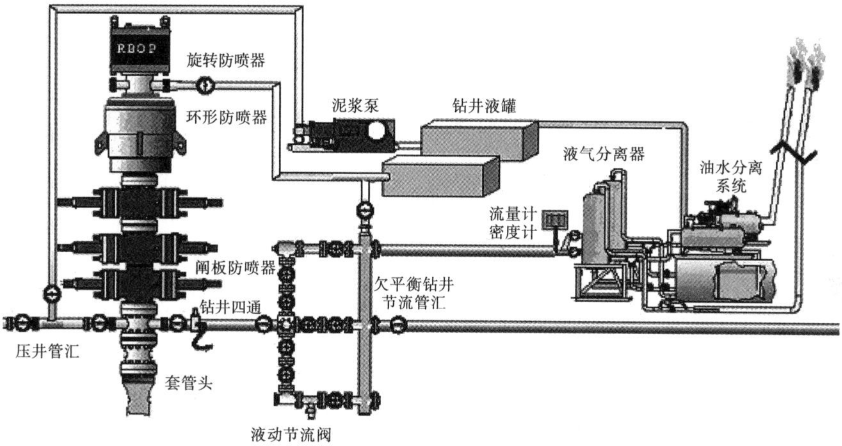

图 6－5　液相钻井地面流程示意图

（2）雾化钻井。

雾化钻井是将雾化基液按一定比例混入增压后的干气中，经钻杆注入井筒，在环空形成高速流动的雾状流，可冷却钻头并携带岩屑完成钻井。雾化钻井当量密度为 0.02～0.07g/cm³，常用于微产液地层治漏、提速和三低储层的开发。雾化钻井适用于地层微量出水（≤2m³/h）且井壁稳定的井段。雾化钻井相比干气钻井的区别在于：雾化钻井向增压后的气体中加入了雾化基液。雾化钻井施工流程如图 6－6 所示。

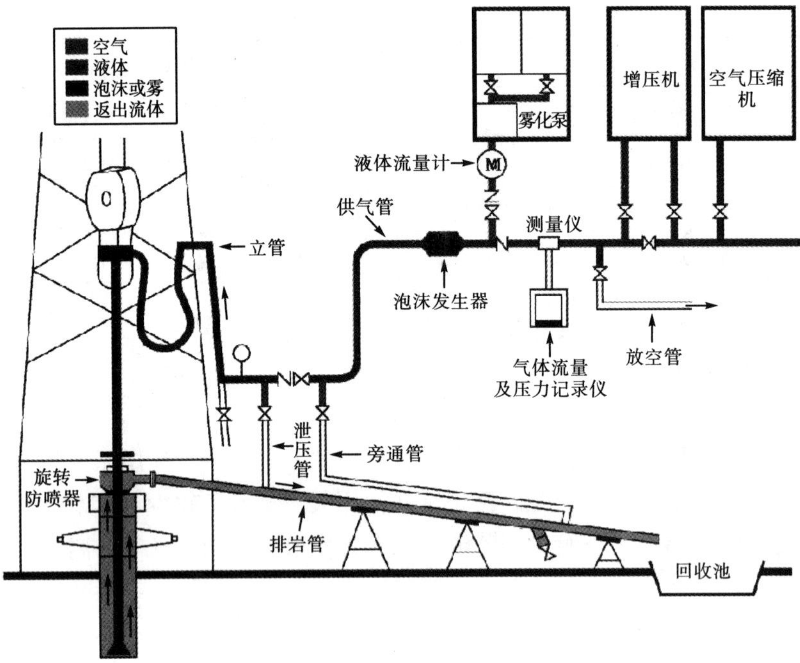

图 6-6　雾化钻井施工流程示意图

雾化钻井需要一台雾化泵向气体注入雾化基液。当雾化基液抑制性超过 90%，可满足在大多数岩层中实施雾化钻井的需要。

(3) 泡沫钻井。

泡沫钻井是将泡沫基液以一定比例混入增压后的干气中，经钻杆注入井筒，在环空形成稳定泡沫，可冷却钻头并携带岩屑完成钻井。泡沫钻井当量密度一般为 0.07～0.55g/cm^3，具有携岩、携水能力强的特点，常用于产水地层提速、治漏，能及时发现、保护储层。

泡沫钻井适用于井壁稳定且地层少量产液（2～10m^3/h）的地层。

泡沫钻井流程如图 6-7 所示。

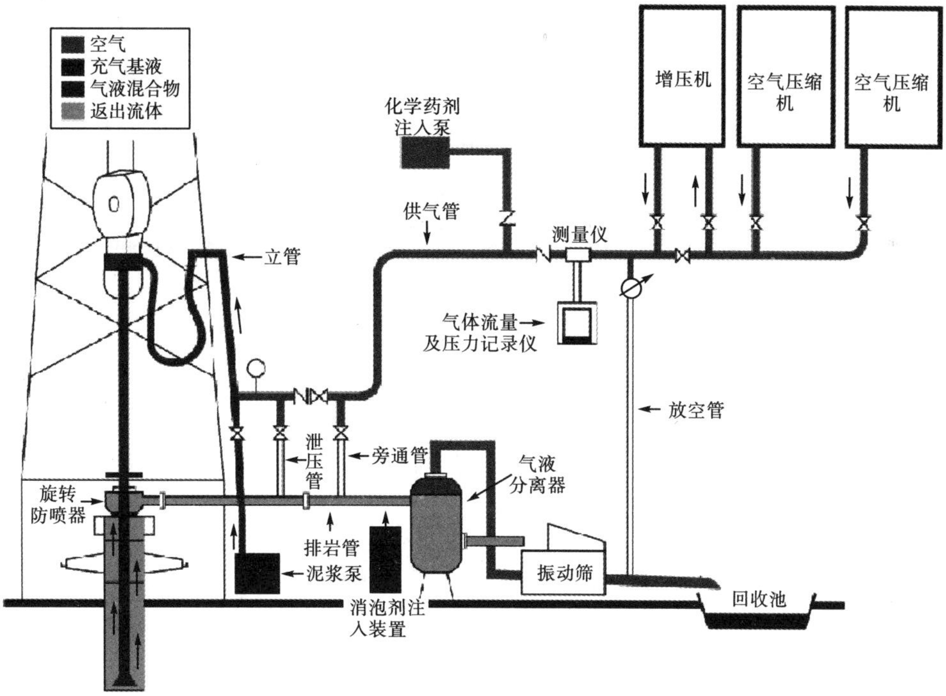

图 6−7　泡沫钻井流程示意图

泡沫钻井需要安装消泡剂的注入装置和液气分离器，实现泡沫的回收利用。当泡沫基液达到 90%的强抑制性，同时具备 40%的抗油性、抗饱和盐水和抗高温性能时，即满足深井、出盐水地层或含油储层的泡沫钻井需要。

（4）充气钻井。

充气钻井是在液体循环介质钻井的基础上，充入一定量气体以降低液柱压力的技术。充气钻井当量密度范围为 0.55～0.86g/cm^3，其井壁稳定性要求较低，常用在治理井漏、提速、修井等方面，是解决水层、漏层和井壁失稳同存井段钻进的有效手段。

充气钻井一般在地层产液量不满足实施干气、雾化、泡沫钻井时使用。

充气钻井流程如图 6−8 所示。

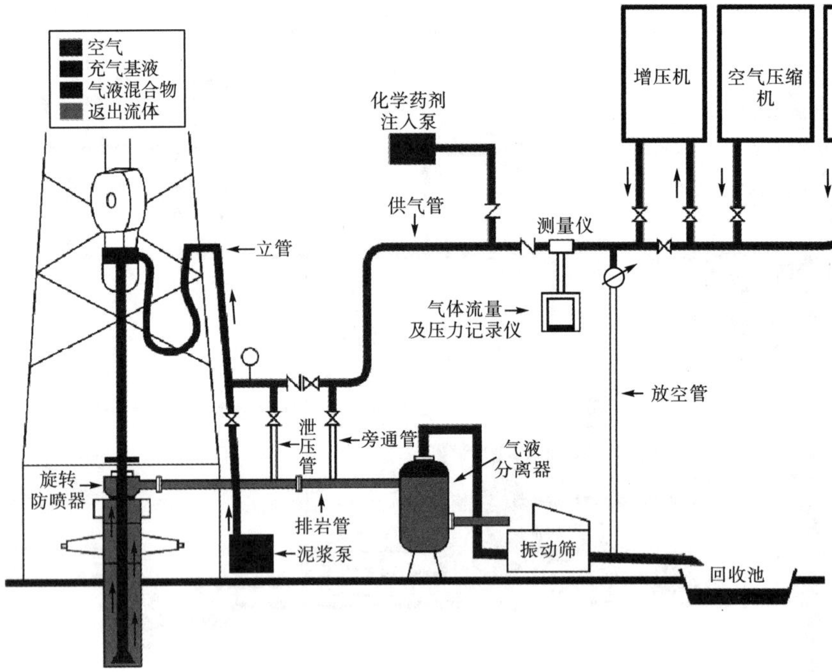

图 6-8　充气钻井流程示意图

充气钻井需要的空气压缩机数量是干气钻井的 1/4～1/3，根据所钻层位不同选择充空气或者氮气。返出液体需先经过节流管汇和液气分离器，再入振动筛。实施充气钻井时需要配合泥浆泵使用，并配置压力级别更高的高压增压机。

（5）轻质材料钻井。

在地面向常规液相钻井液中加入空心玻璃微珠或塑料微珠，可降低钻井液密度，还可增加黏切力和降低滤失量。

轻质材料钻井可以在降低钻井液密度时不改变钻井液的压缩性，不需要压缩机。其操作与液相钻井类似。

6.2.2　欠平衡钻井工艺治理井漏

在钻井工程中，缝洞型碳酸盐岩储层发生漏失是极为普遍的，严重裂缝性地层（如潜山风化壳、破碎性的火山喷发岩等）也有类似的井漏现象。

采用欠平衡钻井是解决部分井漏的有效方法。例如，当有 2MPa 过平衡压差时，漏失量可达 300m^3/h，属有进无出的恶性井漏；但当将压差降为零（即平衡）时，漏失量就降为 17m^3/h，成为微漏；若将压差降为欠平衡 1MPa 时，则漏失量就只有 5m^3/h，基本上不漏了。可见，欠平衡钻井可以减小漏失程度，将大漏变为小漏，甚至不漏。

采用欠平衡钻井技术虽然不能完全解决某些溶洞型恶性漏失，但它可以将恶性漏失减缓为中等程度漏失。采用欠平衡的清水强钻技术，可以减少 90%左右的清水消耗量，这对某些缺水地区非常重要；同时，进入储层的水量减少，可以降低漏失对储层造成的伤害。例如，大天 8 井飞仙关地层恶性井漏，堵漏 6 次无效，准备采用清水强钻。但运水费用预计在 100 万元以上，由于成本太高而难以实施。

使用欠平衡钻井技术能防止普通漏失转化为恶性漏失，防止与恶性漏失相关联的失控井喷、井塌、卡钻、沉砂等事故发生，降低对储层造成的伤害。

利用欠平衡钻井技术解决井漏问题，其核心是实现“欠平衡”，即使液柱压力低于储层压力 1～2MPa。对高于静水柱压力的储层，采用低密度水基钻井液就可以达到欠平衡条件。需要注意的是：并非降低液柱压力就可以实现欠平衡治漏，而是必须与欠平衡钻井地面设备相配套，必须有高耐压能力的井口旋转控制头（RCH）、地面液气分离系统和安全监测控制系统。因为在欠平衡条件下有气体进入井内，必须在井口和地面进行控制和处理。即便不采用欠平衡方式处理井漏，例如当现场钻井液在可用条件下调整到最低密度时仍不能达到欠平衡条件（在平衡和微过平衡条件下处理井漏），井口装有旋转控制头（旋转防喷器）仍是大有好处的。因为在过平衡条件下仍有微量气侵，这种气侵实际上是无危险的，但它容易使人紧张并错误地提高钻井液密度；而此时的漏失程度对液柱压力极为敏感，随着钻井液密度的增加，可加快漏失速度，其后果相当严重。如果有了旋转控制头和地面液气分离系统、安全监测系统，则可以放心地在微量气侵条件下处理井漏，尽可能降低液柱压力，使漏失减轻而便于处理。

如果储层压力低于静水柱压力，要达到欠平衡条件，则必须采用特殊技术使钻井液密度低于清水密度。有效、简单的办法是向钻井液内充气，此时要求井场具备大功率空气压缩机。对天然气储层而言，若将空气直接注入井内，其安全是没有保证的，因此涉及一项新技术：在井场快速、大量、低成本地生产惰性气体。

国外很早就开始采用气基流体钻井（气体钻井、雾化钻井、泡沫钻井、充气液钻井）处理地层漏失。美国、加拿大等国近年来更进一步发展用欠平衡钻井技术处理井漏。美国石油开发的热点区域——Austin Chalk 储层，属于严重裂缝型漏失的储层。该区域采用欠平衡技术钻水平井，发展了边喷边钻、边漏边钻、随钻完井、钻井液帽钻井等一系列处理井漏的钻井技术，使该地区的勘探开发水平大幅度提高。近年来，国内也采用欠平衡钻井技术在裂缝性严重井漏地区取得了勘探上的重大突破，如解放 128 井、板深 7 井等。

对部分低压碳酸盐岩地层的漏失，若采用泡沫流体作为工作液，更有助于封堵漏层。20 世纪 80 年代，美国就采用了抗高温泡沫流体钻穿严重裂缝性碳酸盐岩的欠压气藏，井深达 6000m，成功克服了井漏和气层伤害，并提高了钻速。这种技术思路在国外越来越受到人们重视。美国 ACTI 公司开发的 aphrans 微泡沫钻井液在得克萨斯西部某油田侧钻水平井中进行了应用，在碳酸盐岩裂缝带有效地封堵了漏层，解决了井漏问题。

6.2.3 欠平衡钻井防漏治漏应用实例

1. 龙岗某井

龙岗某井采用常规钻井液钻至井深 3161.09m（层位为大安寨组）时发生气侵，将钻井液密度从 1.35g/cm^3 提至 1.42g/cm^3 后发生井漏，因处理难度极大，需提前固井。龙岗某井常规钻井钻遇复杂情况见表 6－7。

表 6-7　龙岗某井常规钻井钻遇复杂情况

漏失钻井液 (m^3)	处理复杂时间 (d)	进　尺 (m)	发生漏失钻井液密度 (g/cm^3)
2738.6	79	31.3	1.42

固井后采用 1.25g/cm³ 的低密度钻井液实施欠平衡钻井，在大安寨组下部发现高压油气层（压力系数为 2.08），中途测试产气 $2.5\times10^4 m^3/d$、产油 20t/d。其下部地层马鞍山组—须家河组地层压力系数低（仅为 1.25），且承压能力低，如采用常规钻井，极可能压漏地层。针对该井大安寨组高压低气量的特点，决定在马鞍山组—须家河组井段采用 1.15～1.20g/cm³ 低密度钻井液进行欠平衡钻井作业。最终，安全、顺利完成了该井段施工作业，未发生井漏等复杂情况。龙岗某井井漏发生位置如图 6-9 所示。

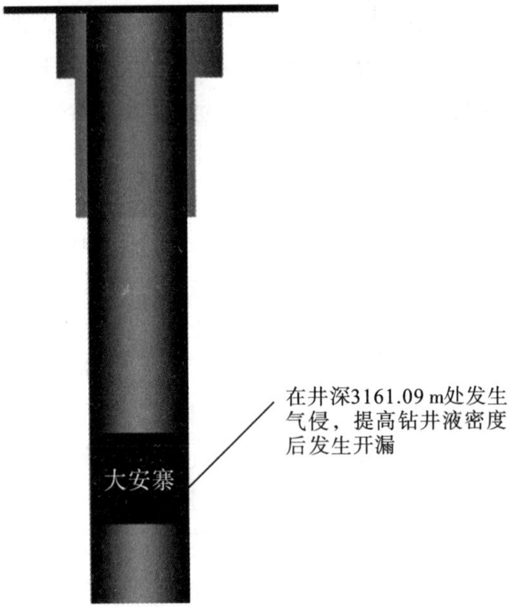

图 6-9　龙岗某井井漏发生位置

2. 磨溪某井

磨溪某井是磨溪构造西端的一口天然气开发井。采用常规钻井（钻井液密度为 2.10g/cm³）在 3145～3150m 井段钻进时频繁发生卡钻，严重影响了钻井进度，难以维持正常钻进。决定在含硫气层段（磨溪构造磨溪 37 井嘉二段测试硫化氢含量为 268mg/m³，磨溪 24 井嘉二段测试硫化氢含量为 185mg/m³）开展特殊的欠平衡钻井，即在压差黏附卡点以上实施近平衡作业，在压差黏附卡点以下实施欠平衡作业。

在欠平衡钻井作业中，压差黏附卡点以下钻井液密度控制在 1.95～1.88g/cm³（前期经实验得到发生卡钻的钻井液密度范围：$\rho>2.05g/cm^3$）。钻进中井口未控制回压，在 3162～3350m 井段钻进正常，消除了压差卡钻的复杂情况。

6.3　精细控压钻井防漏治漏技术

近年来，在欠平衡钻井技术的基础上发展出了精细控压钻井技术。针对同一裸眼井段多地层压力系统的特点，采用精细控压钻井的设备和工艺，以精确控制井筒环空压力，有效解决窄安全密度窗口、多压力系统、压力敏感性地层引起的井漏、井涌等井下复杂情况的井控安全问题。

通过持续攻关，川庆钻探钻采工程技术研究院研发了 CQMPD-Ⅰ和 CQMPD-Ⅱ两种精细控压装备，如图 6—10 所示，形成了从钻进、起下钻、下套管、固井到完井作业的成套精细控压工艺，为深层、复杂地层油气安全高效开发提供了技术支撑。

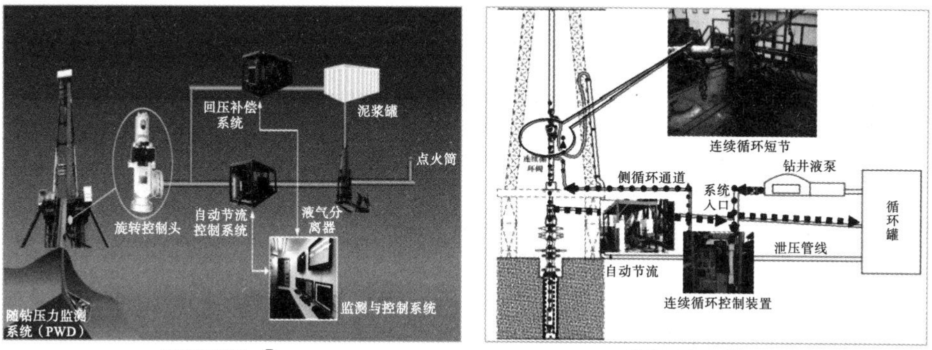

CQMPD-Ⅰ　　　　CQMPD-Ⅱ

图 6—10　CQMPD 系列精细控压装备示意图

6.3.1　精细控压钻井井筒压力控制技术

精细控压钻井井筒压力控制技术是利用环空水力摩阻、节流压力和钻井液静液柱压力动态调节从而精确控制井眼压力，确保井底压力保持相对恒定的一种方法，是精细控压技术的核心技术。

井底压力受井筒内诸多因素的影响，如钻井液密度、黏度、井口回压、套压、排量、流变性、流道尺寸和井身轨迹等。在所有影响因素中，现场最直接、最容易实时控制的参数是套压，其次是排量、钻井液密度、流变性等。因此，在井底恒压钻井技术应用中，通常把套压作为主要控制参数，在设计时应充分考虑所钻井区块地层压力的不确定性和井口设备的承压能力。

如图 6—11（a）所示，井底恒压钻井使用低于常规钻井方式的钻井液密度，正常钻进时井底循环动压平衡（或稍高于）地层压力进行近平衡钻进；当停泵关井、接钻杆时，在井口加回压弥补消失的循环压耗；当停泵起下钻时，还要考虑起下钻的波动压力（激动压力和抽吸压力），确保井底压力相对恒定不变，如图 6—11（b）所示，防止井底压力处于欠平衡状态导致地层流体侵入，理想的情况是井口的回压等于循环时的环空压耗与波动压力之和。而常规钻井过平衡钻井技术没有实时调整套压的手段，要么是循环动压处于安全窗口，当停止循环时静压低于安全窗口则会发生井涌；要么是静压平衡地层压力，当循环动压超出安全窗口则会发生井漏。

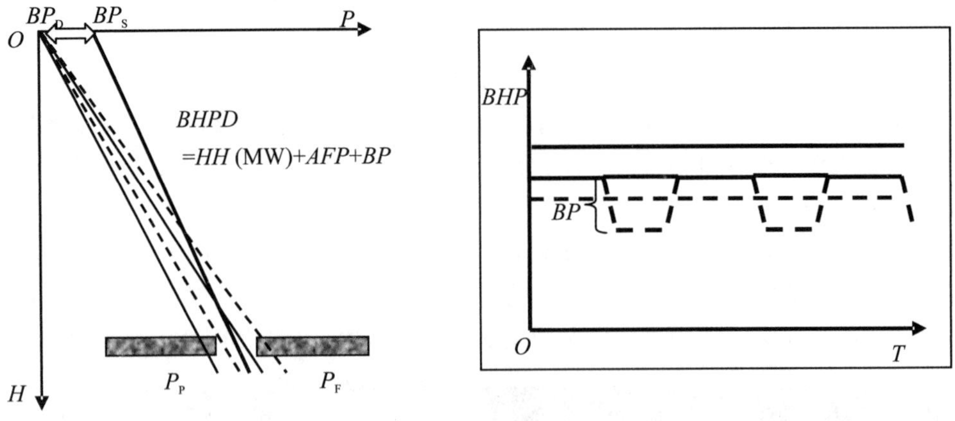

图 6-11　井底恒压钻井压力控制原理示意图

尽管在 CBHP-MPD 钻井中，钻井液密度可能低于孔隙压力，但其并不属于欠平衡钻井，因为井底钻井液当量密度仍高于地层孔隙压力，属于精细控压钻井。在这种情况下，对发生意外侵入的流体应使用精细控压钻井井口装置使侵入流体得到适当控制。

在精细控压钻井过程中，主要有正常钻进、接卸单根、起下钻等工况。起下钻方式有原浆控制回压强行起下钻（起下钻结束前需要不压井装置）、重浆帽压井起下钻、安放套管阀强行起下钻三种。目前现场应用较多的是重浆帽压井起下钻，其压力控制工艺流程如下：

正常钻进：按照设计排量和井口控制回压进行压力控制。

接单根：控制回压（带泵）上提钻具→停泵的同时提高回压补偿循环压耗→接卸开单根→（带泵）下钻（划眼）到底→开泵的同时降低回压到正常钻进控制值，恢复正常钻进。

重浆帽压井起钻：控制回压和起钻速度（带泵）上提钻具→起到设计井深（注入稠塞，继续控压关泵起钻到预定井深）注入重浆帽→在重浆帽中起钻。

重浆帽压井下钻：控制速度在重浆帽中下钻到稠塞或重浆帽底部→注入原浆驱替出重浆帽，同时逐步提高套压至起钻前控制值→控制回压和下钻速度在原密度的钻井液中下钻（可带泵下入或划眼）至井底。

6.3.2　溢漏复杂处理技术

在精细控压钻井过程中，未钻遇显示时首先按照设计地层压力和漏失压力系数作为地层安全钻井液密度窗口。

精细控压钻井前应按照设计的地层漏失压力系数进行地层承压能力测试。根据钻井液密度和井深计算出设计地层漏失压力对应的井口套压值。关闭井口出口循环通道，小排量向地层憋入钻井液，同时记录好井口套压。井口套压每升高 0.5MPa，停止憋入钻井液，并观察套压是否降低，持续观察 1min 套压保持不变，则重复上一过程至套压达到计算值，否则停止向井筒憋入钻井液。达到计算值后静止观察 10min，待井口套压稳定后，对应的井底压力即作为地层漏失压力。

在精细控压钻井过程中，应利用质量流量计和环空液面监测仪实时监测出口的钻井液流量、密度、气测值等参数变化，及时发现异常情况。当钻遇溢流显示时，出口钻井液密度会降低、全烃值升高，应立即按照精细控压钻井关井程序关井。同时，初步求取地层孔隙压力值，根据计算出的地层孔隙压力进行循环排气。当循环排气完成后，开始精确求取地层孔隙压力。首先根据 PWD 实测数据或软件计算记录下开始求取地层孔隙压力时初始点的井底压力，然后降低井口套压 0.2MPa，并保持不变，同时维持泵冲不变，循环观察。如果出口钻井液液面保持稳定不变，则记录下这一过程的井底压力平均值，并继续重复上述过程。如果出口发现溢流则停止降低钻井液密度，则地层孔隙压力约较上个测点的井底压力平均值低 0.1MPa。依据求取的地层孔隙压力，附加 0.3～0.5MPa 为目标井底压力，然后利用 PWD 实测数据或者软件计算井底压力，进行循环排气后恢复精细控压钻井。

首次钻遇漏失后，记录下此时的井底压力和漏失量，停止钻进并测定漏速。首先保持泵冲和当前套压不变，循环观察 10min，记录下地面钻井液面变化量、套压值和井底压力，降低套压值 0.2MPa，并保持泵冲不变。继续循环观察 10min，记录下地面钻井液面变化量、套压值和井底压力，如果钻井液面变化量保持稳定则停止降低井口套压；否则重复上一过程。该对应条件下的井底压力即为地层漏失压力，在地层漏失测定过程中，要确保井底压力值不能低于测定的地层孔隙压力值。提高井口套压 0.5MPa，保持泵冲不变循环 10min，记录下钻井液面变化量和井底压力值，重复上一过程至钻井液面变化量基本保持稳定，根据记录的井底压力和钻井液面变化量给出漏速测定曲线，如图 6－12 所示。

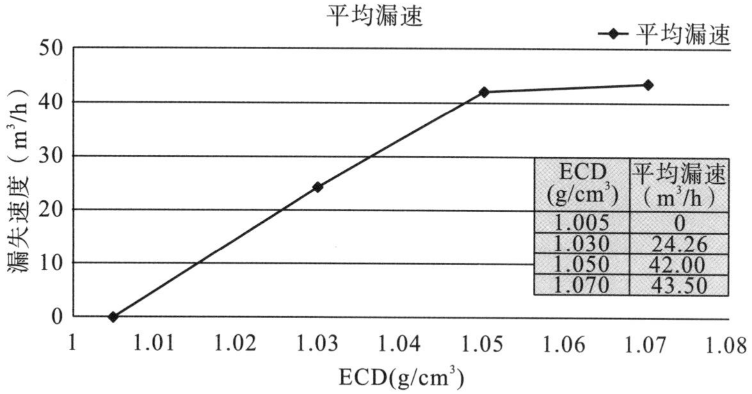

图 6－12　漏速测定曲线

精细控压钻井过程中应实时监测出口钻井液密度、进出口钻井液流量、立压、套压、井底压力等参数，根据溢漏监测算法实时监测复杂类型，并转入对应的复杂处理程序。精细控压钻井过程的实时流程如图 6－13 所示。

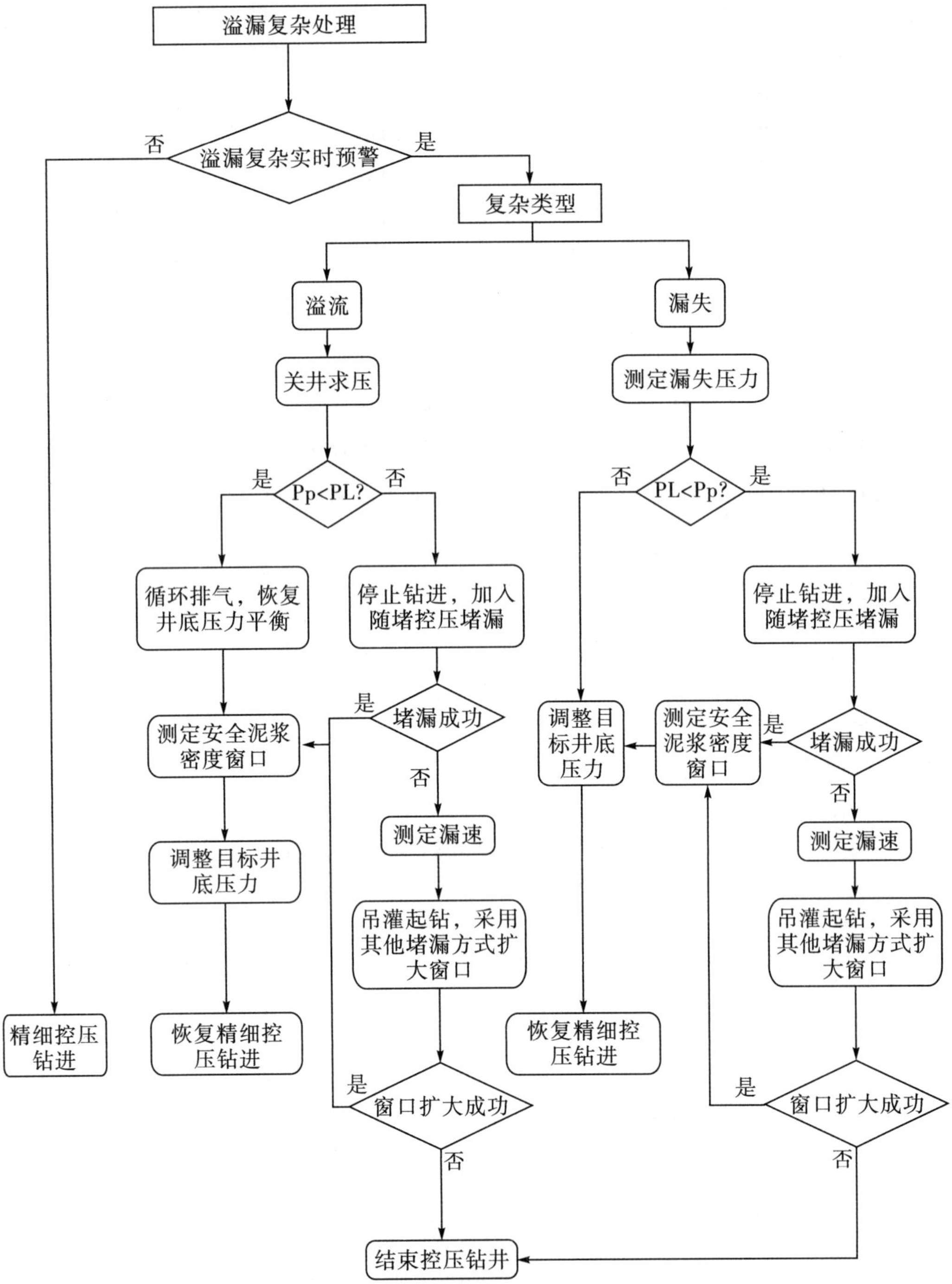

图 6—13　精细控压钻井过程的实时流程

6.3.3　精细控压钻井防漏治漏应用实例

2011 年至今，川庆钻探公司先后在我国川渝地区、冀东地区成功应用精细控压钻井技术。同时，该技术在土库曼斯坦的钻井防漏治漏方面也取得了成功应用。精细控压钻井技术有效解决了漏喷同存的难题，降低了作业井的复杂时间（处理复杂时间降低了 210h）和钻井液漏失量（每口井平均钻井液漏失量减少了 740.25m^3），井控风险得到有效控制，有力支撑了深井与复杂井安全、高效的勘探开发。

（1）保障了磨溪—高石梯构造二叠系多压力系统安全钻至中完井深。

磨溪—高石梯构造二叠系所钻井 ϕ215.9mm 井段穿过嘉陵江组—筇竹寺组，钻遇的层位多、井段长、压力系数跨度大（1.68～2.40），气显示频繁，复杂处理时间长，漏失严重，井控风险大。

磨溪 108 井、高石 19 井等 18 口井采用精细控压钻井技术，取得了显著效果，并分应用见表 6−8。

表 6−8　精细控压钻井在磨溪—高石梯构造二叠系的典型应用

序号	井　号	区　块	井　段 (m)	层　位	地层压力系数	漏失钻井液 (m^3)
1	高石 19	高石梯构造	4019.00～5293.00	栖霞组—筇竹寺组	2.38～2.41	267.00
2	高石 103	高石梯构造	3997.00～5174.00	茅一段—筇竹寺组	1.60、2.43	73.00
3	磨溪 108	磨溪构造	4498.60～5244.00	茅二段—灯四组	1.60、2.30	85.00
4	高石 105	高石梯构造	3980.46～5202.00	栖一段—筇竹寺组	1.60、2.36	80.70
5	高石 109	高石梯构造	3858.00～5306.55	茅一段—筇竹寺组	1.60、2.20～2.30	0
6	高石 32	高石梯构造	3455.11～4104.56	茅口组—龙马溪组	1.60～2.00	0
7	磨溪 52	磨溪构造	4622.14～5535.00	嘉二段—筇竹寺组	2.00～2.30	0

①通过释放地层能量，建立了安全密度窗口，解决了常规钻井堵漏困难、溢漏交替，无法恢复正常钻进的难题；

②通过井口压力的精细控制，降低了钻井液密度，既大幅度提高了机械钻速，又避免了下部低压层可能造成的压差卡钻；

③动态控制井底压力在安全操作窗口内，平均单井漏失量减少了 86.0％，平均处理复杂时间降低了 95.3％；

④实现了二叠系多压力系统井底压力的动态平衡，避免了漏喷转换，实现了井控安全。

（2）解决了震旦系灯影组裂缝性储层喷、漏、卡，难以钻达地质目标的难题。

磨溪—高石梯构造灯影组为典型的裂缝-孔洞型岩性，属漏喷同层、零安全密度窗口储层，油气层产量高、含硫高，难以找到不溢不漏的平衡点，钻达地质目标困难，严重影响勘探开发进程。高石梯构造灯影组典型井漏统计见表 6−9。

表 6−9　高石梯构造灯影组典型井漏统计

井　号	层　位	压力系数	井　段 (m)	漏失量 (m^3)	最大漏速 (m^3/h)
高石 2	灯影组	1.15	5208～5214	101.80	失返

续表

井 号	层 位	压力系数	井 段 (m)	漏失量 (m^3)	最大漏速 (m^3/h)
高石 6	灯影组	1.17	5201~5256	3601.00	失返
高石 7	灯影组	1.17	5209~5505	700.60	失返
高石 8	灯影组	1.14	5395~5440	250.90	失返
高石 9	灯影组	1.18	5560~5715	709.00	失返
高石 12	灯影组	1.17	5225~5314	2248.00	失返
高石 18	灯影组	1.16	5149~5249	464.00	失返

通过“微漏”精细控压作业技术，建立了“安全操作窗口”，所作业井进尺是邻井直井的 1.98 倍，钻井周期仅为邻井的 43.77%，大幅缩短，加快了勘探开发进程；平均单井漏失量减少了 81%，平均处理复杂时间减少了 92.40%，避免了油气通道被堵塞的风险，保护了油气层。精细控压钻井应用前后漏失复杂统计如图 6−14 所示。精细控压技术在磨溪—高石梯构造灯影组应用的典型实例见表 6−10。

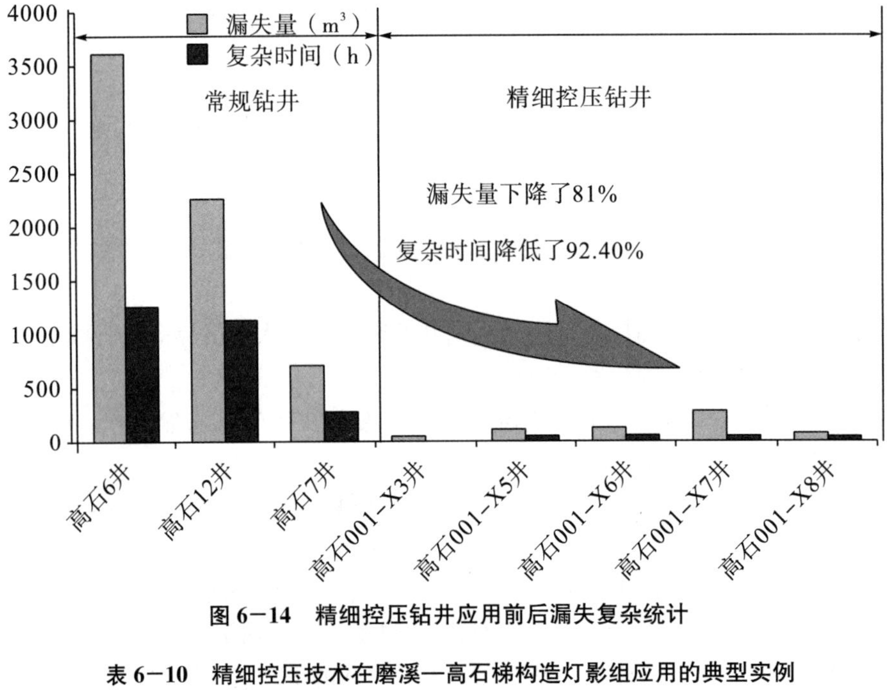

图 6−14　精细控压钻井应用前后漏失复杂统计

表 6−10　精细控压技术在磨溪—高石梯构造灯影组应用的典型实例

序 号	井 号	井 段 (m)	层位	漏失钻井液 (m^3)
1	高石 001-X1	5105.00~5755.00	灯四段—灯三段	0
2	高石 001-H2	5188.00~5838.00	灯四段	270.50
3	高石 001-X3	5186.57~5921.00	灯四段	22.40

续表

序　号	井　号	井　段（m）	层位	漏失钻井液（m^3）
4	高石 001-X4	5356.00～5860.00	灯四段	150.90
5	高石 001-X5	5124.00～5943.00	灯四段	78.00
6	高石 001-X6	5035.00～6163.00	灯四段—灯三段	102.00
7	高石 001-X8	5236.00～6200.00	灯四段	55.00
8	磨溪 109	5155.67～5301.00	灯四段	60.20
9	磨溪 022-X2	5219.00～5780.00	灯四段	0
10	磨溪 022-X1	5528.00～6304.00	灯四段	0

精细控压技术可避免漏喷转换，确保井控安全，解决无法钻达灯影组地质目标的难题，可在提产提效方面发挥重要作用。

（3）探索出阿姆河右岸目的层安全快速钻井的技术途径。

土库曼斯坦东北部阿姆河右岸卡洛夫—牛津阶碳酸盐岩储层为孔隙-溶洞型储层，其产量高（无阻流量可达上千万立方米，且高含 H_2S、CO_2），安全密度窗口窄，漏喷转换时间快，部分井不得不提前完钻。2013—2016 年钻探 45 口井，35 口井漏失，漏失率占 78%，总共井漏 218 次，漏失钻井液 23783.05m^3，平均单井漏失钻井液 675.9m^3；处理复杂时间为 272d，平均单井为 7.8d。每年发生的溢流、井涌 20 井次以上，处理漏喷复杂时普遍存在高套压现象，井控风险大。

2017 年，川庆钻探土库曼斯坦分公司在 Wjor-22 井、Med21 井对目的层实施精细控压钻井，实现了“一趟钻、零复杂”，顺利钻达设计井深。

钻井液漏失量和复杂处理时间同比降低 98%以上，钻井周期缩短 60%左右，取得了显著的经济效益。精细控压钻井在阿姆河区块的防漏治漏效果如图 6-15 所示。

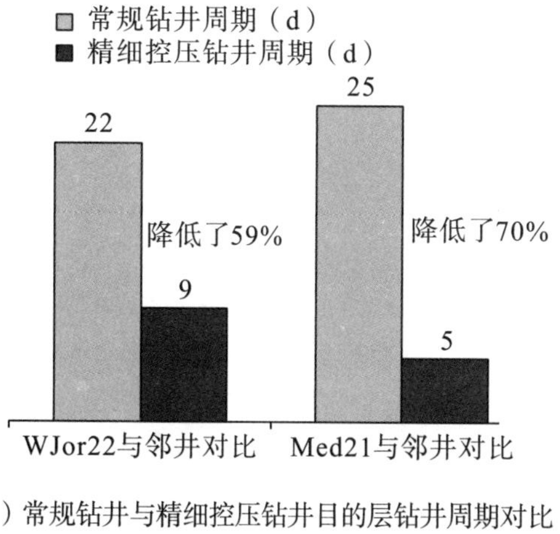

（1）常规钻井与精细控压钻井目的层钻井周期对比

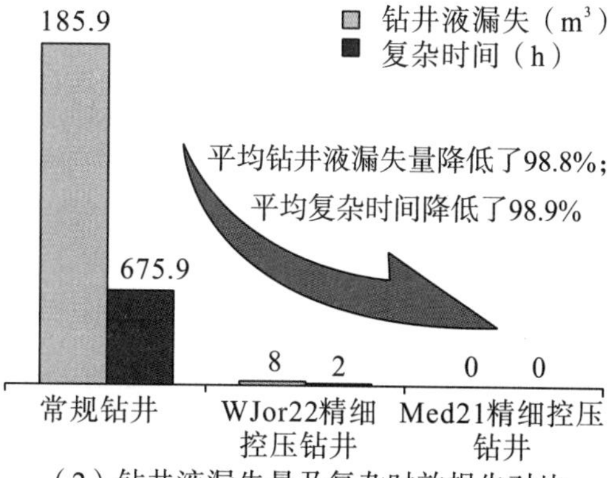

（2）钻井液漏失量及复杂时效损失对比

图 6-15　精细控压钻井在阿姆河区块的防漏治漏效果

控压钻井技术可有效避免井漏失返引起的溢流和高套压等险情（图 6-16），为中亚其他类似构造探索出一条安全快速的钻井技术途径。

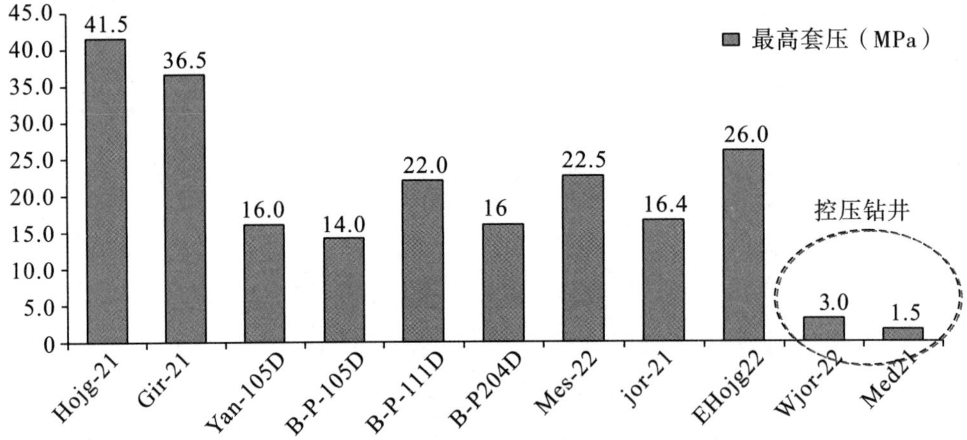

图 6-16　精细控压技术可降低高套压等风险

第7章 川渝地区堵漏技术在国外的应用

随着川庆钻探公司在海外业务的拓展，川渝地区堵漏技术在国外也得到了应用。在公司承接的海外钻井业务中，中亚区域的土库曼斯坦井漏最复杂且最严重，其中以阿姆河区块的井漏最为典型。

土库曼斯坦位于中亚西南部，是一个内陆国家，国土面积为 $49.12\times10^4 km^2$，人口约600万。其北部和东北部与哈萨克斯坦、乌兹别克斯坦接壤，西濒里海，与阿塞拜疆和俄罗斯相望，南邻伊朗，东南与阿富汗交界。

土库曼斯坦的石油、天然气资源丰富，据土库曼斯坦油气工业和矿产资源部统计，截至2005年1月1日，天然气剩余可采储量为 $2.86\times10^{12} m^3$，天然气远景资源量达 $22.8\times10^{12} m^3$。土库曼斯坦是中亚地区产气大国，2005年天然气产量为 $630\times10^8 m^3$，出口天然气 $452\times10^8 m^3$。

土库曼斯坦阿姆河右岸碳酸盐岩储层发育，油气资源丰富，但区块地质复杂，钻井难度高、风险大，其中以井漏复杂尤为严重，给钻井工程带来了极大困难。Gxx-21、Sxx-22、Hxxx-22等井的储层有恶性井漏存在，充分说明了阿姆河右岸井漏的复杂性和严重性。随着勘探向巴格德雷地区东南区块的推进，由于受裂缝断裂带附近的强烈构造应力作用，区块内断层、裂缝和洞穴更加发育，地层破碎严重，井漏复杂程度增加，治理难度加大。例如，Gxx-21井处理井漏和压井损失时间达90多天，恶性井漏复杂时间占该井总钻井时间的50%，大大制约了该区块的勘探进度。因此，对阿姆河右岸井漏进行分类和综合分析，总结成功的处理方法并加以完善是非常必要的。

7.1 阿姆河区块井漏的地质特点

经勘探，阿姆河右岸的油气区域是砂泥岩和碳酸盐岩相间的沉积区，区块内钻井井漏的地质特点主要有以下几点。

7.1.1 不同构造的井漏程度不同

项目前期勘探的构造有40个，而发生井漏的构造有25个，占已勘探构造的62.5%。井漏严重的构造为别列克特利、皮尔古伊、基尔桑、桑迪克雷等7个构造。

7.1.2 处于构造轴部高点或断裂带附近的井漏严重

由于受不同方向强烈构造应力的作用，该区块断层发育，地层破碎严重，井漏复杂极为突出。如位于基尔桑构造东高点南断块轴部的 Gxx-21 井和桑迪克雷构造东翼主高点的 Sxx-22 井均发生了严重恶性漏失。

7.1.3 在同一构造上的不同部位，井漏程度不同

构造轴部或高点比构造翼部更易发生井漏。如 Pxx-21 井（位于皮尔古伊构造高点南翼）在产层发生漏失，而皮尔古伊构造北翼的 Pxx-22 井却没发生过。Gxx-21 井（位于基尔桑构造东高点南断块轴部）在进入下石膏底部伽马泥岩层后就开始发生严重漏失，而 Gxx-22 井（位于基尔桑主体构造北断块北翼）却没发生过漏失。

7.1.4 漏层位置比较集中

大多数井漏发生在卡洛夫—牛津阶产层，即漏储同层，主要表现为碳酸盐岩构造裂缝性漏失和岩石发育的孔洞孔隙性漏失。

7.2 井漏的特点

7.2.1 井漏次数多，井漏发生率高

截至 2016 年 10 月，阿姆河区块共完钻 124 口井，有 68 口井发生井漏，占完钻井的 54.8%。这 68 口井共发生井漏 427 次。

7.2.2 漏储同层居多

在发生井漏的 68 口井中，有 53 口井在卡洛夫—牛津阶碳酸盐岩储层，占井漏总数的 77.9%。在发生井漏的 427 次中，储层漏失达 365 次，占 85.5%。常见井漏伴随同层出气，所以堵漏施工难度大、井控风险很高，极易发生井喷事故。阿姆河区块井漏程度如图 7—1 所示。

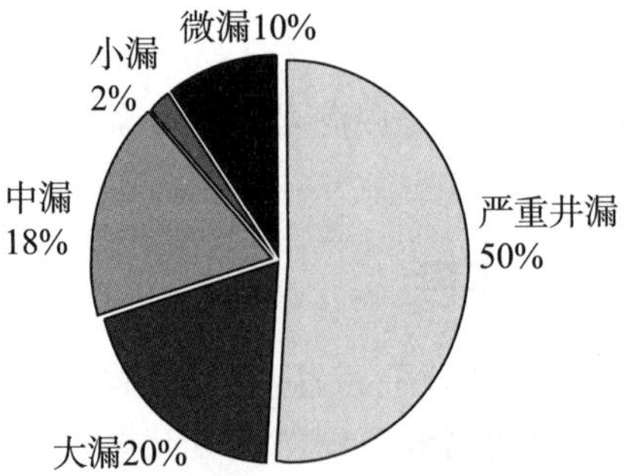

图 7—1 阿姆河区块井漏程度示意图

7.2.3　漏失通道以裂缝为主

阿姆河区块的漏失通道以裂缝型为主，也有孔洞孔隙型通道和少部分大裂缝/洞穴裂缝，不同漏失通道的漏失次数与漏失量占比如图 7－2 所示。

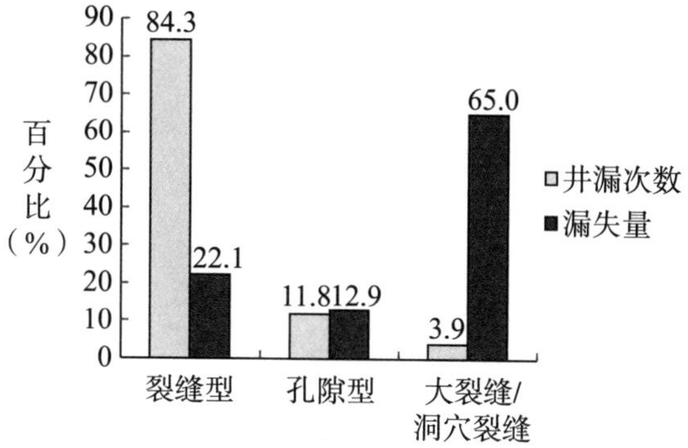

图 7－2　不同漏失通道的漏失次数与漏失量占比

7.2.4　大裂缝/洞穴裂缝的漏失量大

造成井漏损失的主要为大裂缝/洞穴裂缝和裂缝型井漏。大裂缝/洞穴裂缝次数虽然只占统计的 3.9%，但漏失量却占统计的 65%。

7.2.5　严重漏失或失返性漏失居多

按井漏程度统计，阿姆河区块发生严重漏失约占总漏失的 50%。

7.2.6　单次井漏漏失量大

在统计的 68 口井中，共发生井漏 427 次，漏失各类钻井液及堵漏浆液 $65415m^3$，除去 Aga22 无固相钻井液强钻的漏失量 $21137m^3$，平均每口井漏失钻井液 $651m^3$，平均每次漏失 $115m^3$。

7.2.7　不同工况下的井漏

从井漏发生时的工况看，前期 16 口井统计结果显示，钻进井漏发生 40 次，占 77%；取芯井漏发生 6 次，占 11.5%；固井或完井作业井漏发生 6 次，占 11.5%。

7.2.8　恶性井漏的治理时间长，损失巨大

井漏最为严重的 Gxx-21 井，钻至碳酸盐储层（井深 3475.59m）时发生恶性井漏失返。其主要原因为钻遇断裂带附近的主裂缝，且溶洞极其发育，喷漏同层，气液置换严重。该井处理的恶性井漏（桥塞堵漏浆大剂量堵漏）共 21 次，累计漏失 1.68～$1.87g/cm^3$钻井液（含桥塞堵漏浆）$2903m^3$，消耗水泥浆 $470.3m^3$（水泥 665t），损失时间 90 多天。在堵漏及压井过程中，多次进行控压循环压井，气液分离器出口火焰最高达 25～30m。

7.3 发生井漏的原因

根据阿姆河区块井漏的特点，技术人员认为是以下因素引起的。

7.3.1 交接面不整合，部分砂岩疏松

古近系、白垩系地层夹灰岩薄层，交接面不整合以及部分砂岩疏松引起井漏，如Gen-21井和Uzy-21井。

7.3.2 过渡层泥岩风化严重

少数井在下石膏和卡洛夫—牛津阶过渡层泥岩（风化壳）发生井漏，如Ber-21井。

7.3.3 碳酸盐岩储层裂缝发育

大多数井漏发生在卡洛夫—牛津阶碳酸盐岩储层，如果储层裂缝发育，就容易引起井漏。由于受构造运动影响，裂缝发育，甚至形成洞穴，处在构造轴部高点或断裂带附近的井漏失严重，常常表现为喷漏同层。如Gxx-21井在3475.59～3493.41m发生的严重井漏，其中强钻至3477.70m时明显放空，井漏失返，下放钻具放空1.77m至井深3479.47m，随即关井观察，套压为1.8MPa。采用密度为1.82g/cm^{3}的钻井液控压循环压井，套压最高达36.5MPa。Sxx-22井在3572～3578m基本加不起钻压，连续放空。Zxx-21井，在2827～2918m井段用密度为1.08～1.15g/cm^{3}的钻井液钻进发生长段井漏，漏失通道主要为溶蚀性孔洞。

7.3.4 部分井在储层段使用的钻井液密度偏高

阿姆河区块B区的第一批钻井液密度大多根据土库曼斯坦方面提供的数据进行设计，钻井过程中钻井液密度为1.95～2.05g/cm^3，而实际测试的压力系数为1.70～1.80，容易发生井漏，如Yxx-21、Yxx-22、Gxx-21等井发生的井漏。从第二批井来看，钻井液密度从原来的1.95～2.05g/cm^{3}下降为1.80～1.90g/cm^3，井漏发生的频率和漏失程度有所缓解，如Gxx-22、Sxxxx-21、Yxx-21、Oxx-21等井均没发生产层漏失。

7.3.5 储层压力系数低（A区）导致井漏

麦捷让构造和津基构造储层压力当量钻井液密度仅为0.81～0.86g/cm^3，容易出现井漏。少数井还存在长段低压地层。如Zxx-21井，在2827～2918m井段用1.08～1.15g/cm^{3}的钻井液钻进时发生长段井漏，漏层压力系数仅为0.85，属于低压层；但H_2S含量极高，达6%。处理该井井漏损失时间达115h。

7.3.6 当量钻井液循环密度增加引起井漏

部分井在完井作业（下完套管循环或固井）过程中发生井漏，这是由于地层承压能

力低、循环空间减小、当量钻井液循环密度增加引起的井漏，如 Mxx-22、Mxx-23、Zxx-21、Bxx-21、Bxx-22 等井发生的井漏。

7.4　井漏的治理

针对不同井漏的特点，阿姆河区块治理井漏的方法主要有桥塞堵漏浆堵漏、水泥浆堵漏、钻井液强钻、随钻堵漏、高失水堵漏、凝胶堵漏等。

7.4.1　一次性堵漏成功率高

在发生井漏的 68 口井（井漏 427 次）中，共堵漏 518 井次，一次性堵漏成功率达到 82.4%。

7.4.2　恶性井漏治理难度大，周期长

如 Gxx-21 井四开用密度为 1.87g/cm^3 的钻井液钻进至 3475.59m 时发生严重井漏，后强钻至 3493.41m，经过 21 次的桥塞堵漏材料堵漏、钻井液或水泥浆压井、水泥浆堵漏等，才解决好井漏问题，前后耗时 90 多天。由于该井钻遇断层裂缝地带，裂缝发育、地层破碎，连通性好，导致了严重井漏和溢流交替发生，即喷漏同层。为了保证产层不被污染和施工作业安全，实现该井勘探获气的开发目的，针对钻遇地质情况，对原 Gxx-21 井钻井工程设计进行变更，并决定提前完钻。Sxx-22 井钻进至井深 3570.98m 时发生井漏，漏速 18m^3/h。经两次高浓度桥塞堵漏浆堵漏无效，用密度为 1.82g/cm^3 的钻井液强钻至 3579.78m，平均漏速为 25.0m^3/h，随即发生溢流。经液器分离器循环排气，套压高达 13.6MPa，后多次采用桥塞堵漏浆堵漏、高失水堵漏，最终堵漏成功，损失时间 10 天。

7.4.3　治漏方法以桥塞堵漏和随钻堵漏为主

一般井漏以桥塞堵漏和随钻堵漏为主，水泥浆堵漏和高失水堵漏主要用于处理恶性井漏。

7.5　井漏治理对策

一般井漏采用桥塞堵漏和随钻堵漏即可起到良好效果。但对阿姆河区块钻井工程造成严重影响的井漏主要是大裂缝/洞穴裂缝恶性井漏和长段低压孔隙性漏失，这类井漏堵漏难度大、漏失钻井液量多、损失时间长，常常属于喷漏同层，井控工作压力和风险极大。如 Gxx-21、Sxx-22 两口井有一个共同特点，即发生井漏的同时极易发生井喷。

7.5.1 大裂缝/洞穴裂缝恶性井漏

桥塞堵漏材料根本无法在该类漏失通道中堆积、架桥，以形成有效堵塞。溶洞、大裂缝中存在天然气，由于堵漏水泥浆受到天然气置换，难以形成连续有效的堵塞隔墙。Gxx-21 井采用粗颗粒的高浓度桥塞堵漏浆（浓度达 26%）仍然不能架桥成塞，采用水泥浆堵漏也不能完全堵住，出现水泥塞不连续，揭开地层又漏的情况。实钻和处理复杂过程表明，该井钻遇断裂带附近的主裂缝，且溶洞极其发育，压力窗口几乎为零，气液置换严重，属特殊高难度复杂井。经过多次桥塞堵漏浆和水泥浆堵漏效果均不明显，每次钻开显示层段后又出现漏、喷的危险局面，仍然不能创造继续安全钻进的条件，极易发生井喷失控等事故。因此，该类恶性井漏的堵漏难度较大且不易成功。

对于该类井漏，往往先采用高浓度桥塞堵漏浆堵漏，如果不成功再注入高黏隔离液或凝胶，尽量隔离天然气，然后再采用固化类堵漏剂堵漏。施工工艺上要考虑全面，精细设计。

7.5.2 长段低压高含硫孔隙性漏失

由于麦捷让构造和漏层压力系数低，仅为 0.81～0.86，而且硫化氢含量高达 6%，处理难度较大。根据处理 Zxx-21 井和麦捷让构造的经验，应从以下几个方面来应对：

（1）尽可能采用较低密度钻井液或堵漏钻井液强钻，以暴露更多漏层。

（2）由于属于孔隙性漏失，漏失通道小，堵漏时以细颗粒堵漏剂为主。

（3）钻井液和堵漏钻井液中必须加入除硫剂，并保持较高的碱度。

（4）漏层钻过以后进行承压堵漏，提高整个长段低压漏层的承压能力。

7.5.3 治理对策

阿姆河气田井漏频繁，漏储同层居多，储层裂缝和孔洞发育，以裂缝性漏失为主，也存在长段低压孔隙性漏失。大量实践证明，快凝凝胶、较粗颗粒桥塞堵漏和水泥浆堵漏是应对大裂缝/洞穴恶性井漏的有效方法，低密度钻井液强钻-承压堵漏、随钻细颗粒堵漏是应对长段低压孔隙性漏失的有效手段。

解决阿姆河复杂井漏问题，除桥塞堵漏、随钻堵漏和水泥浆堵漏等方法外，还可使用其他酸溶性堵漏剂（如高失水、PCC 和 HGS，以及柔性纤维堵漏剂），以提高堵漏成功率。

精细控压钻井技术防漏效果显著，值得大力推广。作为产层防漏的新兴技术，精细控压钻井技术的优势越来越突出。针对土库曼斯坦深层复杂地层安全密度窗口窄、压力系统多等导致的漏喷复杂、井控风险高等技术难题，技术人员引入精细控压钻井技术，取得了良好效果，并在 WJor-22 井圆满实现了“不喷、少漏、不垮、一趟钻”的目标。井底压力实时监测、自动节流控制、微流量监测等先进技术运用良好，全井仅发生 1 次井漏，漏失钻井液 8.6m^3，与同构造邻井 WJor-21 井相比，减少漏失量 737m^3。产层段节约钻井周期 13 天，创造了阿姆河 B 区东部产层段安全钻井纪录。

7.6　复杂井漏治理的钻井液快速保障

土库曼斯坦阿姆河气田地质条件复杂，属于典型的“四高”气藏，即高温、高压、高产和高含硫。由于区域构造断裂带多，裂缝和孔隙发育，约有56.2%的井发生井漏，80%以上的井漏属于漏储同层，其中失返性漏失居多，复杂井漏漏喷转化快，治理难度大，时间长，带来的井控风险和经济损失巨大。由于单支作业队伍难以在短时间内配制满足施工数量要求的高密度钻井液，为减少配制钻井液和堵漏浆的时间，尽可能降低井控风险和环保压力，建立一套行之有效的钻井液快速保障系统是非常必要的。

7.6.1　钻井液转运回收利用系统

阿姆河地区钻井作业具有以下特点：①井位相对集中；②钻井周期短，各井作业程序交叉；③区域植被脆弱，当地对环境保护要求高；④中下部地层使用的钻井液平均密度在1.90g/cm^{3}以上，钻井液成本高；⑤高密度钻井液配制周期长；⑥单次井漏钻井液损失量大；⑦喷漏转换快，井控风险高。因此，我们根据区域的作业规划，建立了一套钻井液转运回收利用系统。

1. 钻井液转运回收利用系统的组成

钻井液转运回收利用系统主要由以下几部分组成：

（1）运输系统。

运输系统主要由8台泥浆罐车组成，每台车有效载重为30吨，每个罐容量为10m^3。

（2）回收转运站。

回收转运站（图7—3）是钻井液转运回收利用系统的重要组成部分，主要由回收系统、储存系统、循环系统、放料系统和排污系统组成。

图7—3　回收转运站

①回收系统：泥浆罐车将钻井液放入回收小方罐，再经小方罐流入储存系统。

②储存系统：由 4 个容积为 $60m^3$ 的钻井液循环罐连接而成。

③循环系统：由 1 台大功率加重泵和两套管线组成，用于循环储存系统内的钻井液。

④放料系统：无须动力就能将储存系统中的钻井液放入泥浆罐车，转运至所需井队。

⑤排污系统：由排污池和排污沟组成。

（3）现场接收系统。

现场接收系统主要由一个容积约 $1m^3$ 的小方罐和大功率潜水泵或螺杆泵组成，将钻井液从泥浆罐车接收并泵送到现场的循环罐内。

2. 应用情况

（1）经济效益显著。

系统建立后，共计转运密度为 1.60～2.45g/cm^3 的钻井液 4000 车次，转运钻井液 32346m^3，节约了大量成本。

（2）提供应急转运。

为阿姆河项目 100 多次失返性井漏、40 多次溢流和 15 口井的高压盐水治理转运大量钻井液，为堵漏和压井施工赢得时间，有效降低了井控风险。如在处理 Gxx-21 井恶性井漏期间，共转运密度为 1.72～2.10g/cm^3 的钻井液 2159m^3，占该井漏失钻井液的 71.4%，大大缩短了压井准备和配制堵漏浆的时间。

（3）降低环境保护压力。

转运回收利用系统的运行，大幅度减少了钻井液的排放。阿姆河区块 85%的中完钻井液和完井钻井液得到回收利用，大大降低了井场的环保压力。

7.6.2 钻井液的快速配制

发生复杂井漏后，钻井液消耗量大，除利用转运回收系统外，更要根据现场实际情况快速配制钻井液，以缩短准备时间。这是治理复杂井漏和降低井控风险的关键。因此，项目研制了钻井液处理剂破袋器，并对现有循环系统和配浆系统等设备进行改造，从而实现方便、快速地配制钻井液。

1. 钻井液处理剂破袋器

钻井液处理剂多用吨袋或小袋包装，没有专用的破袋工具，主要靠操作人员使用刀具破袋。加料过程费时、费力，效率低。加料时，操作人员必须站立在吨袋之下，存在极大的安全隐患。为此，项目研制了一种便捷、安全且高效的辅助加料工具：钻井液处理剂破袋器。

（1）钻井液处理剂破袋器的结构。

钻井液处理剂破袋器（图 7－4）由底座、筛网、刀片和焊接线组成。筛网焊接于底座，3 个刀片上端组合成锥体，下端焊接于底座。

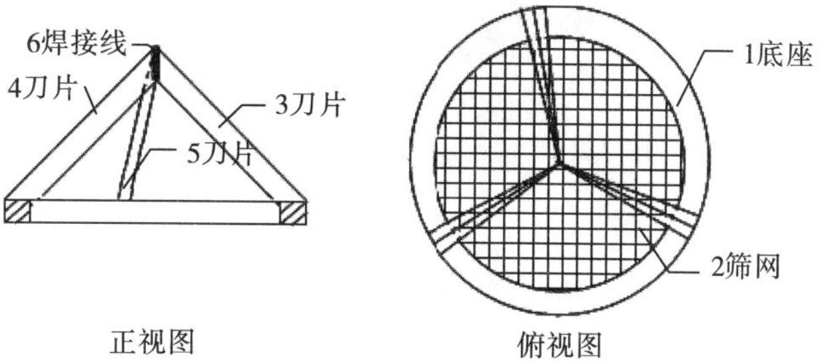

图 7－4　钻井液处理剂破袋器

（2）使用方法。

①将钻井液处理剂破袋器置于加重漏斗内。

②启动加重泵，打开碟阀，确保加重泵使用顺畅。

③将处理剂包装袋置于钻井液处理剂破袋器上方并缓慢下放，让破袋器的锥尖刺入包装袋，处理剂沿着刺破口通过筛网落入加重漏斗内，完成加料，如图 7－5 所示。

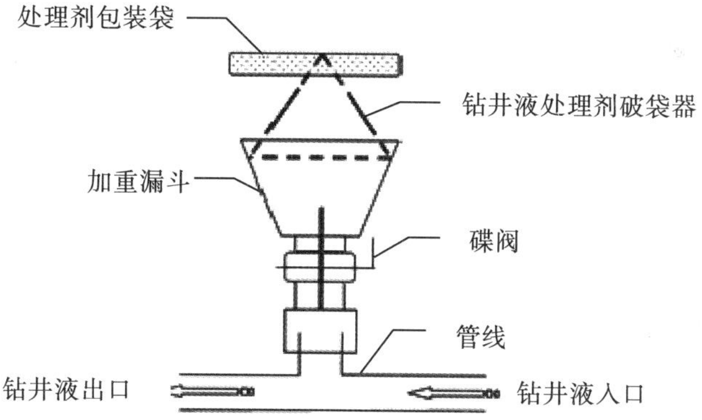

图 7－5　钻井液处理剂破袋器加料示意图

（3）应用效果。

钻井液处理剂破袋器是一种安全高效的辅助加料工具，在治理井漏或溢流压井中发挥了重要作用。以常规包装为例，常规方法加料速度一般为 2t/h，使用破袋器加料速度可达 8t/h；吨袋包装一般加料速度为 3t/h，使用破袋器加料速度为 12t/h。该破袋器已在现场推广使用。

2. 对循环系统的改造

针对阿姆河区块的复杂井漏，为了方便、快速地配制钻井液，项目对现有的循环系统进行了优化改造。

（1）增加泥浆泵。

由于高密度钻井液固相含量高，要求使用大功率配浆系统。为满足井漏、溢流等复杂情况下的配浆要求，项目增加了一台泥浆泵，用于单独配制钻井液。泥浆泵如图 7－6所示。

图 7-6　泥浆泵

（2）增加罐面循环管线。

除循环罐内置管线外，项目另外增加了一套罐面循环管线（图 7-7），便于在井漏时配制高浓度桥塞堵漏浆。

图 7-7　罐面循环管线

（3）优化循环罐管线。

将一体机的入口或出口管线连接到循环罐的侧面管线上，这样就能实现钻井液的转移。

3. 堵漏浆的高效配制

阿姆河区块使用钻井液密度高、井漏频繁，采用常规方法配制高密度、高浓度堵漏浆难度大。高失水堵漏浆常因配制设备功率和搅拌能力等原因导致堵漏浆分层、沉淀甚至堵塞上水管线或闸阀，致使堵漏浆的配制时间长、损耗大，淘罐困难。为此，项目研制了新型高效的钻井堵漏专用配制系统（图 7-8）。

图 7-8　新型高效的钻井堵漏专用配制系统

该系统具有以下特点：

（1）适用于配制高密度、高浓度的堵漏浆（密度≥1.85g/cm³，浓度>25%）。

（2）缩短了堵漏浆的配制时间。

（3）配制的堵漏浆（特别是高失水堵漏浆）不分层、不沉淀，不堵塞上水管线或闸阀。

（4）具有多个注入口，可从反压井管线、高压管汇分配器或灌浆闸门注入堵漏浆。

（5）能够独立泵送堵漏浆，也可通过压裂车和泥浆泵进行泵送。

（6）能够大幅度减少堵漏浆的罐余量，提高堵漏浆利用率，配制成本可降低 25%。

该系统已经成为阿姆河区块处理复杂井漏的“利器”，能够加快复杂处理速度，从而快速降低井控风险。在 X-Y-204D、X-Y-112D、X-Y-206、Hxxx-22、Jxx-21、Gxk-21 等井的复杂井漏处理中，使用该套装置实现了高密度、高浓度堵漏浆和高失水堵漏浆的快速配制，共配制高失水浆 8 次，密度为 1.45～2.35g/cm³、浓度为 25%～30%的堵漏浆 4 次。堵漏浆的利用率在 90%以上，既节约了成本，也降低了井控风险。

钻井液的快速保障对治理复杂井漏、降低井控风险、降低钻井液成本和保护环境等方面发挥了重要作用。

（1）完善的钻井液转运回收利用系统为处理复杂井漏赢得了时间，平均单次处理井漏时间缩短了 50%。

（2）钻井液处理剂破袋器是一种安全、高效的辅助加料工具，能提高钻井液的配制、处理和加重速度，在井漏治理或溢流压井中起到重要作用，也能速配制堵漏浆或压井液。

（3）高效堵漏浆配制系统实现了高密度、高浓度堵漏浆或高失水堵漏浆的快速配制，提高了堵漏浆的利用率。

（4）通过对配浆设备的改造和循环管线的整改，确保两套循环系统能同时使用，提高了井漏或溢流发生后的配浆和处理速度，效果显著。

7.7　复杂井漏典型实例

对于一般井漏，采用桥塞堵漏浆堵漏和随钻堵漏浆堵漏，能够起到良好效果。但对阿姆河区块钻井工程造成严重影响的井漏主要是大裂缝/洞穴恶性井漏、断层或破碎带地层复杂井漏和长段低压孔隙性漏失，这类井漏处理难度大、漏失钻井液多、损失时间长，常常属于喷漏同层，井控工作压力和风险极大，如 Gxx-21、Sxx-22、Axx-22、Bxxx-21、Hxxx-21 等井发生的恶性井漏就是如此。这些井漏有一个共同特点，即在发生井漏的同时极易发生溢流和井涌。这些井与川渝地区的同福 6 井、天东 5 井、黄龙 4 井等具有相似之处。

7.7.1 大裂缝/洞穴恶性井漏

1. Gxx-21 井

该井采用密度为 1.87g/cm^{3}的钻井液钻进至 3475.59m（进入储层 0.59m）发生严重井漏，后强钻至 3493.41m。储层进尺仅 18.41m，发生井漏 22 次，60%以上属于又喷又漏。共漏失高密度钻井液约 2641m^3、桥塞堵漏浆 379m^3，堵漏用水泥 660t，经过 20 多次压井和堵漏，治漏效果仍不理想。项目为了保护产层，决定提前完钻。处理井漏损失时间 90 多天。处理 Gxx-21 井恶性井漏的过程如下：

（1）井漏失返，堵漏无效，强钻至 3488.61m 下 ϕ177.8mm 套管。漏失井段：3475.59～3488.61m。共漏失密度为 1.75～1.87g/cm^{3}的钻井液 1584m^3、桥塞堵漏浆 327m^3，堵漏消耗水泥 595t。

用密度为 1.87g/cm^3、黏度为 43s 的聚磺钻井液钻至 3475.59m，发现井漏，出口失返，随后演变为 3 次又喷又漏，经 6 次桥塞堵漏未果。6 次强钻至 3488.61m，强钻中出现又漏又喷和失返，进行桥塞堵漏 3 次、水泥浆堵漏 3 次、高失水堵漏 1 次。最后采用桥塞堵漏压井和水泥浆堵漏将地层控制住。后用密度为 1.72g/cm^{3}的钻井液钻水泥塞至 3488.00m 间断放空，不返。采用桥塞堵漏跟水泥浆堵漏，无效。再次采用水泥浆堵漏，关井憋压候凝。经研究决定，钻水泥塞至 3473m，下 ϕ177.8mm 套管至 3472.06m。

（2）钻水泥塞，强钻至 3493.41m 提前完钻。漏失井段：3488.61～3493.41m。共漏失钻井液 233m^3、桥塞堵漏浆 17m^3，堵漏消耗水泥 70t。

用密度为 1.70g/cm^{3}的钻井液钻水泥塞，其中 3483.59～3488.48m 间断放空，漏速为 8.4m^3/h。强钻至 3493.41m 循环观察，漏速为 24.7m^3/h。采用桥塞堵漏后，起钻至井深 3321.86m，吊灌见返。关井观察，最高套压为 6.4MPa。关井反挤，然后进行水泥浆堵漏，关井侯凝。经甲方研究后决定提前完钻。

（3）钻堵漏水泥塞至井底，出现微漏，溢流。测动静态漏速，完井。期间共漏失密度为 1.66～1.71g/cm^{3}的钻井液 824m^3、桥塞堵漏浆 35m^3。

用密度为 1.66g/cm^{3}的钻井液自 3430m 开始钻堵漏水泥塞至 3493.41m（其中，3473.06～3477.00m 和 3492.10～3492.60m 井段间断放空）。循环，漏速为 5.0～4.0m^3/h。停泵观察，出口溢流。循环加重至 1.67g/cm^3，出口点火，焰高 2～10m。后进行 2 次桥塞堵漏，提高钻井液密度至 1.71g/cm^3。开井循环，漏速为 27.8m^3/h，静止吊灌，漏速为 11.9m^3/h。吊灌起钻，下完井管柱，换装采油树，试压，座封成功。

2. Sxx-22 井

Sxx-22 井钻进至井深 3570.98m 处发现井漏，漏速为 18m^3/h，两次高浓度桥塞堵漏无效，后发生溢流。经液器分离器循环排气，套压最高达 13.6MPa。后采用高失水堵漏，侯堵，套压由 6.6MPa 降至 0MPa，开井循环不漏，恢复钻进，堵漏成功。

（1）基础数据。

漏失层位：卡洛夫—牛津阶。漏层岩性：泥质灰岩、灰岩。漏失井段：3570.98～3579.00m。漏失速度：$18m^3/h$～失返。井身结构：ϕ444.5mm×445.00m，套管分别为 ϕ1339.7mm×444.3m 和 ϕ2244.3mm×2578m。

（2）井漏及处理过程。

2010 年 1 月 4 日 0：47 钻进至井深 3570.98m，发现井漏，漏速为 $4.8m^3/h$，漏失钻井液 $0.8m^3$；1:00 钻进至 3571.34m 时，漏速增加至 $18m^3/h$。

①第一次施工：桥塞堵漏，堵漏浆浓度为 17%，无效。

②第二次施工：桥塞堵漏，堵漏浆浓度为 17%，颗粒偏粗，无效。

③第三次施工：高失水堵漏，成功。

2010 年 1 月 7 日 22:00 恢复钻进至井深 3611m 时不漏，堵漏成功。本次井漏及施工共消耗密度为 $1.83g/cm^3$ 的聚磺钻井液 $188.9m^3$。

3. Hxxx-21 井

2012 年 3 月 30 日 18:25 用 215.9mm 钻头和密度为 $1.90g/cm^3$、黏度为 52s 的钻井液取心钻进至井深 3359.33m 发现井漏，排量为 21.3L/s，泵压为 10.0MPa，漏失钻井液 $0.5m^3$，初漏速为 $1.0m^3/h$；20：00 继续取心钻进至井深 3359.96m，排量为 21.3 L/s，泵压为 10.0MPa，平均漏速为 $6.0m^3/h$，漏失密度为 $1.90g/cm^3$、黏度为 52s 的钻井液 $9.5m^3$；21：40 降排量至 18.0L/s 取心钻进至井深 3360.92m，漏速增至 $20.0m^3/h$，漏失钻井液 $18.0m^3$，停钻割心。其中，20：40 至 21：00 泵入浓度为 10.0%、密度为 $1.88g/cm^3$ 的随钻堵漏浆 $10.0m^3$。

①第一次堵漏，用浓度为 12% 的桥塞堵漏浆，无效。

②第二次堵漏，用浓度为 20% 的桥塞堵漏浆，无效。

③第一次压井，经液气分离器控压循环，泵入密度为 $1.90g/cm^3$ 的钻井液 $250.0m^3$，立压为 3.5～6.2MPa，套压由 37.5MPa 降至 2.0MPa，排量为 4.0～10L/s，钻井液出口密度由 $1.70g/cm^3$ 升至 $1.88g/cm^3$；后降排量控压循环，发现液面上涨迅猛，立压由 1MPa 降至 0.2MPa，套压由 2MPa 升至 10MPa，停泵关井。

④第二次压井堵漏，采用浓度为 12% 的堵漏浆+压井钻井液。

⑤环空反推桥塞堵漏浆堵漏压井成功，立套压为 0，起钻至井深 3054.00m。

⑥注水泥浆堵漏：水泥车正挤水泥浆 $40.0m^3$，平均密度为 $1.91g/cm^3$，起钻至井深 2814.20m 候凝，后钻塞至 3351m，不漏。下入 ϕ177.8mm 套管进行封隔，井控风险解除。

此次恶性井漏共漏失密度为 $1.90g/cm^3$、黏度为 52s 的钻井液 $674.4m^3$，水泥浆 $40m^3$。

4. 土 2x 井

2009 年 8 月 8 日，南约洛坦气田土 2x 井用密度为 $1.38g/cm^3$ 的钻井液四开钻进至 4495.65m 时发生恶性井漏；至 8 月 11 日，采用不同浓度的桥塞堵漏浆经 7 次处理，仍然不能有效治理，关井套压达 11MPa。钻具水眼在堵漏过程中被堵死，钻头位置在

4100m 处，致使无法起钻下光钻杆堵漏。后采用桥塞堵漏浆跟注高失水堵漏浆进行反循环压井堵漏，候堵 70 多小时并经多次置换排气，再反挤高密度钻井液和井浆排气，套压降至 0MPa，开井成功。起钻检查钻具和水眼，后正常钻塞至 4492m，不漏。

7.7.2 断层或破碎带地层复杂井漏

该类恶性井漏具有漏失井段长、漏层多、漏层压力系数低、漏速高、漏失量大等特点，而且存在极大的卡钻风险。

Axx-22 井上部地层穿越一断层，实际钻至 108.95m 遇到放空并发生复杂井漏。由于漏失井段长，在堵漏无效的情况下采用强钻下套管封隔是一种对付这类井漏的有效措施。

Bxxx-21 井位于别希尔构造北东与北西方向“十”字交叉断层的破碎带附近，受北西—南东向断层影响最大。所以，该井中上部地层可能出现井漏。实钻表明，该井的漏失井段长达 1200m，共发现 4 个以上明显漏层。

1. Axx-22 井

(1) 基础数据。

①地层层位：布哈尔层。②井身结构：ϕ660.40mm × 80.00m，ϕ508.00mm × 79.79m。③发生漏失井段：108.95 ～ 1160.00m。④钻井液设计密度：1.10 ～ 1.20g/cm^3。

(2) 强钻流体。

清水、胶液和密度为 1.02～1.06g/cm^{3}的钻井液。

(3) 井漏经过及处理过程。

①井漏经过。

2010 年 11 月 11 日用密度为 1.06g/cm^{3}的钻井液钻进至 108.95m 发生井漏，出口失返。

②处理过程。

第一阶段：失返，采用桥塞堵漏 3 次、高失水堵漏 1 次无效，强钻至 310m 再用水泥浆堵漏。

第二阶段：钻水泥塞失返，清水强钻至 1160m 中完。用稠浆、桥塞堵漏浆和重浆举砂、通井、电测、下套管和固井。期间井口一直不返。

二开井段累计漏失各类钻井液和堵漏浆 20097.51m^3。

2. Bxxx-21 井

(1) 基础数据。

①井眼直径：444.5mm。②套管下深：ϕ508mm 套管下深至 394.1m。③漏失井段：591.47～1846m。④漏失层位：布哈尔层—阿尔布阶。⑤漏层岩性：泥岩夹砂岩或灰岩。

（2）井漏及处理。

2010 年 10 月 26 日 19:03 用密度为 1.15g/cm^3、黏度为 45s 的低固相聚合物钻井液钻至井深 591.47m 时发现出口流量减小；19:05 钻至井深 593.95m 出口无返，上提钻具挂卡。倒划眼至井深 579.3m，解除挂卡，大幅活动钻具，出口未返。采用浓度为 20%的桥塞堵漏浆堵漏，起至套管鞋候堵。划眼至井底，失返。经过详细分析确定该井所处的构造位置后，决定进行强钻。

第一次强钻：强钻至井深 608.74m，出口间断见返，采用浓度为 20%的桥塞堵漏浆堵漏无效。

第二次强钻：强钻至井深 620.00m，出口间断见返，采用浓度为 20%的桥塞堵漏浆堵漏，漏速 10.0m^3/h。

第三次强钻：强钻至井深 686.70m，出口间断见返，采用浓度为 20%的桥塞堵漏浆堵漏无效，注入 20m^{3}水泥浆堵漏，候凝，后钻水泥塞至井底，漏速为 13m^3/h。

第四次强钻：强钻至井深 895.42m，漏速为 15m^3/h。

第五次强钻：强钻至井深 1267.66m，漏速为 30～35m^3/h，采用浓度为 23%的桥塞堵漏浆堵漏无效，注入高失水堵漏后划眼至井底，漏速为 41.5m^3/h。

第六次强钻：强钻至井深 1846.00m，漏速为 10～20m^3/h。

共进行 6 次强钻。强钻和通井期间，多次遇阻和挂卡，由于采取的措施得当、操作精细，均成功解除。通井、下套管和固井作业期间，出口一直不返。

7.7.3　长段低压孔隙性漏失

该类井漏主要发生在漏层压力系数低的阿姆河区块 A 区的麦捷让构造，以位于麦捷让构造—亚希尔杰佩构造斜坡带津基岩性圈闭上的 Zxx-21 井最为严重。该类井漏具有漏失井段长、漏层压力系数低、硫化氢含量高、漏层多、揭开新地层又漏的特点。

以 Zxx-21 井为例。

（1）第一次井漏与堵漏：井段 2827.71～2828.17m。

井漏：2010 年 6 月 26 日用 ϕ215.9mm 钻头钻进至井深 2827.71m（ϕ244.4mm 套管下深 2703.45mm）发生井漏，钻井液密度为 1.15g/cm^3、黏度为 57s，继钻进至 2828.17m 井漏失返。吊灌起钻到套管鞋。进行堵漏。堵漏井段为 2827.71～2828.17m。

堵漏：采用浓度为 17.5%的堵漏浆进行堵漏。泵入堵漏浆 25m^3，起钻至井深 2376.7m 憋压 3.2MPa，挤入堵漏浆 0.9m^3，候堵 8h，下钻至井底循环不漏，堵漏成功。本次漏失钻井液 20m^3、堵漏浆 0.9m^3。

（2）第二次井漏与堵漏：井段 2828.17～2832m。

井漏：6 月 27 日续井钻至进深 2828.5m，发生井漏，漏速为 22m^3/h，注堵漏浆的同时，继续强钻至井深 2832m（钻时为 3～7min），然后上提至井深 2829m 堵漏。

堵漏：采用浓度为 22%的堵漏浆进行堵漏。泵入堵漏浆 17m^3，泵替钻井液 27m^3，替入 10m^{3}钻井液时出口见返。起钻至井深 2683.16m，正反憋入钻井液 0.36m^3，憋压 4MPa 候堵 8h。开井循环，排量为 30L/s、泵压为 9MPa 未漏。下钻至井深 2832m，循环不漏，堵漏成功。本次漏失钻井液 29.7m^3、堵漏浆 1.36m^3。

(3) 第三次井漏与堵漏：井段 2832.10～2842.00m。

井漏：6 月 28 日 9:15 恢复钻进至井深 2832.10m 发现井漏，漏速为 15～22m^3/h，继续抢钻至井深 2839.20m，漏失钻井液 19m^3。提钻具出漏层，活动钻具静止观察，间断吊灌钻井液 1.8m^3。

堵漏：采用浓度为 27% 的堵漏浆进行堵漏。泵入堵漏浆 15m^3，泵正替钻井液 27m^3，同时继续抢钻至井深 2842m。起钻至井深 2693m，吊灌钻井液 2.7m^3。分 2 次从环空挤入钻井液 2.2m^3。后敞井观察，变排量循环，无漏失。待钻井液降密度至 1.09g/cm^3后下钻到底，循环不漏。钻进至 2844m，不漏。堵漏成功。本次漏失钻井液 55.5m^3、堵漏浆 10.2m^3。

(4) 第四次井漏与堵漏：井段 2844.70～2867.93m。

井漏：6 月 29 日 10:10 恢复钻进至井深 2844.70m 发现井漏。漏速为 10～15m^3/h，继续抢钻至井深 2867.93m，漏失钻井液 40m^3。

堵漏：采用浓度为 23% 的堵漏浆进行堵漏。泵入堵漏浆 14m^3，泵正替钻井液 27m^3，同时继续抢钻至井深 2842m。起钻至井深 2693m，吊灌钻井液 6.1m^3。液面在井口。候堵到 6 月 30 日 9:45 下钻到底，循环观察不漏。钻进至 2876m，不漏，堵漏成功。

(5) 第五次井漏：井段 2876.50～2918.90m。

井漏：6 月 30 日 9:50 恢复钻进至井深 2876.50m 发现井漏。漏速为 5～2m^3/h，逐渐减小到 2m^3/h。继续抢钻至井深 2918.90m 井漏自停。累计漏失密度为 1.08～1.15g/cm^3的钻井液 211.5m^3、密度为 1.10～1.12g/cm^3的堵漏浆 20.96m^3。

(6) 承压堵漏：井段 2705～2996m。

2010 年 07 月 04 日 17:00 钻至完钻井深 2996m。根据固井设计，漏失井段必须提高 5MPa 承压能力，因此，必须对裸眼段特别是漏失井段进行承压堵漏。

桥堵浆的配制要求：根据井漏情况综合分析确定桥塞堵漏浆浓度、级配和配制数量；桥塞堵漏浆以粉状、纤维状、颗粒状、片状为主，并且要具有悬浮稳定性和可泵性。

Zxx-21 井产层承压堵漏施工情况见表 7－1。

表 7－1　Zxx－21 井产层承压堵漏施工情况

承压堵漏日期	承压层位	承压井段 (m)	堵漏浆量 (m^3)	堵漏浆浓度 (%)	候堵时间 (h)	承压 (MPa)
2010.07.04	卡洛夫—牛津阶	2705～2996	25	25	8	2.5
2010.07.06			18	20	6	5.0

采用较低密度钻井液或堵漏浆强钻，以暴露更多漏层，然后进行堵漏或承压堵漏是应对长段低压孔隙性漏失的有效方法。

综上所述，阿姆河气田和南约洛坦气田属于典型的“四高”和“六高”气田，油气资源丰富，储层裂缝和孔穴极其发育。大量频繁而又复杂的井漏及处理实践极大地推动了川渝地区防漏治漏技术在土库曼斯坦的创新发展。例如，针对高压盐水处理和高渗储层提出“溢漏兼治，堵压同施”等措施，较好地解决了井漏和溢流的矛盾，针对高密度条件下的恶性井漏和长段多层漏失提出“封门堵漏”和“堵漏浆段塞随钻堵漏”等理念，具有较强的指导意义。另外高失水堵漏、复合纤维堵漏、智能凝胶封隔助堵等技术的创新及应用，复杂井漏应急保障系统的建立和完善对一次性堵漏成功率的提升起到了重要作用，也为阿姆河气田十年勘探的圆满成功和天然气西气东输提供了强有力的技术支持。